高等学校计算机类“十二五”规划教材

数据库原理及应用

主 编 唐 友 文雪巍

副主编 张 鑫 郝国良 司震宇 耿 姝

主 审 张金柱

西安电子科技大学出版社

内 容 简 介

本书从数据库的基本理论、基本知识出发，通过丰富的实例介绍数据库的分析、设计过程以及开发应用等。本书主要介绍数据库的基本原理与基础知识，讲解 SQL Server 的安装、使用等各方面的知识，包括数据库的创建，表、视图和索引的使用，SQL 查询语言，Transact-SQL，存储过程和触发器，备份和恢复以及数据库的安全管理等内容，最后一章为开发与编程的案例。每章还配有习题，可帮助读者加深理解。

本书内容丰富，讲解由浅入深，例子翔实丰富。本书可作为高等院校计算机专业的教材，也可作为其他专业的"数据库应用"、"电子商务数据库"等课程的教材，还可供 SQL Server 数据库初、中级用户阅读和参考。

图书在版编目(CIP)数据

数据库原理及应用/唐友，文雪巍主编. —西安：西安电子科技大学出版社，2013.8

高等学校计算机类"十二五"规划教材

ISBN 978-7-5606-3167-7

Ⅰ. ① 数… Ⅱ. ① 唐… ② 文… Ⅲ. ① 数据库系统—高等学校—教材 Ⅳ. ① TP311.13

中国版本图书馆 CIP 数据核字(2013)第 192658 号

策　　划　邵汉平

责任编辑　许青青　王晓燕

出版发行　西安电子科技大学出版社(西安市太白南路 2 号)

电　　话　(029)88242885　88201467　　邮　　编　710071

网　　址　www.xduph.com　　电子邮箱　xdupfxb001@163.com

经　　销　新华书店

印刷单位　渭南邮电印刷厂

版　　次　2013 年 8 月第 1 版　2013 年 8 月第 1 次印刷

开　　本　787 毫米×1092 毫米　1/16　印　张　16.5

字　　数　389 千字

印　　数　1～3000 册

定　　价　28.00 元

ISBN 978-7-5606-3167-7/TP

XDUP 3459001-1

如有印装问题可调换

前　言

本书以微软公司推出的 SQL Server 大型网络关系数据库为平台，结合普通高校计算机专业数据库课程的具体要求，深入浅出地介绍了 SQL Server 的使用方法和开发技巧。本书共 10 章，分别介绍了数据库基础概述，SQL Server 2000 简介，SQL Server 数据库，表、视图和索引的基本操作，结构化查询语言 SQL，Transact-SQL，存储过程和触发器，备份与恢复，数据库管理以及人力资源管理系统。通过学习本书，读者可以了解和掌握 SQL Server 非常强大的关系数据库创建、设计以及数据库系统的开发和管理等操作。

本书编者多年来一直从事计算机数据库的教学工作，本书正是编者总结多年的教学实践编写而成的。针对初学者和自学者的特点，本书力求通俗易懂，用大量具体的操作、各种不同的实例让读者进入 SQL Server 的可视化编程环境。本书全面介绍了网络数据库技术的基本理论、实现方法、设计过程以及开发应用等。在内容编排上，本书从理论到实践、从技术基础到综合实例，循序渐进、由浅入深。由于 SQL Server 的核心是 SQL 语句，因此本书对 SQL 语句的讲解简明扼要，资料翔实，并且配有非常丰富的例子加以说明，这些例子都是针对同一个数据库里的数据来进行的，这样可以让读者对 SQL 语句有整体把握。

本书突出案例教学并配有《数据库原理及应用实践指导》。在理论讲解过程中配有大量实例，通过一个个实例的分析和操作，使读者在理解所学知识的基础上，掌握数据库应用系统的开发方法。各章(除第 10 章外)后均附有本章小结和习题，供读者练习。

本书是黑龙江省高等教育教学改革项目《基于应用型本科院校创新型卓越软件人才培养模式的研究》(JG2012010106)阶段性研究成果之一，还是物流教改教研课题《基于卓越计划的创新型物联网人才培养模式研究》(JZW2013036)阶段性研究成果之一。

唐友、文雪巍任本书主编，张鑫、郝国良、司震宇、耿姝任副主编，郭鑫、张旭、张爱军、陈秀玲、车玉生、王永辉、张靓、赵鑫任参编。编写分工如下：第 1、6 章及附录 A～E 由唐友编写，第 5、7 章及第 8 章 1、2 节由文雪巍编写，第 8 章 3、4 节及第 10 章由张鑫编写，第 9 章由郝国良编写，第 4 章由司震宇编写，第 2 章由耿姝编写，第 3 章由郭鑫、张旭、张爱军、陈秀玲、车玉生、王永辉、张靓、赵鑫合作编写，最后由唐友、文雪巍统稿。

张金柱主审了本书并提出了许多宝贵意见，在此表示衷心感谢。本书在编写过程中得到了编者单位领导的大力支持和帮助，在此一并表示感谢。

由于时间仓促，加之编者水平和经验有限，书中疏漏之处在所难免，希望广大读者提出宝贵的意见和建议，以便在以后的工作中继续提高。

编　者

2013 年 5 月

目　录

第 1 章　数据库基础概述

数据库技术是计算机科学中的一个重要分支，它的应用非常广泛，几乎涉及所有的应用领域。要想掌握好数据库系统技术，首先必须弄清数据、数据管理、数据库、数据模型和概念模型等专业术语的内涵，了解数据库的发展过程和数据库系统的特点，弄清数据库、数据库管理系统和信息管理系统三者之间的关系。本章介绍了这些数据库系统的基本概念和基础知识。

1.1　数据、信息与数据处理

1.1.1　数据与信息

对我们每个人来说，“信息”和“数据”是非常重要的东西。“信息”可以告诉我们有用的事实和知识，“数据”可以更有效地表示、存储和抽取信息。

1．数据

数据是用于承载信息的物理符号。这就是说，数据是信息的一种表现形式，数据通过能书写的信息编码表示信息。尽管信息有多种表现形式，它可以通过手势、眼神、声音或图形等方式表达，但数据是信息的最佳表现形式。由于数据能够书写，因而它能被记录、存储和处理，并从中挖掘出更深层的信息。必须指出的是，在不严格的情况下，往往把“数据”和“信息”两个概念混为一谈，称为数据信息。其实数据不等于信息，数据只是信息表达方式中的一种；正确的数据可表达信息，而虚假、错误的数据所表达的是谬误，不是信息。

2．信息

在日常生活中，我们经常可以听到“信息”这个名词。什么是信息呢？简单地说，信息就是新的、有用的事实和知识，它具有实效性、有用性和知识性，是客观世界的反映。信息具有四个基本特征：一是信息的内容是关于客观事物或思想方面的知识，即信息的内容能反映已存在的客观事实，能预测未发生事物的状态，能用于指挥和控制事物的发展；二是信息是有用的，它是人们活动的必需知识，利用信息能够克服工作中的盲目性，增加主动性和科学性，可以把事情办得更好；三是信息能够在空间和时间上被传递，在空间上传递信息称为信息通信，在时间上传递信息称为信息存储；四是信息需要一定的形式表示，信息与其表现符号不可分离。

信息对于人类社会的发展有重要意义。它可以提高人们对事物的认识，减少人们活动的盲目性；信息是社会机体进行活动的纽带，社会的各个组织通过信息网相互了解并协同工作，使整个社会协调发展，社会越发展，信息的作用就越突出；信息又是管理活动的核心，要想把事物管理好，就需要掌握更多的信息，并利用信息进行工作。

1.1.2 数据处理

围绕着数据所做的工作称为数据处理。数据处理是指对数据的收集、组织、整理、加工、存储和传播等工作。我们可以把数据处理分为 3 类：一类为数据管理，它的主要任务是收集信息，将信息用数据表示并按类别组织保存，其目的是在需要的时候，为各种应用和处理提供数据；另一类是数据加工，它的主要任务是对数据进行变换、抽取和运算，通过数据加工会得到更有用的数据，以指导或控制行为或事物的变化趋势；最后一类是数据传播，它在空间或时间上以各种形式传播信息，传播过程中不改变数据的结构、性质和内容，数据传播会使更多的人得到并理解信息，从而使信息的作用充分发挥出来。

1.2 数据库系统的组成

数据库(Data Base，DB)、数据库管理系统(Data Base Management System，DBMS)和数据库系统(Data Base System，DBS)是数据库技术中常用的术语，三者之间既有区别又有联系。

1.2.1 数据库

数据库是以一定的组织方式将相关数据组织在一起，并存储在外部存储介质上所形成的、能为多个用户共享的、与应用程序相互独立的相关数据集合。

数据库中的数据具有集中性和共享性。所谓集中性，是指把数据库看成性质不同的数据文件的集合，其中的数据冗余很小。所谓共享性，是指多个不同用户使用不同语言，为了不同应用目的可同时存取数据库中的数据。

1.2.2 数据库管理系统

数据库管理系统是以统一的方式管理、维护数据库中数据的一系列软件的集合。

数据库管理系统在操作系统的支持与控制下运行。用户一般不能直接加工和使用数据库中的数据，而必须通过数据库管理系统。数据库管理系统的主要功能是维护数据库系统的正常活动，接受并响应用户对数据库的一切访问要求，包括建立及删除数据库文件，检索、统计、修改和组织数据库中的数据以及为用户提供对数据库的维护手段等。通过使用数据库管理系统，用户可以逻辑地、抽象地处理数据，而不必关心这些数据在计算机中的存放方式以及计算机处理数据的过程细节，把一切处理数据的具体而繁杂的工作交给数据库管理系统去完成。因此，在信息素养已经成为现代人的基本素质之一的信息社会里，学习并掌握一种数据库管理系统不但重要而且必要。

数据库管理系统的功能归结起来，主要有以下几点：

1．数据库定义(描述)功能

数据库管理系统提供数据描述语言(Data Definition Language，DDL)实现对数据库逻辑结构的定义以及数据之间联系的描述。

2. 数据库操纵功能

数据库管理系统提供数据操纵语言(Data Manipulation Language，DML)实现对数据库检索、插入、修改、删除等基本操作。DML 通常分为两类：一类是嵌入在某种语言中的，如嵌入 C、VC++等高级语言中，这类 DML 一般不能独立使用，称之为宿主型语言；另一类是交互命令语言，它的语法简单，可独立使用，称之为自含型语言。目前，数据库管理系统广泛采用可独立使用的自含型语言，为用户和应用程序员提供操纵使用数据库的语言工具。

3. 数据库管理功能

数据库管理系统提供了对数据库的建立、更新、结构维护以及恢复等管理功能。它是数据库管理系统的核心部分，所有数据库的操作都要在其统一管理下进行，以保证操作的正确执行，从而保证数据库的正确有效。

4. 通信功能

数据库管理系统提供数据库与操作系统的联机处理接口以及用户与数据库的接口。作为用户与数据库的接口，用户可以通过交互式和应用程序方式使用数据库。交互式直接明了，使用简单，通常借助 DML 对数据库中的数据进行操作；应用程序方式则是用户或应用程序员通过文本编辑器编写应用程序，实现对数据库中数据的各种操作。

1.2.3 数据库系统

数据库系统是指在计算机系统中引进数据库后构成的系统。

数据库系统一般由四部分组成：数据库、数据库管理系统、计算机系统和人(数据库管理人员、用户)。

数据库系统的特点主要有：

(1) 数据共享。数据共享是数据库系统的目的，也是它的重要特点。数据共享是指多个用户可以同时存取数据而不相互影响。它包含三个方面的含义：所有用户可以同时存取数据；数据库不仅可以为当前用户服务，也可以为将来的新用户服务；可以使用多种语言完成与数据库的接口。

(2) 数据的独立性。数据独立是指数据与应用程序之间彼此独立，不存在着相互依赖的关系。应用程序不必随数据存储结构的改变而改变，这是数据库的一个最基本的优点。

(3) 可控冗余度。数据冗余就是数据重复。数据冗余既浪费存储空间，又容易产生数据的不一致。在数据库系统中，由于数据集中使用，从理论上说可以消除冗余，但实际上出于提高检索速度等方面的考虑，常常允许部分冗余存在。这种冗余是可以由设计者控制的，故称为“可控冗余”。

(4) 数据的一致性。数据的一致性是指数据的不矛盾性。例如，员工培训管理系统中，某员工的职称信息在员工基本信息中为“讲师”，而在员工培训需求信息中为“助讲”，这就称为数据不一致。如果数据有冗余，就容易引起数据的不一致性。由于数据库能减少数据的冗余，同时提供对数据的各种检查和控制，保证在更新数据时能同时更新所有副本，因而维护了数据的一致性。

(5) 数据的安全性与完整性。数据库中加入了安全保密机制，可以防止对数据的非法存取。由于实行集中控制，因此有利于控制数据的完整性。数据库系统采取了并发访问控制，保证了数据的正确性。

把反映现实世界中的事物本质的信息(如员工培训管理系统中所涉及的信息)有效组织起来，形成数据库，构建数据库系统，是一个复杂的过程。

1.2.4　数据库系统的用户

1．系统程序员

系统程序员负责整个数据库系统的设计工作，依据用户的需求安装数据库管理系统，建立维护数据库管理系统及相关软件的工具，设计合适的数据库及表文件，并对整个数据库的存取权限作出规划。

2．数据库管理员

数据库管理员(Database Administrator，DBA)是支持数据库系统的专业技术人员。数据库管理员的任务主要是决定数据库的内容，对数据库中的数据进行修改、维护，对数据库的运行状况进行监督，管理账号，备份和还原数据，并负责提高数据库的运行效率。

3．应用程序员

应用程序员负责编写访问数据库的面向终端用户的应用程序，使用户可以很友好地使用数据库。可以使用 Visual Basic、Delphi、PHP、ASP 和 JSP 等来开发数据库应用程序。

4．操作员

操作员(普通用户)只需操作应用程序软件来访问数据库，利用数据库系统完成日常的工作，不关心数据库的具体格式及其维护和管理等问题。

1.2.5　数据库系统的结构

1．大型数据库

大型数据库由一台性能很强的计算机(称为主机或者数据库服务器)负责处理庞大的数据，用户通过终端机与大型主机相连，以存取数据。

2．本地小型数据库

在用户较少、数据量不大的情况下，可使用本地小型数据库。小型数据库一般是由个人建立的个人数据库。常用的 Access 和 FoxPro 等即属于小型数据库。

3．分布式数据库

分布式数据库是为了解决大型数据库反应缓慢的问题而提出的，它是由多台数据库服务器组成的，数据可来自不同的服务器。

4．客户机/服务器数据库

在客户机/服务器数据库的网络结构中，数据库的处理可分为两个系统，即客户机(Client)和数据库服务器(Database Server)，前者运行数据库应用程序，后者运行全部或者部分数据库管理系统。在客户机上的数据应用程序将该请求通过网络发送给服务器，数据库服务器进行搜索，并将用户查询所需的数据返回到客户机。

1.3　数据管理的发展

数据处理的内容首先是数据的管理。发明计算机以后，人们一直在努力寻求如何用计算机更有效地管理数据。随着计算机硬件和软件技术的发展，计算机数据管理技术经历了从低级阶段发展到高级阶段的过程，技术上也越来越成熟。按照一般的文献划分，计算机数据管理的发展有以下几个阶段。

1.3.1　人工管理阶段

20 世纪 50 年代是第一代计算机应用阶段。当时，计算机没有磁盘这样能长期保存数据的存储设备，这个时期的数据管理是用人工方式把数据保存在卡片、纸带这类介质上，所以称为人工管理阶段。这个阶段数据管理的最大特征是数据由计算数据的程序携带，二者混合在一起，因此具有以下特点：

(1) 数据不能独立。由于数据和程序混合在一起，因此就不能处理大量的数据，更谈不上数据的独立与共享，一组数据只能被一个程序专用。此外，当程序中的数据类型、格式发生变化时，相应程序也必须进行修改。

(2) 数据不能长期保存。这个阶段计算机的主要任务是科学计算。计算机运行时，程序和数据在计算机中，程序运行结束后，数据即从计算机中释放出来。

(3) 数据没有专门的管理软件。由于计算机系统没有数据管理软件来管理数据，也就没有数据的统一存取规则。数据的存取、输入/输出方式由编写程序的程序员自己确定，这就增加了编写程序的负担。

1.3.2　文件系统阶段

随着计算机对数据处理要求的不断提高，人们对数据处理的重要性越来越重视。20 世纪 50 年代末至 60 年代，计算机操作系统中专门设置了文件系统来管理数据，计算机的数据管理进入了文件系统阶段。这个阶段的主要特征是数据文件和处理数据的程序文件分离，数据文件由文件系统管理，它确立数据文件和程序文件的接口，保证文件被正确地调用。与人工阶段相比，文件系统阶段有所进步，但还是存在以下缺点：

(1) 数据独立性差，不能共享数据。虽然从程序文件中分离了出来，但文件系统管理的数据文件只能简单地存放数据，且一个数据文件一般只能被相应的程序文件专用，相同的数据要被另外的程序使用，必须再产生数据文件，这样就出现了数据的重复存储问题，即数据冗余。

(2) 数据文件不能集中管理。由于这个阶段的数据文件没有合理和规范的结构，数据文件之间不能建立联系，使得数据文件不能集中管理，数据使用的安全性和完整性都不能保证。

1.3.3　数据库系统阶段

20 世纪 60 年代末，计算机的数据管理进入数据库系统阶段。这时，由于计算机的数据处理量迅速增长，数据管理得到了人们的高度重视，随后在美国产生了技术成熟、具有商业价值的数据库管理系统。数据库系统不仅有效地实现了程序和数据的分离，而且把大量的数据组织在一种特定结构的数据库文件中，多个不同程序都可以调用数据库中相同的数据，从而实现了数据的统一管理及数据共享。与文件系统相比，数据库系统具有以下特点。

(1) 实现了数据共享，减少了数据冗余度。由于数据库不仅与程序文件相互独立，而且具有合理、规范的结构，使得不同的程序可以同时使用数据库中相同的数据，这样就大大节省了存储资源，减少了数据冗余度。

(2) 实现了数据独立。数据独立包括物理数据独立和逻辑数据独立。物理数据是指数据在硬件上的存储形式，其独立性是指当数据的存储结构发生变化时，不会影响数据的逻辑结构，也就不会影响程序的运行。逻辑数据是指数据在用户面前的表现形式，当逻辑数据结构发生变化时也不会影响应用程序，这就是逻辑数据的独立性。这两种数据的独立性有效地保证了数据库运行的稳定性。

(3) 采用合理的数据结构加强了数据的联系。数据库采用了合理的结构来安排其中的数据，不仅同一数据文件中的数据之间存在特定的联系，各数据文件之间也可以建立联系，这是文件系统不能做到的。

(4) 加强了数据保护。与文件系统相比，数据库系统增加了数据的多种控制功能。例如，并发控制能保证多个用户同时使用数据时不发生冲突；安全性控制能保证数据安全，不被非法用户使用和破坏；数据的完整性控制能保证数据使用过程中的正确性和有效性。

值得一提的是，有的文献把数据库系统阶段又分为集中式数据库系统阶段和分布式数据库系统阶段。早期的数据库系统是集中式的，其特点是把所有的数据无论在物理上还是在逻辑上都集中摆放在一起。这样虽然设计简单，但影响数据的流通速度。

随着计算机网络技术的高速发展，现在更多的数据库系统采用分布式的数据库系统，通过网络技术把分布在各处的计算机连接起来，数据库中的数据在物理上分布于网络中不同计算机结点上。但对用户使用来说，他不知道也不用关心数据存放在哪个地方，逻辑上看起来好像是在集中使用。分布式数据库系统提高了数据的使用效率，加快了数据的流通速度，更加符合今天人们对数据处理的需要。

关于分布式数据库系统的网络工作模式，现在使用较多的是客户机/服务器模式。在这种模式中，数据及数据处理程序放在数据服务器上，业务处理程序和用户界面放在客户机上。客户机/服务器模式数据库系统的结构如图 1-1 所示。数据库管理系统支持这种模式，并为开发功能强大的客户机/服务器模式的应用程序提供了专门的工具。

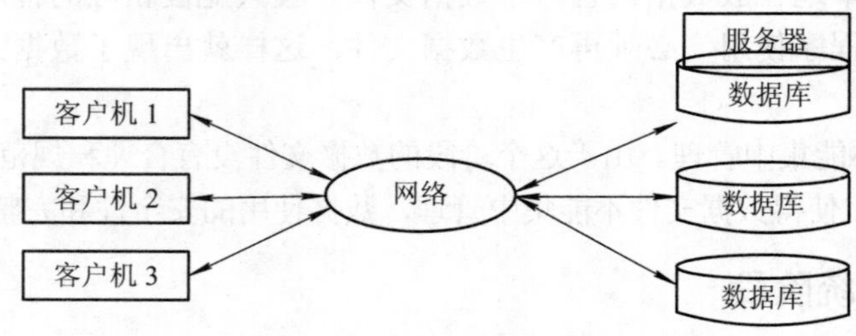

图 1-1　客户机/服务器模式数据库系统

1.4　数据模型

1.4.1　数据模型概述

数据模型是对现实世界数据特征的抽象，是用来描述数据的结构和联系的一组概念和定义，是数据库的核心内容。

由于计算机不能直接处理现实世界中的具体事物，所以必须把具体事物转换成计算机能够处理的数据。在数据库系统中，实现转换的过程通常是先把现实世界中的客观事物抽象为概念数据模型(简称概念模型)，然后再把概念数据模型转换为某一数据库管理系统所支持的逻辑数据模型(简称逻辑模型)。

概念数据模型和逻辑数据模型是数据模型的不同应用层次。概念数据模型是从现实世界到数据世界的一个中间层次，是一种面向客观世界、面向用户的模型，是数据库设计人员进行数据库设计的重要工具，也是数据库设计人员和用户之间进行交流的语言，E-R 模型、扩充的 E-R 模型等是常用的概念模型。逻辑数据模型是一种面向数据库系统的模型，即依赖于某种具体的数据库管理系统(DBMS)，主要用于 DBMS 的实现，常用的逻辑数据模型包括层次模型、网状模型和关系模型等。

1.4.2　概念数据模型

数据库的内容是经过抽象、收集产生的，用于反映现实世界中事物及联系。现实世界中的事物反映到人们头脑中，产生想法、概念是一个抽象过程，在此抽象过程中所用的方法有丰富的含义，它使人们从现实世界进入信息世界(概念世界)，由信息世界再经过加工，并用一定的方法来表示，使得数据、信息能进入计算机世界(数据世界)。数据处理领域的三个世界可用图 1-2 来表示。

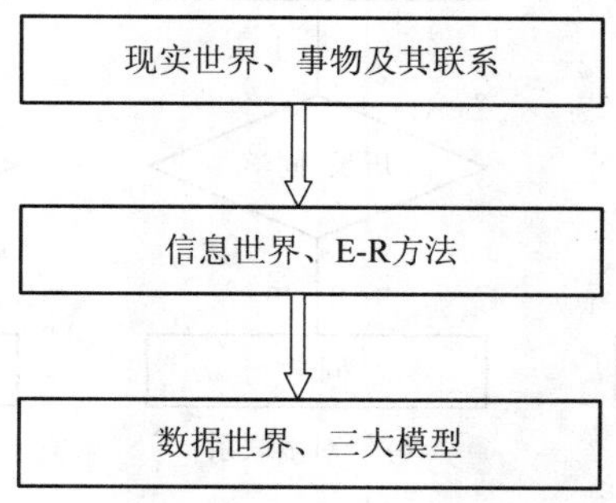

图 1-2　数据处理的三个世界

信息世界是现实世界在人们头脑中的反映。客观事物在信息世界中称为实体，信息世界的主要对象是实体以及实体间的相互联系，描述实体、实体属性以及实体之间相互联系的方法称为实体-联系模型(E-R 模型、E-R 图)，也叫概念模型。

1．实体与属性

客观事物在信息世界中称为实体，它是现实世界中客观存在并可以相互区别的事物。

实体可以是具体的人或物，也可以是抽象概念，如学生成绩管理系统中的实体就有学生实体、课程实体和成绩实体。

属性是实体的特征。一个实体总是通过其属性来描述的。如学生成绩管理系统中学生实体的属性有学号、姓名、性别和出生日期等。

实体集是指同类实体的集合，即具有同一类属性的客观存在的事物的集合。在对管理对象进行分析时，不是针对个别实体，而是对实体集进行的。

2. 实体间联系

因为现实世界中的客观事物之间是彼此联系的，因此在信息世界中实体之间也是相互联系的。实体间的联系方式通常有三种：一对一联系(1:1)、一对多联系(1:n)和多对多联系(m:n)。

1) 一对一联系(1:1)

在两个不同型的实体集中，任意一方的一个实体只与另一方的一个实体相对应，则称这种联系为一对一联系。如班长与班级的联系，一个班级只有一个班长，一个班长对应一个班级。如图 1-3(a)所示。

2) 一对多联系(1:n)

在两个不同型的实体集中，一方的一个实体对应另一方的若干个实体，而另一方中的一个实体只对应本方的一个实体，则称这种联系为一对多联系。如班长与同学的联系，一个班长对应多个同学，而本班的每个同学只对应一个班长，如图 1-3(b)所示。

3) 多对多联系(m: n)

在两个不同型的实体集中，任意一方的一个实体均对应另一方的若干个实体，则称这种联系为多对多联系。如教师与学生的联系，一位教师为多个学生授课，而每个学生也有多位任课老师，如图 1-3(c)所示。

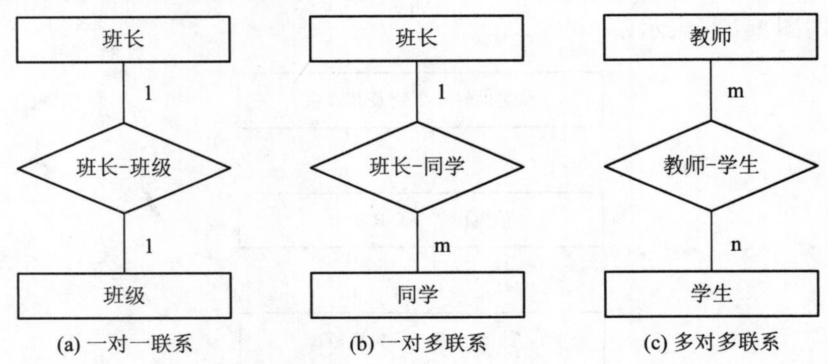

图 1-3 实体间的联系模型

3. E-R 模型(E-R 图)

使用 E-R 模型的核心是划分实体和属性，并确定实体间的联系。其表示方法为：① 实体集用矩形框表示，框内写上实体名；② 属性用椭圆形框表示，框内写上属性，并用一条无指向线标出实体与属性的联系；③ 实体间的联系用菱形框表示，框内写上实体间的联系名，并用无指向线将菱形框分别与有关的实体相连接。

学生成绩管理系统中的各实体 E-R 图如图 1-4～图 1-6 所示。各实体之间的关系 E-R 图如图 1-7 所示。

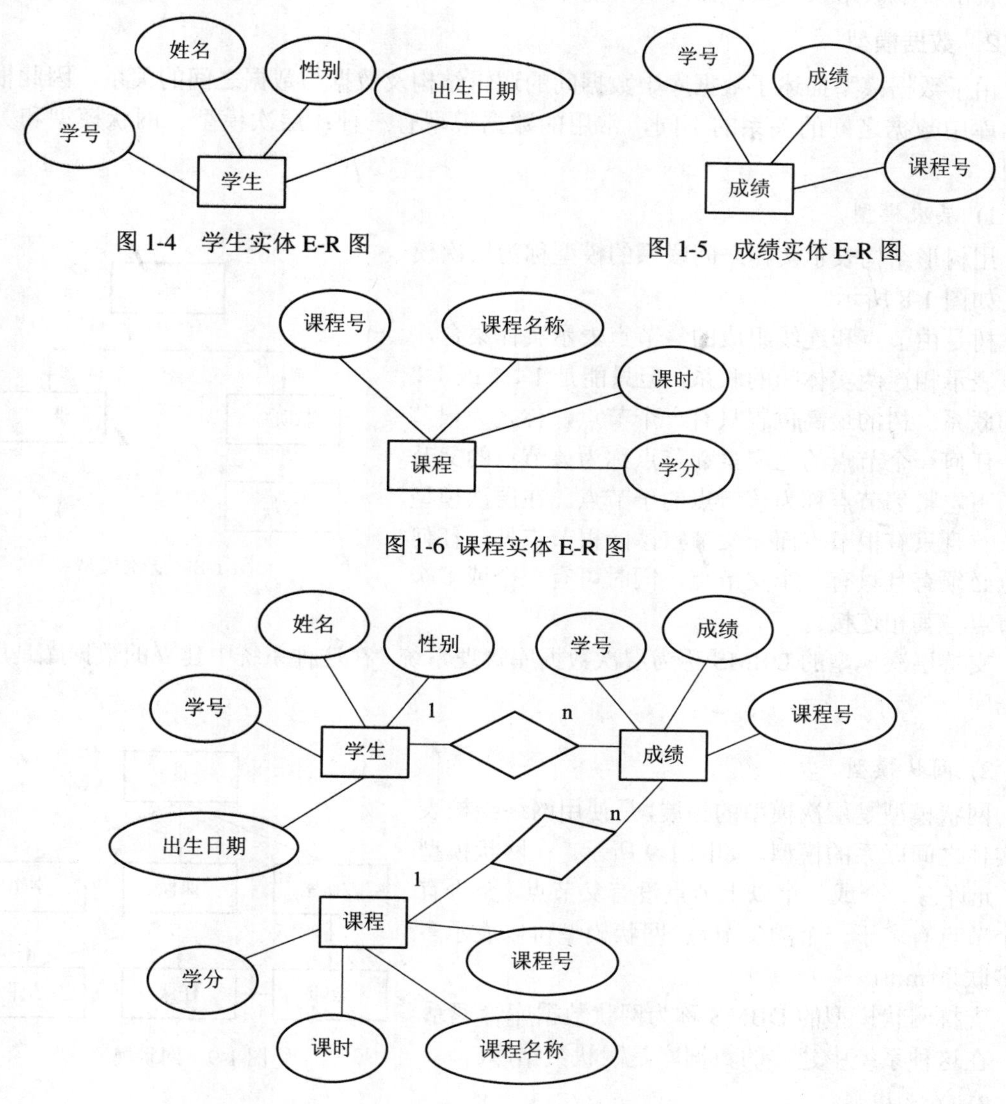

图 1-4　学生实体 E-R 图

图 1-5　成绩实体 E-R 图

图 1-6 课程实体 E-R 图

图 1-7 各实体之间的关系 E-R 图

1.4.3　逻辑数据模型

数据世界是在信息世界基础上的进一步抽象。数据模型是由信息模型转换而来的，数据模型是客观事物及其联系在数据世界中的描述，是对数据库中的数据进行逻辑组织的方法或数据库中数据间的逻辑结构。数据库设计的核心问题就是要设计一个好的数据模型。因此，应该了解与数据模型设计有关的问题。

1．记录与数据项

在数据模型中，用数据描述的实体有对象(客观世界中的任何事物)与属性之分。描述对象的数据称为记录，而描述属性的数据称为数据项。由于一个对象具有若干属性，因此记录就由若干数据项组成。任何数据项都包含属性名、数据类型和数据长度三个特征。

2. 数据模型

由于数据模型描述了数据库中数据间的逻辑结构及数据与数据之间的关系，因此根据数据库中数据之间的关系的不同，常用的数据模型有三种：层次模型、网状模型和关系模型。

1) 层次模型

用树形结构表示实体之间联系的模型称为层次模型，如图 1-8 所示。

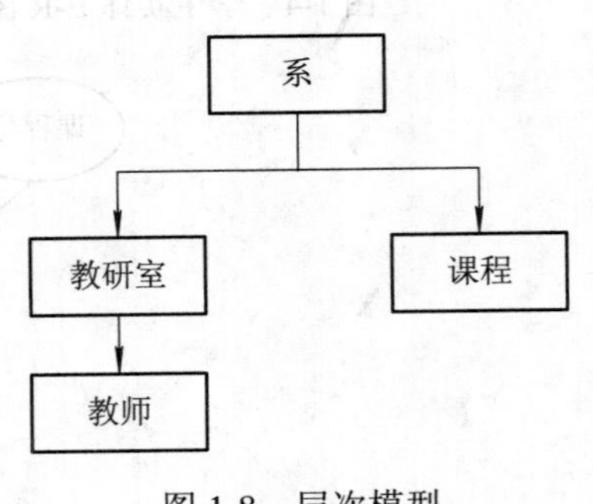

图 1-8　层次模型

树是由节点和连线组成的，节点表示实体集合，连线表示相连两实体间的联系，但只能是 1∶1 或 1∶m 的联系。树的最高位置只有一个节点，称之为根节点，任何一个节点的上层紧邻节点称为该节点的父节点，下层紧邻节点称为该节点的子节点。在层次模型中，有且只有根节点而无父节点，除根节点外，任何节点必须有且只有一个父节点，同时可有一个或多个子节点与其相连接。

支持层次模型的 DBMS 称为层次数据库管理系统，在这种系统中建立的数据库是层次数据库。

2) 网状模型

网状模型是层次模型的拓展，是使用网络结构表示实体之间联系的模型，如图 1-9 所示。在网状模型中，允许有一个或一个以上节点没有父节点，至少有一个节点有多于一个的父节点。网状模型可以表示多对多联系(m:n)。

支持网状模型的 DBMS 称为网状数据库管理系统，在这种系统中建立的数据库是网状数据库。

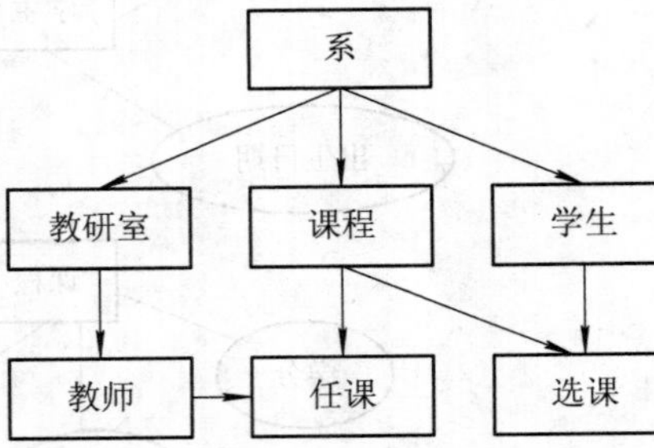

系
教研室　课程　学生
教师　任课　选课

图 1-9　网状模型

3) 关系模型

用二维表格来表示一组相关的数据，既简单直观，又符合人们的习惯。用二维表格表示实体及其相互联系的模型，称之为关系模型。关系模型与前两种模型的主要差别在于它们表示实体联系的方法不同。在关系模型中，用于表示实体及其相互联系的二维表称为关系。关系不但可以表示实体间一对一联系(1∶1)、一对多联系(1∶m)，而且通过建立关系间的关联，还可以表示多对多联系(m∶n)。

关系模型是建立在关系代数基础上的，因而具有坚实的理论基础，与层次模型和网状模型相比，具有数据结构单一、理论严密、使用方便、易学易用的特点。因此，目前绝大多数数据库系统的数据模型都采用关系模型。支持关系模型的 DBMS 称为关系型数据库管理系统。20 世纪 80 年代开始，几乎所有新开发的数据库系统都是关系数据库系统，随着微型计算机的迅速普及，运行于微机的关系数据库系统也越来越丰富，性能越来越好，功能越来越强，应用遍及各个领域，为人类迈入信息时代起了推波助澜的作用。

1.5 关系型数据库及其设计

1.5.1 关系型数据库定义

关系型数据库概念是由 E.F.Codd 博士提出的。1976 年 6 月他发表了《关于大型共享数据库数据的关系模型》的论文，在论文中他阐述了关系数据库模型及其原理，并把它用于数据库系统中。

关系型数据库是指一些相关的表和其他数据库对象的集合。在关系型数据库中，信息存放在二维表格结构的表中。一个关系型数据库包含多个数据表，每一个表包含行(记录)和列(字段)。一般来说，关系型数据库都有多个表。关系型数据库所包含的表之间是有关联的，关联性由主键、外键所体现的参照关系实现。关系型数据库不仅包含表，还包含其他数据库对象，例如关系图、视图、存储过程和索引等。

关系型数据库之所以能被广泛的应用，是因为它将每个具有相同属性的数据独立地存储在一个表中。它解决了层次型数据库的横向关联不足的缺点，也避免了网状数据库关联过于复杂的问题。

1.5.2 关系型数据库与表

关系型数据库是由多个表和其他数据库对象组成的。表是一种最基本的数据库对象，由行和列组成，类似于电子表格。除第一行(表头)以外，表中的每一行通常称为一条记录，表中的每一列称为一个字段，表头给出了各个字段的名称。例如，图 1-10 所示的学生表中收集了一些学生的个人资料，这些资料就可以用关系型数据库中的一个表来存储。其中学号、姓名、性别、出生日期、联系方式和备注为表的字段，如果要查找“陈艳”的联系方式，则可在“陈艳”所在的行与字段“联系方式”所在的列关联相交处得到。

表“学生表”中的数据，位置是“学生成绩管理”中、“(local)”上

学号	姓名	性别	出生日期	联系方式	备注
2013001	陈艳	女	1990-10-13	13304857898	三好学生
2013002	李勇	男	1989-5-4	18956237849	团员
2013003	刘铁男	男	1991-6-3	15878942356	团员
2013004	毕红霞	女	1990-5-9	18945689865	优秀学生
2013005	王维国	男	1988-11-12	13105267896	团员

图 1-10　学生表

在关系型数据库中，如果有多个表存在，则表与表之间也会因为字段的关系而产生关联。

1.5.3 主键与外键

关系型数据库中的一个表是由行和列组成的，要求表中的每行记录都必须是唯一的，

而不允许出现完全相同的记录。在设计表时，可以通过定义主键(primary key)来保证记录(实体)的唯一性。

一个表的主键由一个或多个字段组成，其值具有唯一性，而且不允许去控制，主键的作用是唯一地标识表中的每一条记录。例如，在一个“学生表”中可用“学号”字段作为主键，但不能使用“姓名”字段作为主键，因为同名同姓的现象还是屡见不鲜的。为了唯一地标识实体的每一个实例，每个数据库表都应该有一个主键，而且只能有一个主键。有时表中可能没有一个字段具有唯一性，没有任何字段可以作为表的主键，在这个情况下，可以考虑使用两个或两个以上字段的组合作为主键。

一个关系型数据库可能包含多个表，可以通过外键(foreign key)使这些表之间关联起来。如果在表A中有一个字段对应表B中的主键，则该字段称为表A的外键。虽然该字段出现在表A中，但由它所标识的主题的详细信息存储在表B中，对于表A来说这些信息就是存储在表的外部，故称之为外键。

如图1-11所示的学生考试“成绩表”中有两个外键：一个是“学号”，其详细信息存储在“学生表”中；另一个是 “课程号”，其详细信息存储在“课程表”中。“成绩表”和“学生表”各有一个“学号”字段，该字段在“成绩表”中是外键，在“学生表”中则是主键，但这两个字段的数据类型以及字段宽度必须完全一样，字段的名称可以相同，也可以不相同。

表“成绩表”中的数据，位置是...

学号	课程号	成绩
2013001	20001	78
2013001	20003	64
2013002	20002	72
2013002	20004	82
2013003	20004	90
2013003	20001	68
2013004	20002	73
2013005	20003	62
2013005	20004	76

图1-11　主键和外键的关系

1.5.4　字段约束

设计表时，可对表中的一个字段或多个字段的组合设置约束条件，让SQL Server检查该字段的输入值是否符合这个约束条件。约束分为表级约束和字段级约束两种。表级约束是对表中几个字段的约束，字段级约束则是对表中一个字段的约束。下面介绍几种常见的约束形式。

1. 主键(primary key)

主键(primary key)用来保证表中每条记录的唯一性。设计一个表时，可用一个字段或多个字段(最多16个字段)的组合作为这个表的主键。用单个字段作为主键时，使用字段级约束；用字段组合作为主键时，则使用表级约束。

每个表只能有一个主键。如果不在主键字段中输入数据，或输入的数据在前面已经输入过，则这条记录将被拒绝。

2. 外键(foreign key)

外键(foreign key)字段与其他表中的主键字段或具有唯一性的字段相对应，其值必须在所引用的表中存在，而且所引用的表必须存放在同一关系型数据库中。如果在外键字段中输入一个非null值，但该值在所引用的表中并不存在，则这条记录也会被拒绝，因为这样将破坏两表之间的关联性。外键字段本身的值不要求是唯一的。

3. null 与 not null

若在一个字段中允许不输入数据，则可以将该字段定义为 null；如果在一个字段中必须输入数据，则应当将该字段定义为 not null。一个字段中出现 null 值意味着用户还没有为该字段输入值，null 值既不等价于数值型数据中的 0，也不等价于字符型数据中的空字符串。

4. unique

如果一个字段值不允许重复，则应当对该字段添加 unique 约束。与主键不同的是，在 unique 字段中允许出现 null 值，但为保持唯一性，最多只能出现一次 null 值。

5. check

check 约束用于检查一个字段或整个表的输入值是否满足指定的检查条件。在表中插入或修改记录时，如果不符合这个检查条件，则这条记录将被拒绝。

6. default

default 约束用于指定一个字段的默认值，当尚未在该字段中输入数据时，该字段中将自动填入这个默认值。若对一个字段添加了 not null 约束，但又没有设置 default 约束，就必须在该字段中输入一个非 null 值，否则将会出现错误。

1.5.5 数据完整性

数据完整性用于保证关系型数据库中数据的正确性和可靠性。如果有一个学生以学号 2013001 登记注册，则关系型数据库中就不能再有其他学生使用相同的学号。如果学生成绩是用百分制来表示的，则关系型数据库中就不能接受小于 0 或超过 100 的值。如果“学生表”中有一个“专业”字段，则该字段的值就只能是学校已经开设的专业名称或编号。

规划关系型数据库表时有两个重要步骤：其一是如何确定一个字段的有效值，其二是决定如何强制实施字段的数据完整性。数据完整性分为以下 4 种类型。

1. 实体完整性

实体完整性(entity integrity)用于保证关系型数据库表中的每一条记录都是唯一的，建立主键就是为了实施实体完整性。一个表中的主键不能取空值，也不能取重复的值。例如，选择“学号”字段作为“学生表”中的主键时，每一条记录中的“学号”字段值就应输入一个非空值，而且必须是各不相同的。

2. 域完整性

域完整性(domain integrity)用于保证给定字段中数据的有效性，即保证数据的取值在有效的范围内。例如，限制“成绩”字段的值是在 0 到 100 之间，如果在该字段中输入小于 0 或大于 100 的值，就破坏了该字段的域完整性。又如，在“成绩表”中“学号”字段是一个外键，该字段的值只能是“学生表”已经存在的学号，如果在该字段中输入“学生表”所没有的学号，也将破坏该字段的域完整性。

3. 参照完整性

参照完整性(referential integrity)用于确保相关联的表间的数据保持一致。当添加、删除或修改关系型数据库表中的记录时，可以借助于参照完整性来保证相关联的表之间的数据一致性。例如，在“学生表”中修改了某个学号，就必须在“成绩表”或其他相关联的表中进行相同的修改，否则其他表中的相关记录就会变成无效记录。

4. 用户自定义完整性

用户自定义完整性(user-defined integrity)不同于前面的 3 种类型，也可说是一种强制数据定义。例如，在输入“学生表”的记录时，应确保“学号”字段不为空(not null)，否则与“学号”字段是主键相矛盾。

1.5.6　表的关联

前面已介绍过表是用于存储数据的关系型数据库对象，且一个关系型数据库可以同时包含多个表，但是这些表并不是相互独立的，通过建立外键可以使不同的表关联起来。表之间的关联方式分为以下 3 种类型。

1. 一对一关联(one-to-one)

设在一个数据库中有 A、B 两个表，对于表 A 中的任何一条记录，表 B 中只能有一条记录与之对应，反过来，对于表 B 中的任何一条记录，表 A 中也只能有一条记录与之对应，则称这两个表是一对一关联的。

例如，图 1-12(a)、(b)所示的两个表文件“学生表一”和“学生表二”中都有一个相同的“学号”字段，“学生表一”通过字段“学号”来引用“学生表二”中的学生资料，这样“学生表一”和“学生表二”通过“学号”字段建立的关联即为一对一关联。

表“学生表”中的数据，位置是“学生成绩管理”中、“(local)”上

学号	姓名	性别	出生日期	联系方式	备注
2013001	陈艳	女	1990-10-13	13304857898	三好学生
2013002	李勇	男	1989-5-4	18956237849	团员
2013003	刘铁男	男	1991-6-3	15878942356	团员
2013004	毕红霞	女	1990-5-9	18945689865	优秀学生
2013005	王維国	男	1988-11-12	13105267896	团员

(a)

表“学生表2”中的数据，位置...

学号	院系	家庭住址
2013001	计算机	黑龙江
2013002	外语	吉林
2013003	会计	辽宁
2013004	金融	浙江
2013005	艺术	苏州

(b)

图 1-12　学生表

2. 一对多关联(one-to-many)

设在一个关系型数据库中有 A、B 两个表，对于表 A 中的任何一条记录，表 B 中可能有多条记录与之对应，反过来，对于表 B 中的任何一条记录，表 A 中却只能有一条记录与

之对应，则称这两个表是一对多的关联。例如，由于一个学生要学习多门课程，图 1-13(a)所示的“学生表”中的一条记录可以对应于图 1-13(c)所示的“成绩表”中的多条记录，而“成绩表”中的一条记录只能对应于“学生表”中的一条记录，因此，在“学生表”与“成绩表”之间建立关联时，将会得到一对多关联；同理，图 1-13(b)所示的“课程表”与“成绩表”之间的关联也是一种一对多的关联。

表“学生表”中的数据，位置是“学生成绩管理”中、“(local)”上

学号	姓名	性别	出生日期	联系方式	备注
2013001	陈艳	女	1990-10-13	13304857898	三好学生
2013002	李勇	男	1989-5-4	18956237849	团员
2013003	刘铁男	男	1991-6-3	15878942356	团员
2013004	毕红霞	女	1990-5-9	18945689865	优秀学生
2013005	王維国	男	1988-11-12	13105267896	团员

(a)

表“课程表”中的数据，位置是“学生成...

课程号	课程名称	学时	学分
20001	操作系统	68	3
20002	汇编语言	60	3
20003	数据库	48	2
20004	数据结构	68	3

(b)

表“成绩表”中的数据，位置...

学号	课程号	成绩
2013001	20001	78
2013001	20003	64
2013002	20002	72
2013002	20004	82
2013003	20004	90
2013003	20001	68
2013004	20002	73
2013005	20003	62

(c)

图 1-13　学生表、课程表和成绩表

3. 多对多关联(many-to-many)

设一个关系型数据库中有 A、B 两个表，对于表 A 中的任何一条记录，表 B 中可能有多条记录与之对应；反过来，对于表 B 中的任何一条记录，表 A 中也有多条记录与之对应，则称这两个表是多对多关联的。例如，在图 1-13 中“学生表”和“课程表”是多对多的关系，一个学生可以学多门课程，一门课程可以被多名学生学习。

两个表之间的多对多关联比较复杂，通常是将一个多对多关联转换为多个一对多关联来进行处理的，例如，在图 1-13 中，“学生表”与“成绩表”是一对多的关系，“课程表”与“成绩表”也是一对多的关系。

1.5.7　数据库设计过程

目前数据库设计大都采用需求分析、概念结构设计、逻辑结构设计、数据库物理结构设计、数据库实施以及数据库运行和维护 6 个阶段的设计步骤进行。下面说明每个阶段的工作任务和应注意的问题。

1. 需求分析阶段

需求分析是数据库设计的第一步，也是最困难、最消耗时间的一步。需求分析就是要准确了解并分析用户对系统的需要和要求，弄清系统要达到的目标和实现的功能。需求分析是否做得充分与准确，决定着在其上构建数据库大厦的速度与质量。需求分析做得不好，会影响整个系统的性能，甚至会导致整个数据库设计返工重做。

2．概念结构设计阶段

概念结构设计是整个数据库设计的关键。概念结构设计通过对用户需求进行综合、归纳与抽象，形成一个独立于具体 DBMS 的概念模型。

3．逻辑结构设计阶段

数据逻辑结构设计是将概念结构转换为某个 DBMS 所支持的数据模型，并将其性能进行优化。

4．数据库物理设计阶段

数据库物理设计是为逻辑数据模型选取一个最适合应用环境的物理结构，包括数据存储结构和存取方法。

5．数据库实施阶段

在数据库实施阶段中，系统设计人员要运用 DBMS 提供的数据操作语言和宿主语言，根据数据库的逻辑设计和物理设计的结果建立数据库，编制与调试应用程序，组织数据入库并进行系统试运行。

6．数据库运行和维护阶段

数据库应用系统经过试运行后即可投入正式运行。在数据库系统运行过程中，必须不断地对其结构性能进行评价、调整和修改。

设计一个完善的数据库应用系统是不可能一蹴而就的，它往往是上述 6 个阶段的不断反复。需要指出的是，这 6 个设计步骤既是数据库设计的过程，也包括了数据库应用系统的设计过程。在设计过程中，应把数据库的结构设计和数据处理的操作设计紧密结合起来，这两个方面的需求分析、数据抽象、系统设计及实现等各个阶段应同时进行，相互参照和相互补充。

1.5.8　关系型数据库规范化分析

在现实设计阶段，常常使用 E.F.Codd 的关系规范化理论来指导关系型数据库的设计。E.F.Codd 在 1970 年提出的关系型数据库设计的三条规则，通常称为三范式(Normal Form)，即第一范式(1NF)、第二范式(2NF)和第三范式(3NF)。这 3 个范式的等级有高低之分。其中第三范式最高，第二范式次之，第一范式最低。在 1NF 的基础上又满足某些特性才能达到 2NF 的要求，在 2NF 的基础上再满足一些要求才能达到 3NF 的要求。将这 3 个范式运用于关系型数据库设计中，能够简化设计过程，并达到减少数据冗余、提高效率的目的。

1．第一范式

如果一个关系型数据库表中的每一字段值都是单一的，则称这个表属于第一范式。按照第一范式的要求，表中的每个字段都应当是不可再分的。换句话说，在同一个表中，同类字段不允许重复出现，在一个字段内也不允许放入多个数据项。

在图 1-14 中，“学生表_a”给出了一些学生两门功课的考试成绩。这个成绩表就不符合第一范式的要求，因为该表中的字段“课程号 1”和“课程号 2”、“课程名称 1”和“课程名称 2”、“成绩 1”和“成绩 2”分别属于同类字段，而第一范式要求同类字段在一个表中是不能重复出现的。

表“学生表_a”中的数据，位置是“学生成绩管理”中、“(local)”上

学号	姓名	课程号1	课程名称1	成绩1	课程号2	课程名称2	成绩2
2013001	陈艳	20001	操作系统	78	20003	数据库	64
2013002	李勇	20001	操作系统	90	20003	数据库	61
2013003	刘铁男	20001	操作系统	81	20003	数据库	79

图 1-14　表中同类型字段重复出现

如果将“学生表_a”修改成 “学生表_b”，如图 1-15 所示，这个成绩表同样不符合第一范式的要求。虽然在这个表中同类字段没有重复出现，但在“课程号”、“课程名” 和“成绩”字段分别放入了多个数据项，故与第一范式相悖。

表“学生表_b”中的数据，位置是“学生成绩管理”中、“(loc...

学号	姓名	课程号	课程名称	成绩
2013001	陈艳	20001、20003	操作系统、数据库	78、64
2013002	李勇	20001、20003	操作系统、数据库	90、61
2013003	刘铁男	20001、20003	操作系统、数据库	81、79

图 1-15　一个字段中存放多个数据项

如果采用“学生表_b”的表结构再建立一个“学生表_c”，并且在“课程号”、“课程名称”和“成绩”字段中输入单个数据项，即可满足第一范式的要求，如图 1-16 所示。为了唯一地标识“学生表_c”中的每一条记录，可以考虑使用“学号”和“课程号”两个字段的组合作为该表的主键。

表“学生_c”中的数据，位置是“学生成绩管理”中、“(lo...

学号	姓名	课程号	课程名称	成绩
2013001	陈艳	20001	操作系统	78
2013002	李勇	20001	操作系统	90
2013003	刘铁男	20001	操作系统	81
2013001	陈艳	20003	数据库	64
2013002	李勇	20003	数据库	61
2013003	刘铁男	20003	数据库	79

图 1-16　符合 1NF 的数据表

2. 第二范式

如果一个数据库表满足第一范式的要求，而且它的每个非主键字段完全依赖于主键，则称这个数据表属于第二范式。

第二范式仅用于以两个或多个字段的组合作为数据库表的主键的场合，因为以单个字段作为数据库表的主键时，表中的所有字段必然完全依赖于这个主键字段。按照第二范式的要求，在一个数据库表中，每一个非主键字段必须完全依赖于整个主键(亦即几个字段的组合)，而不是只依赖于构成主键的个别字段(这称为“部分依赖”)。当一个数据库表属于第二范式时，就意味着只要主键值相同，其他所有非主键字段值也必然相同；不可能在这个表中找到这样两条记录，它们的主键值相同，却有某个非主键字段值不相同。如图 1-16 所示，在“学生表_c”中，主键由“学号”和“课程号”两个字段组合而成，但非主键字段“姓名”只依赖于主键中的“学号”字段，非主键字段“课程名称”只依赖于主键中的

“课程号”字段。因此，这个数据库表不符合第二范式的要求。

为了实现第二范式，可将“学生表_c”分割为“学生表”(见图 1-17)和“成绩表”(见图 1-18)。“学生表”用于存储学生信息，除学号、姓名之外，该表中还可包含性别、出生日期等信息，并且选择“学号”字段相对应，建立一对多的联系。在“成绩表”中放入一个“课程号”字段作为外键，与“课程表”(见图 1-19)中的“课程号”字段相对应，建立一对多联系。很明显，“成绩表”也符合第二范式。

表“学生表”中的数据，位置是“学生成绩管理”中、“(local)”上

学号	姓名	性别	出生日期	联系方式	备注
2013001	陈艳	女	1990-10-13	13304857898	三好学生
2013002	李勇	男	1989-5-4	18956237849	团员
2013003	刘帙男	男	1991-6-3	15878942356	团员
2013004	毕红霞	女	1990-5-9	18945689865	优秀学生
2013005	王維国	男	1988-11-12	13105267896	团员

图 1-17　学生表

表“成绩表”中的数据，位置...

学号	课程号	成绩
2013001	20001	78
2013001	20003	64
2013002	20002	72
2013002	20004	82
2013003	20004	90
2013003	20001	68
2013004	20002	73
2013005	20003	62

图 1-18　成绩表

表“课程表”中的数据，位置是“学生成...

课程号	课程名称	学时	学分
20001	操作系统	68	3
20002	汇编语言	60	3
20003	数据库	48	2
20004	数据结构	68	3

图 1-19　课程表

值得注意的是，如果在“成绩表”中添加一个“课程名称”字段，那么就不符合第二范式。因为在“成绩表”中“学号”和“课程号”两个字段的组合为主键，而该表中的非主键字段“课程名称”仅依赖于主键中的“课程号”字段，故该表仍然不能满足第二范式的要求，此时同一个课程名称子表中重复出现多次，造成了数据冗余。

3. 第三范式

如果一个数据库表满足第二范式的要求，而且该表中的每一个非主键字段不传递依赖于主键，则称这个数据库表属于第三范式。

所谓传递依赖，就是指在一个数据库表中有 A、B、C 三个字段，如果字段 B 依赖于字段 A，字段 C 又依赖于字段 B，则称字段 C 传递依赖于字段 A，并称在该数据库表中存在传递依赖关系。在一个数据库表中，若有一个非主键字段依赖于另一个非主键字段，则该字段必然传递依赖于主键，因而该数据库表就不属于第三范式。第三范式的实际含义是

要求非主键字段之间不应该有从属关系。

在图 1-17 所示的“学生表”中，“学号”字段是主键，如果在这个表中除了“姓名”等一些非主键字段外，还有“家庭住址”和“邮政编码”两个非主键字段，而非主键字段“邮政编码”可由另一个非主键字段“家庭住址”来决定，即该表中存在着传递依赖关系，那么这个表就不符合第三范式。

要对上述的表实施第三范式，可将此表分割成两个表，即“学生信息”表和“通讯录”表，将造成传递依赖的“家庭住址”和“邮政编码”两个字段放入“通讯录”表中，而将其他字段放入“学生信息表”中。

1.6 本章小结

本章主要介绍了数据库中的一些基本概念，包括数据、信息和数据处理以及数据库、数据库管理系统和数据库系统，还介绍了数据管理的发展和数据模型，在数据模型中的逻辑模型部分重点介绍了关系模型，这是本章的重点，也是以后学习的基础。通过本章的学习，学生可了解数据库的基本概念并对关系型数据库有初步的理解，为以后的学习做好准备。

习 题 1

1. 什么是数据库？
2. 什么是数据库管理系统？它有哪些功能？
3. 数据管理有哪几个阶段？
4. 数据完整性包括哪几种类型？
5. 表之间的关联有哪几种类型？
6. 画出商品和顾客之间的 E-R 图。

第 2 章　SQL Server 2000 简介

SQL Server 2000 是微软公司开发的采用 SQL 语言的关系型数据库管理系统，它拥有高弹性与多元化的结构，不仅符合业界的需要，更能与现今的互联网紧密集成，而对 Windows CE/98/NT/2000/XP/2003 等操作系统全面支持的优越性得到了最终程序开发人员的普遍认可。

SQL Server 2000 是服务器级的数据库管理系统，不论是客户机/服务器、多层结构，还是 Database Web 应用程序，SQL Server 2000 都担任着后端数据库的角色。可以说，SQL Server 2000 是所有数据的汇总与管理中心，是整个应用系统的枢纽。

2.1　SQL Server 2000 的特点

作为客户机/服务器数据库系统，SQL Server 2000 的特性如下。

1．Internet 集成

SQL Server 2000 数据库引擎提供完整的 XML 支持。它还具有构成最大的 Web 站点的数据存储组件所需的可伸缩性、可用性和安全功能。SQL Server 2000 程序设计模型与 Windows DNA 构架集成，用以开发 Web 应用程序，并且 SQL Server 2000 支持 English Query 和 Microsoft 搜索服务等功能，在 Web 应用程序中包含了用户友好的查询功能和强大的搜索功能。

2．可伸缩性和可用性

同一数据库引擎可以在不同的平台上使用，小至运行 Windows 98 的便携式电脑，大至运行 Windows 2000 数据中心版的大型多处理器服务器。SQL Server 2000 企业版具有联合服务器、索引视图和支持大型内存等功能，使其得以升级到最大 Web 站点所需的性能级别。

3．企业级数据库功能

SQL Server 2000 关系数据库引擎支持当今苛刻的数据处理环境所需的功能。数据库引擎充分保护数据完整性，同时将管理上千个并发修改数据库的用户的开销减到最小。SQL Server 2000 分布式查询使用户可以引用来自不同数据源的数据，就好像这些数据是 SQL Server 2000 数据库的一部分，同时分布式事务支持充分保护任何分布式数据更新的完整性。

4. 易于安装、部署和使用

SQL Server 2000 中包括一系列管理和开发工具，这些工具可改进在多个站点上安装、部署、管理和使用 SQL Server 的过程。SQL Server 2000 还支持基于标准的、与 Windows DNA 集成的程序设计模型，使 SQL Server 数据库和数据仓库的使用成为生成强大的可伸缩系统的无缝部分。

5. 数据仓库

SQL Server 2000 中包括吸取和分析汇总数据以进行联机分析处理(OLAP)的工具。SQL Server 中还包括一些工具，可用来直观地设计数据库并通过 English Query 来分析数据。

2.2 SQL Server 2000 的安装

本节介绍了安装 SQL Server 2000 企业版的软硬件配置要求、安装过程的详细步骤以及需要注意的事项。

2.2.1 SQL Server 2000 的硬件和软件安装要求

表 2-1 说明了安装 SQL Server 2000 或 SQL Server 客户端管理工具和库的硬件要求。

表 2-1 SQL Server 2000 的硬件要求

项　目	最 低 要 求
计算机	Intel®或兼容机、Pentium 166 kHz 或更高
内存(RAM)	标准版：至少 64 MB 个人版：在 Windows 2000 上至少 64 MB，在其他所有操作系统上至少 32 MB
硬盘空间	SQL Server 数据库组件：95～270 MB，一般为 250 MB Analysis Services：至少为 50 MB，一般为 130 MB English Query：80 MB 仅 Desktop Engine：44 MB
监视器	VGA 或更高分辨率 SQL Server 图形工具要求 800 × 600 或更高分辨率

关于内存的大小，会由于操作系统的不同，而可能需要额外的内存。实际的硬盘空间要求也会因系统配置和选择安装的应用程序和功能的不同而异。常见的产品版本、操作系统与数据库的组合表如表 2-2。

表 2-2 产品版本、操作系统与数据库的组合表

产品版本	操作系统	数　据　库
全能竞争版	Windows 98	DBF 数据库，不需要安装
辉煌版 7.X	Windows 98 Windows 2000 Windows XP	DBF 数据库，不需要安装

续表

产品版本	操作系统	数　据　库
辉煌版 8.X 服装版 7.01	Windows 98 Windows 2000 Professional Windows XP Professional	SQL Server 7.0 桌面版(desktop edition) SQL Server 2000 个人版(personal edition)
	Windows 2000 Server	SQL Server 7.0 标准版(standard edition) SQL Server 2000 标准版(standard edition)
标准版 3.4	Windows 98 Windows 2000 Professional Windows XP Professional	SQL Server 2000 个人版(personal edition)
	Windows 2000 Server	SQL Server 2000 标准版(standard edition)

说明：

(1) 对于辉煌版 8.X、服装版 7.01、标准版 3.4 均推荐使用“Win2000 Professional + SQL server 2000 个人版(personal edition)”的组合，稳定且速度快。

(2) Windows NT 4.0 Server(SP5 以上)支持 SQL Server 7.0 标准版(standard edition)或 SQL Server 2000 标准版(standard edition)或企业版(enterprise edition)。

注意：

(1) SQL Server 2000 的某些功能要求必须在 Windows 2000 Server(任何版本)下才可以使用。

(2) 在 Microsoft Windows NT Server 4.0 上，必须安装 Service Pack 5(SP5)或更高版本，这是 SQL Server 2000 所有版本的最低要求。

(3) SQL Server 2000 中文版不支持英文版的 Windows NT 4.0 企业版。

(4) 如果在不带网卡的 Windows 98 计算机上安装 SQL Server 2000 个人版，则需要 Windows 98 第二版。

网络要求：

(1) 操作系统必须安装 Microsoft Internet Explorer 5.0 以上浏览器。

(2) 安装 SQL Server 2000 之前，必须在操作系统级启用 TCP/IP。

2.2.2　SQL Server 2000 的安装步骤

(1) 将 Microsoft SQL Server 2000 光盘插入光盘驱动器。如果该光盘不能自动运行，请双击该光盘根目录中的 AUTORUN.EXE 文件，如图 2-1 所示。

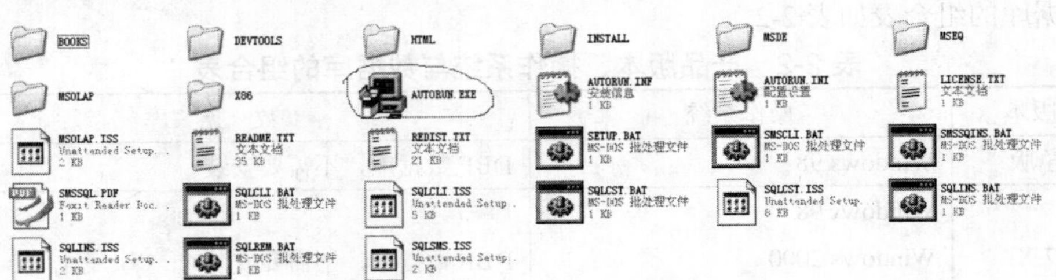

图 2-1　AUTORUN.EXE 文件

(2) 选择"安装 SQL Server 2000 组件"，如图 2-2 所示，之后选择"安装数据库服务器"，如图 2-3 所示，进入 SQL Server 安装向导。在"欢迎"屏幕中单击"下一步"按钮，如图 2-4 所示。

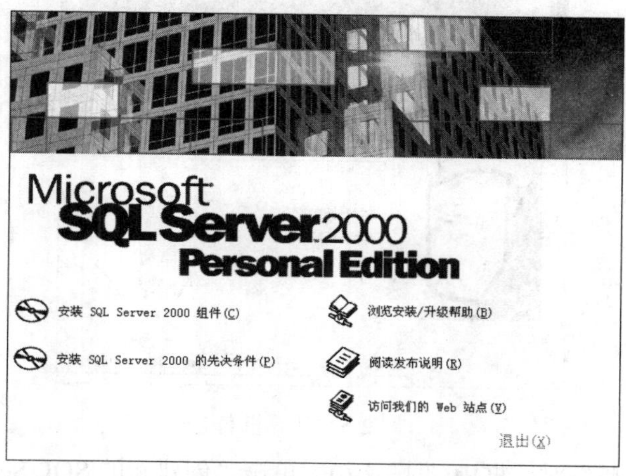

图 2-2　安装 SQL Server 2000 组件

图 2-3　安装数据库服务器

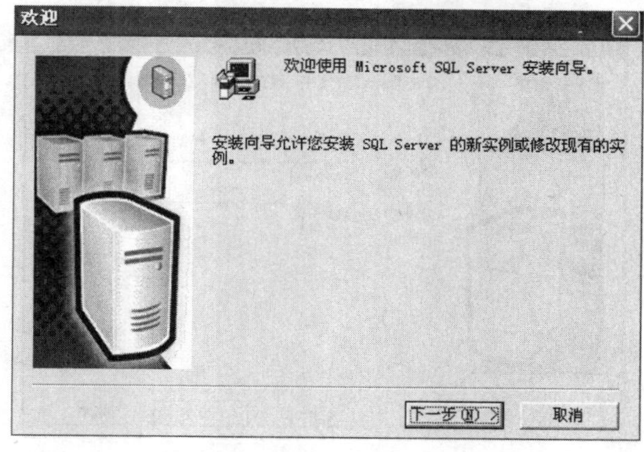

图 2-4　"欢迎"界面

(3) 在“计算机名”对话框(如图 2-5 所示)中，“本地计算机”是默认选项，本地计算机名显示在编辑框中。单击“下一步”按钮。

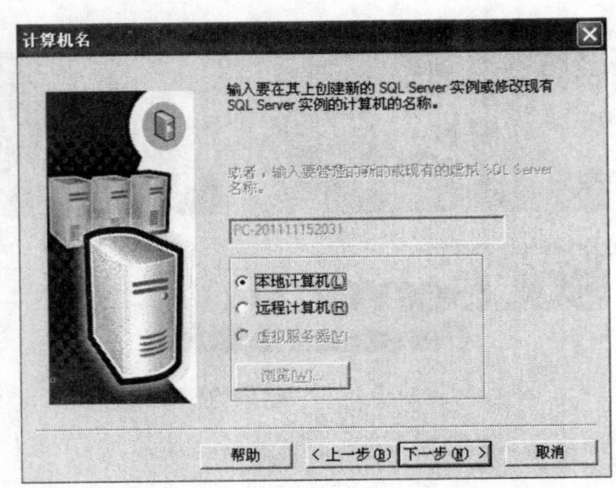

图 2-5　计算机名

(4) 在“安装选择”对话框中(见图 2-6)，单击“创建新的 SQL Server 实例，或安装客户端工具”，单击“下一步”按钮。

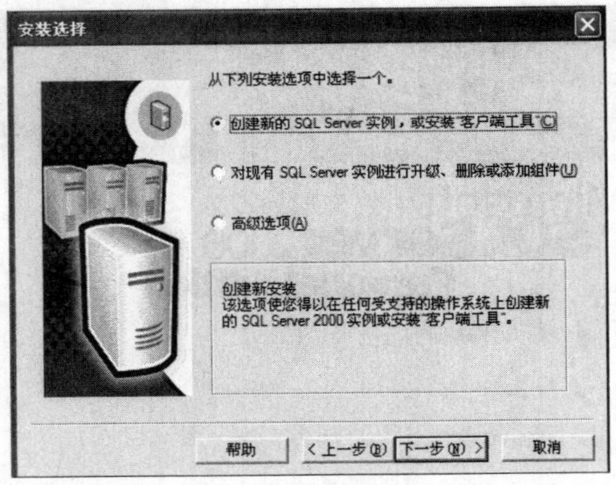

图 2-6　安装选择

(5) 在“用户信息”对话框(见图 2-7)中，输入姓名及公司名称，单击“下一步”按钮。

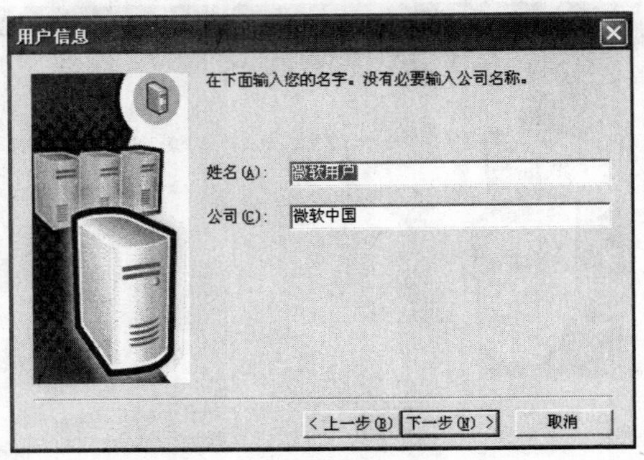

图 2-7　用户信息

(6) 在“软件许可证协议”对话框(见图 2-8)中，单击“是”按钮。

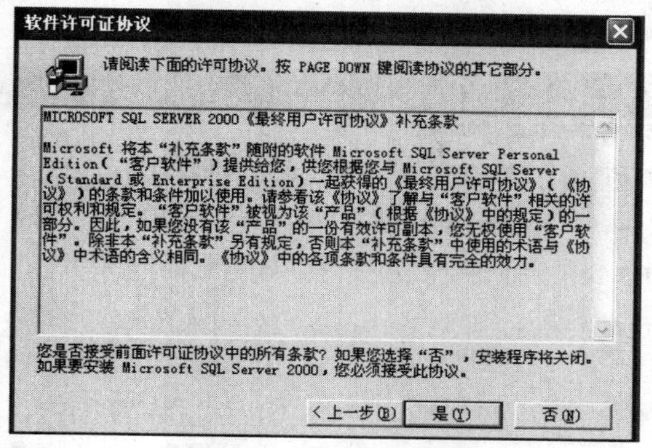

图 2-8　软件许可证协议

(7) 在“安装定义”对话框(见图 2-9)中，单击“服务器和客户端工具”，单击“下一步”按钮。

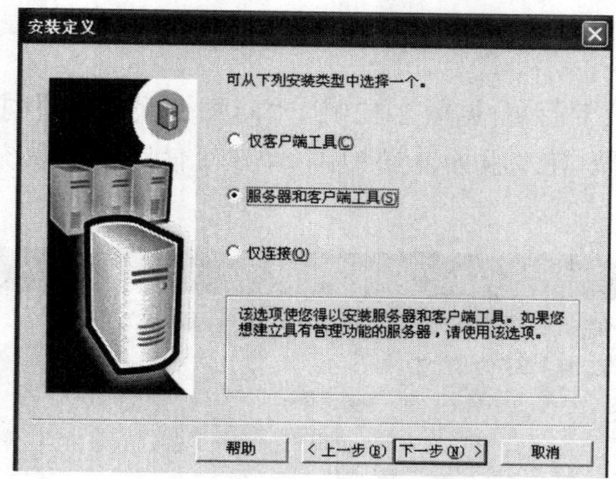

图 2-9　安装定义

(8) 在“实例名”对话框(见图 2-10)中，“默认”是默认选项。建议采用默认选项。单击“下一步”按钮。

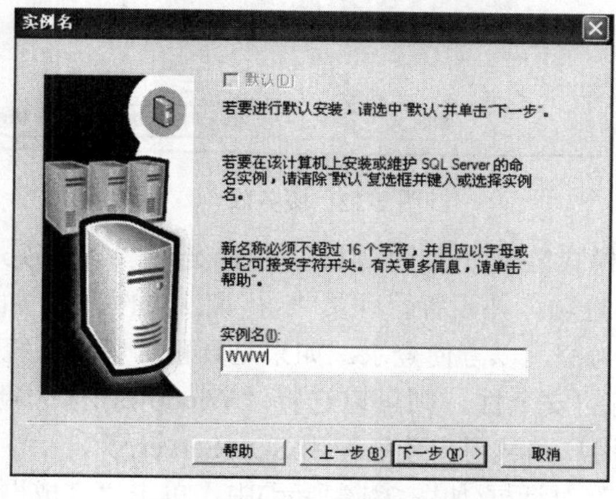

图 2-10　实例名

(9) 在“安装类型”对话框(见图 2-11)中，“典型”是默认选项，目的文件夹也可以进行选择。建议采用默认方式。直接单击“下一步”按钮。

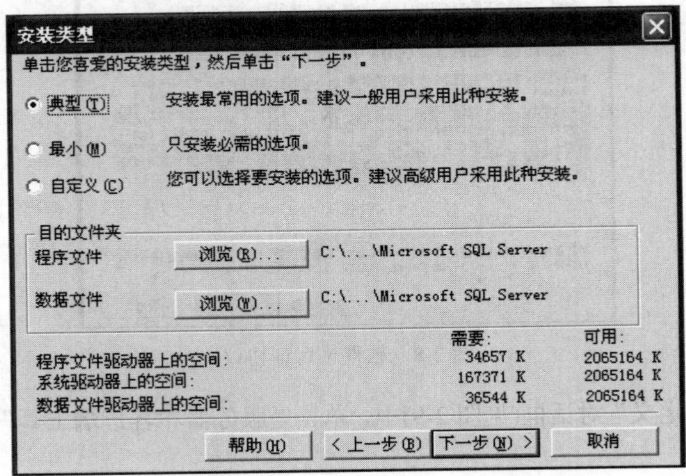

图 2-11　安装类型

(10) 在“服务帐户”对话框(见图 2-12)中，“对每个服务使用同一帐户，自动启动 SQL Server 服务”是默认选项。在“服务设置”中，单击“使用本地系统帐户”。单击“下一步”按钮。

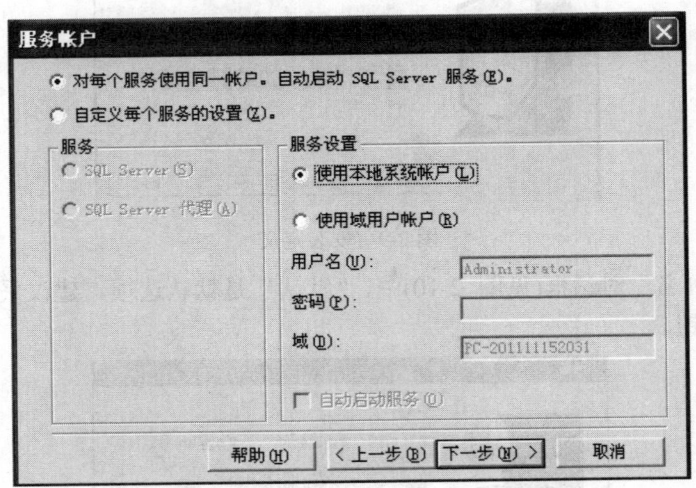

图 2-12　服务账户

(11) 在“身份验证模式”窗口(如图 2-13 所示)，选择“混合模式(Windows 身份验证和 SQL Server 身份验证)”选项，并设置管理员“sa”账号的密码。如果目的只是为了学习的话，可以将该密码设置为空，以方便登录。如果是真正的应用系统，则必须设置和保管好该密码。如果需要更高的安全性，则可以选择“Windows 身份验证模式”，这时就只有 Windows Server 的本地用户和域用户才能使用 SQL Server 了。

(12) 在“安装完成”对话框(如图 2-14 所示)中，单击“完成”按钮，即可完成安装。

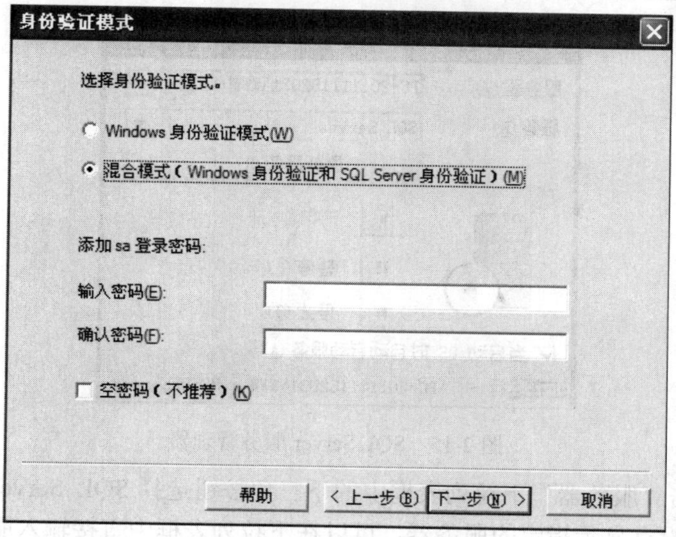

身份验证模式

选择身份验证模式。

Windows 身份验证模式(W)

混合模式（Windows 身份验证和 SQL Server 身份验证）(M)

添加 sa 登录密码:

输入密码(E):

确认密码(F):

空密码（不推荐）(K)

帮助　< 上一步(B)　下一步(N) >　取消

图 2-13　身份验证模式

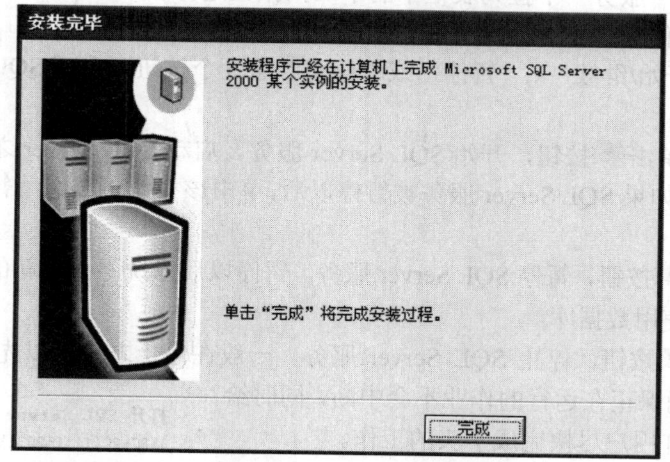

图 2-14　安装完毕

2.3　SQL Server 2000 服务器组件

2.3.1　SQL Server 2000 服务管理器

SQL Server 服务管理器(SQL Server Service Manager)是 SQL Server 2000 提供的客户端管理工具之一，用于启动、停止和暂停 SQL Server 2000 服务。

安装完 SQL Server 以后，服务管理器的图标就自动出现在任务栏中，以显示 SQL Server 进程的运行状态。下面介绍如何使用 SQL Server 服务管理器。

操作步骤如下：

(1) 在操作系统的任务栏中单击“开始”菜单，选择“程序”→“Microsoft SQL Server”→“服务管理器”命令，启动 SQL Server 服务管理器，如图 2-15 所示。

图 2-15　SQL Server 服务管理器

(2) 通过单击“服务器”下拉列表框中的下三角按钮选择 SQL Server 服务器名称，如果在下拉列表中没有显示指定的服务器，可以在下拉列表框中直接输入服务器名称。

(3) 通过单击“服务”下拉列表框中的下三角按钮选择相应的服务。

(4) 启动、暂停和停止 SQL Server 服务。

通过单击“开始/继续”、“暂停”或“停止”这 3 个按钮来改变 SQL Server 服务器的当前运行状态。

开始/继续：单击按钮，开始 SQL Server 服务。启动 SQL Server 之后用户便可与服务器建立新连接。如果 SQL Server 服务被暂停以后，单击该按钮可以继续暂停的 SQL Server 服务。

暂停：单击按钮，暂停 SQL Server 服务。暂停以后系统不允许新的用户进入，原有的用户可以继续使用数据库。

停止：单击按钮，停止 SQL Server 服务。一般在停止之前可以先暂停 SQL Server 服务，这样可以确保正在运行的作业不会中断，同时给予一定的时间允许用户尽快完成手头的工作。

通过在操作系统的任务栏中右键单击服务管理器图标，在弹出的菜单中选择“MSSQLServer—启动”、“MSSQLServer—暂停”、“MSSQLServer—停止”等命令也可以改变 SQL Server 服务器的当前运行状态，如图 2-16 所示。

打开 SQL Server 服务管理器(M)
\\PC-201111152031\WWW 上的当前服务(V) ▸
MSSQLServer — 停止(O)
MSSQLServer — 暂停(P)
MSSQLServer — 启动(S)
退出(X)
选项(T)...
关于(A)...

图 2-16　SQL Server 在任务栏的图标

注意：SQL Server 服务管理器只能暂停 SQL Server 服务，不能暂停 SQL Server Agent 服务。

2.3.2　SQL Server 2000 主要的服务器组件简介

这些组件可在运行安装程序时，从选择组件对话框中的服务器组件分类中安装。当选择“服务器和客户端工具”作为初始安装选项时，将包含服务器组件。

1. SQL Server

安装 SQL Server 关系型数据库引擎和其他核心工具。如果安装了 SQL Server 程序文件，就必须安装 SQL Server 组件。

注意：安装 SQL Server 组件时，安装程序还安装 bcp、isql 和 osql 实用工具以及 ODBC、OLE DB 和 DB-Library。

2. 升级工具

安装用于将 SQL Server 数据库升级到当前版本数据库的 SQL Server 升级向导。利用该向导，可以实现数据库的升级。

2.4 SQL Server 2000 的通信组件

SQL Server 2000 支持几种在客户端应用程序和服务器之间通信的方法。如果应用程序与 SQL Server 2000 实例在同一台计算机上，则使用 Windows 进程间通信(IPC)组件，例如本地命名管道或共享内存进行通信。如果应用程序在另外一台客户机上，则使用网络 IPC 与 SQL Server 进行通信。IPC 有两个组件：

(1) 应用程序编程接口(API)：API 定义一组软件用以向 IPC 发送请求并从 IPC 检索结果的函数。

(2) 协议：协议定义任意两个通过 IPC 通信的组件之间传输信息的格式，如果是网络 IPC，协议定义两台使用 IPC 的计算机之间以数据包格式传输信息。

当 SQL Server 2000 客户端通信组件连接到 SQL Server 2000 时，一般情况下不需要或只需要很少的管理。SQL Server 2000 客户端软件本身能够动态地确定与 SQL Server 2000 实例通信连接的网络地址。SQL Server 2000 用户几乎不需要使用客户端网络实用工具管理客户端通信组件。

2.4.1 服务器端网络实用工具

服务器端网络实用工具是安装在服务器端的管理程序，它同安装在客户端的客户端网络实用程序相对应，使用它可以管理 SQL Server 服务器为客户端提供的数据存取接口。客户端网络实用程序必须根据服务器端网络实用程序进行相应的设置，才能保证正确的数据通信，如图 2-17 所示。

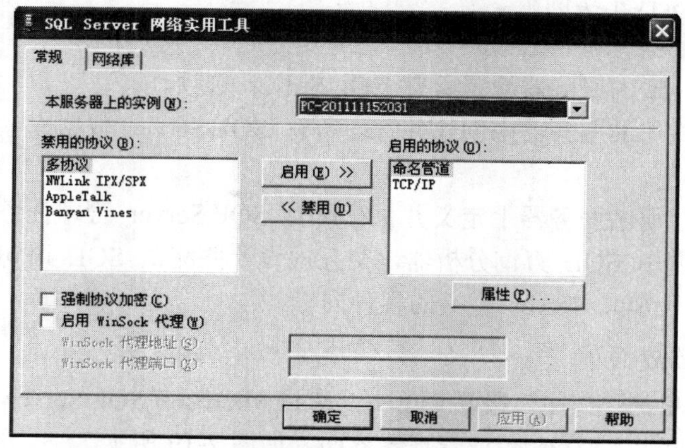

图 2-17　SQL Server 网络实用工具

2.4.2 客户端网络实用工具

使用客户端网络实用工具设置在客户端连接 SQL Server 时启用和禁用的通信协议，配置服务器别名，显示数据选项和查看已经安装的网络连接库，如图 2-18 所示，客户端组件会自动连接选择所支持的 Net-Library 和地址，而无需在客户端上进行任何配置。应用程序必须提供的唯一信息是计算机名和实例名。

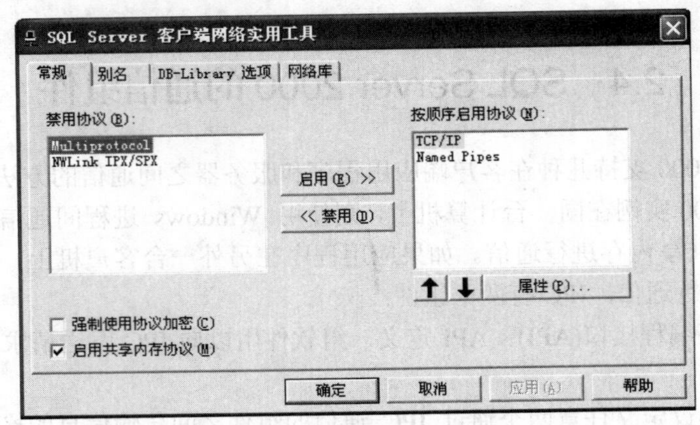

图 2-18 客户端网络实用工具

2.5 SQL Server 2000 主要的管理工具

2.5.1 企业管理器

企业管理器是 SQL Server 中最重要的管理工具。在使用 SQL Server 的过程中，大部分时间都是和它打交道的。通过企业管理器可以管理所有数据库系统工作和服务器工作，也可调用其他管理、开发工具。

1. 企业管理器的功能

(1) 定义 SQL Server 实例组。

(2) 将个别服务器注册到组中。

(3) 为每个已注册的服务器配置所有 SQL Server 选项。

(4) 在每个已注册的服务器中创建并管理所有 SQL Server 数据库、对象、登录、用户和权限。

(5) 在每个已注册的服务器上定义并执行所有 SQL Server 管理任务。

(6) 通过唤醒调用 SQL 查询分析器，交互地设计并测试 SQL 语句、批处理和脚本。

(7) 唤醒调用为 SQL Server 定义的各种向导。

2. 企业管理器界面

在“开始”菜单的“程序”级联菜单中，选择 Microsoft SQL Server 程序组中的“企业管理器”选项，即可启动 SQL 企业管理器界面，如图 2-19 所示。

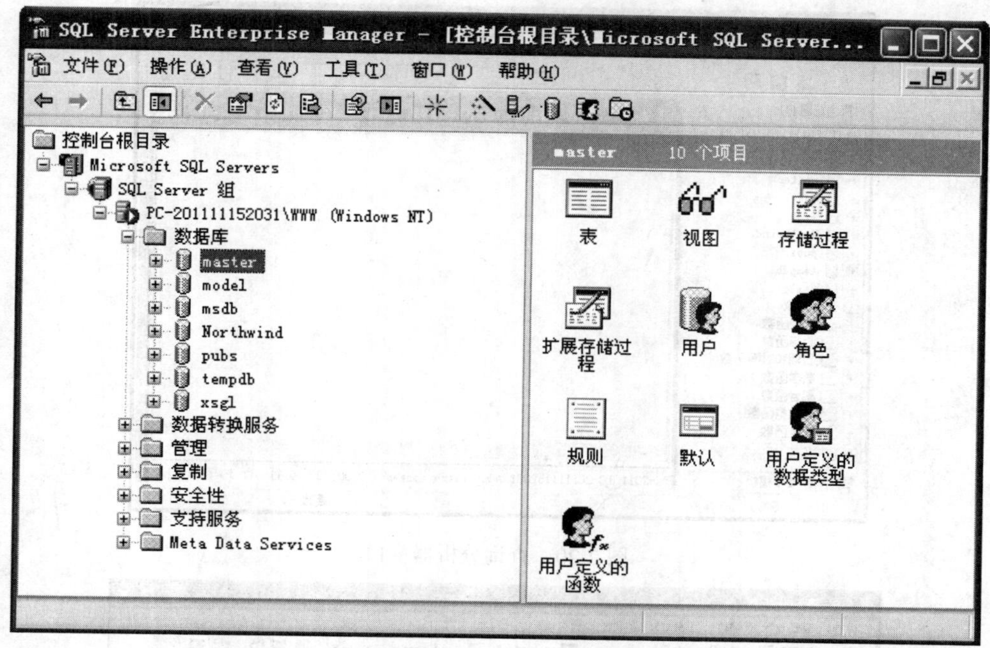

图 2-19　企业管理器的操作界面

企业管理器的操作界面和 Windows 的资源管理器类似，左侧窗口为层状的树型结构，右侧窗口显示左侧窗口中选择对象的相关信息。

整个结构的最上层为 Microsoft SQL Server，表示所有的 SQL Server，下面划分为组，称为 Server 组，每组可以包含多台计算机。但对于新安装的 SQL Server 而言，只包含一个 Server 组和一个 SQL Server 服务器(PC-201111152031\WWW(Windows NT))。这里可以通过在“SQL Server 组”上面右击鼠标，在打开的快捷菜单上，选择“新建 SQL Server 组”来添加一个 SQL Server 组，也可以选择“新建 SQL Server 注册”来向组中添加一个 SQL Server 服务器。

2.5.2　查询分析器

查询分析器用于执行输入的 SQL 语句，以查询、分析或处理数据库中的数据。这是一个非常实用的工具，对掌握 SQL 语句，理解 SQL Server 的工作有很大帮助。使用查询分析器的熟练程度是衡量 SQL Server 用户水平的标准。

打开图 2-19 所示的企业管理器，选择“工具”菜单下的“查询分析器”，打开图 2-20 所示的查询分析器界面。

在图 2-20 中的右边为查询窗口，在查询窗口中用户可以输入 SQL 语句，并按 F5 键运行，或单击工具栏上的 ▶ 按钮将其送到服务器执行，结果将显示在输出窗口中。用户也可以打开一个含有 SQL 语句的文件来执行，执行的结果同样显示在输出窗口中，图 2-21 显示了一个简单的查询执行情况。

查询分析器是一个真正的分析工具，它不仅能执行 T-SQL 语句，还能对一个查询语句的执行进行分析，给出查询执行计划，为查询优化提供直观的帮助。

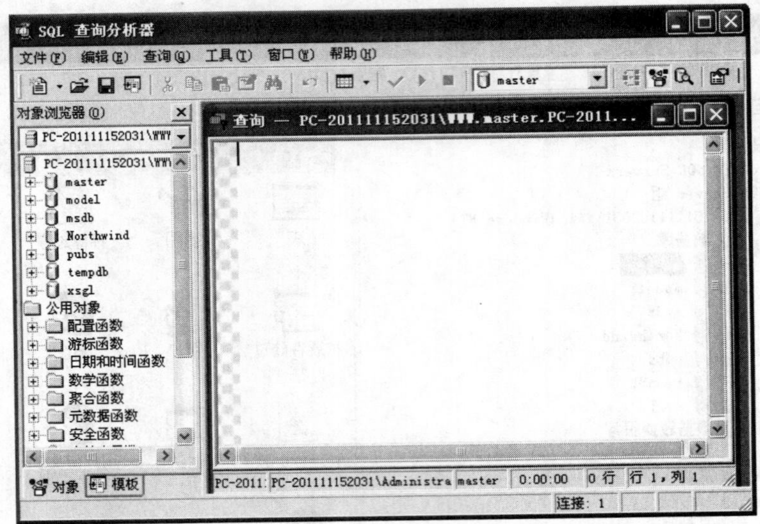

图 2-20　查询分析器窗口

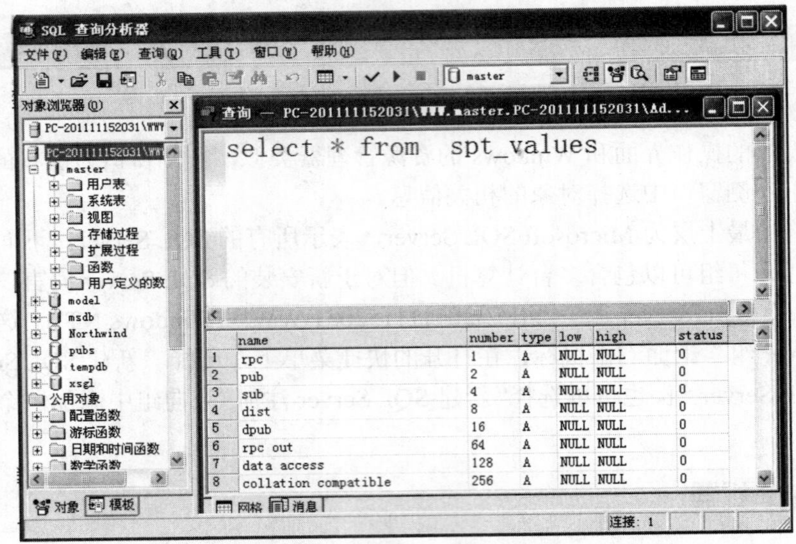

图 2-21　在查询分析器中执行查询

2.6　注册服务器

SQL Server 所有已安装的实例必须注册本地或远程服务器后，才能使用 SQL Server 企业管理器来管理这些服务器。

前面已经讲过，在第一次运行 SQL Server 企业管理器时，它将自动注册本地 SQL Server 所有已安装实例。但是，如果有一个已注册的 SQL Server 实例，然后安装更多的 SQL Server 实例，则只注册最初的 SQL Server 实例。可以启动注册服务器向导来注册其他的服务器。

那么如何在企业管理器中对命名实例进行注册呢？现在我们在默认实例的基础上安装命名实例 SQL 2000，运行企业管理器，将出现图 2-22。图 2-22 中只能看到默认实例。

图 2-22　企业管理器

(1) 鼠标右键单击图 2-22 左侧目录树中的“SQL Server 组”，单击“新建 SQL Server 注册”，将打开如图 2-23 所示的对话框，单击“下一步”按钮。

图 2-23　注册 SQL Server 向导

(2) 在出现的如图 2-24 所示的对话框中，在“可用的服务器”中输入计算机名称或实例名，或者在下面的列表中选择，单击“添加按钮”，单击“下一步”。

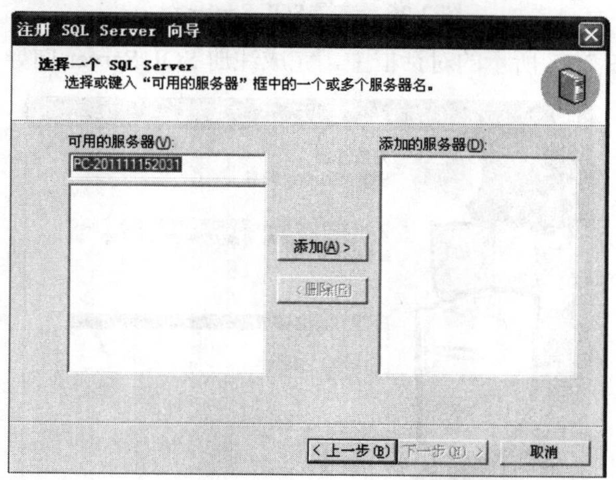

图 2-24　选择一个 SQL Server

(3) 在出现的图 2-25 所示的对话框中，采用默认选择，单击“下一步”按钮。

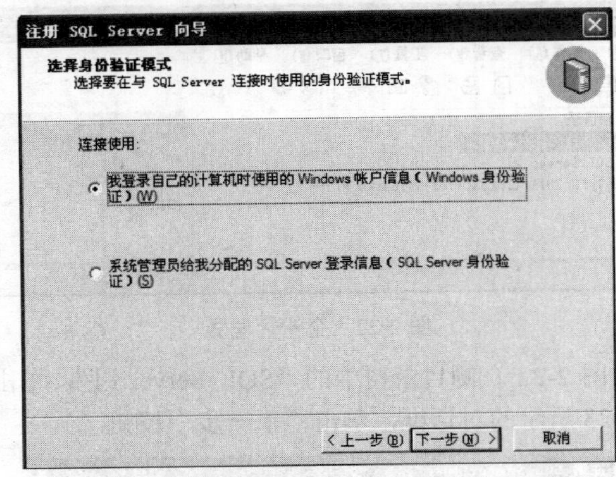

图 2-25　身份验证模式

(4) 在出现的如图 2-26 所示的对话框中，采用默认选项，单击“下一步”按钮。

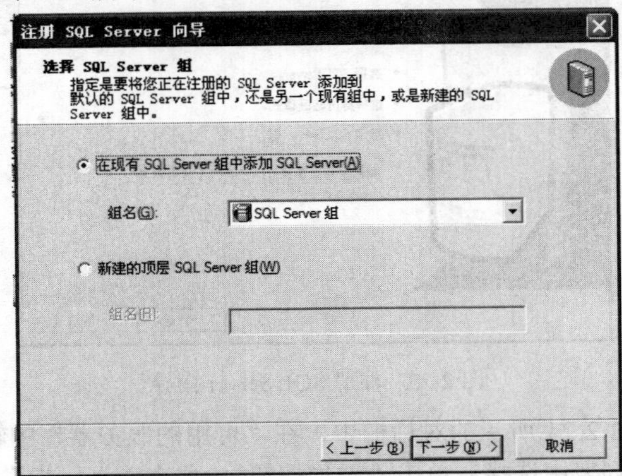

图 2-26　选择 SQL Server 组

(5) 在出现的如图 2-27 所示的对话框中，完成注册 SQL Server 向导，单击“完成”按钮。

图 2-27　完成注册

(6) 服务器注册完成，单击“关闭”按钮。

(7) 运行企业管理。可以看到，在企业管理器中，将出现 SQL Server 2000 实例，如图 2-28 所示。

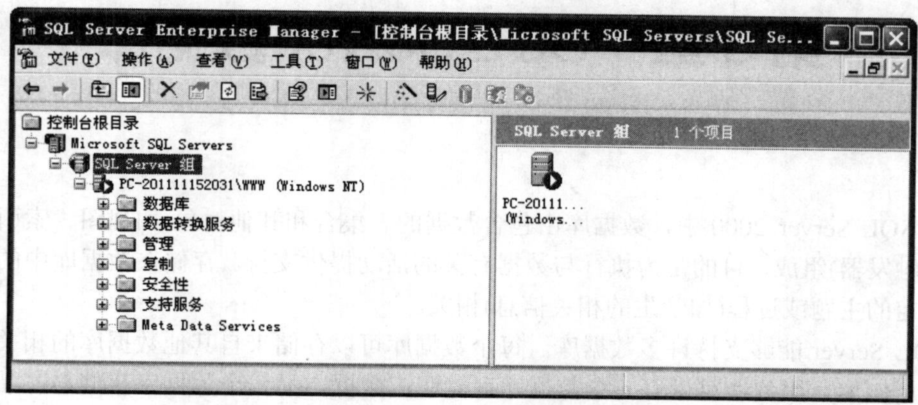

图 2-28　企业管理器

2.7　本 章 小 结

本章主要介绍了 SQL Server 2000 的特点、安装步骤和主要的管理工具。对于 SQL Server 2000 的特点只需了解即可。由于对于初学者来说，学完安装步骤，就应该能够自己独立地进行安装，因此在这里对安装步骤做了详细的介绍。SQL Server 2000 的主要管理工具有企业管理器和查询分析器，这是以后经常用到的，要重点掌握其用法。

习　题　2

1．SQL Server 2000 的特点有哪些?

2．简述 SQL Server 2000 的安装步骤。

3．企业管理器的功能有哪些?

第 3 章　SQL Server 数据库

在 SQL Server 2000 中，数据库由包含数据的表集合和其他对象(如视图、索引、存储过程和触发器)组成，目的是为执行与数据有关的活动提供支持。存储在数据库中的数据通常与特定的主题或过程(如学生的相关信息)相关。

SQL Server 能够支持许多数据库。每个数据库可以存储来自其他数据库的相关或不相关数据。例如，服务器可以有一个数据库存储职工数据，另一个数据库存储与产品相关的数据。

企业管理器是用于查看、建立和删除数据库的主要工具。本章主要介绍使用企业管理器查看数据库属性、创建和删除数据库等内容。

3.1　SQL Server 数据库简介

SQL Server 作为一个数据库管理系统，它的主要功能就是管理数据库及其数据库对象。为了方便用户操作数据库和数据库对象，系统提供了两个窗口。其中一个以图形可视化界面操作数据库及其数据库对象的企业管理器，另一个是以 SQL 语句方法操作数据库及数据库对象的查询分析器。

3.1.1　数据库对象

当一个新的数据库创建好后，此时只是创建了一个数据库的空架子，里面没有任何内容，还必须创建数据库对象，如表、视图等。创建完成后便可以按照用户的需求使用和管理数据库了。

SQL Server 2000 数据库中的数据分别存放在不同的数据对象中，这些数据库对象对用户来讲是很透明的。数据库对象中有下列几种类型：

(1) 表(table)；
(2) 索引(index)；
(3) 视图(view)；
(4) 默认(default)；
(5) 用户自定义的数据类型；
(6) 约束(constraint)；
(7) 存储过程(store procedure)；
(8) 触发器(trigger)。

3.1.2　数据库类型

在 SQL SERVER 中有两类数据库：系统数据库和用户数据库。其中，系统数据库共有4 个，分别如下：

(1) Master 数据库。Master 数据库是 SQL Server 系统最重要的数据库，它记录了 SQL Server 系统的所有系统信息。这些系统信息包括所有的登录信息、系统设置信息、SQL Server 的初始化信息和其他系统数据库及用户数据库的相关信息。

(2) Model 数据库。Model 数据库是所有用户数据库和 Tempdb 数据库的模板数据库，它含有 Master 数据库所有系统表的子集，这些系统数据库是每个用户定义数据库时所需要的。

(3) Msdb 数据库。Msdb 数据库是代理服务数据库，为警报、任务调度和记录操作员的操作提供存储空间。

(4) Tempdb 数据库。Tempdb 是一个临时数据库，它为所有的临时表、临时存储过程及其他临时操作提供存储空间。

除系统数据库外，SQL Server 提供了两个范例数据库：pubs 数据库和 Northwind 数据库。前者是一个书籍出版公司的数据库范例，后者是一个称为 NorthWind Trdaders 公司的销售数据库，该数据库包含从世界各地进出口各种食物的记录。

3.1.3　文件

(1) 主数据库。主数据库简称为主文件，该文件是数据库的关键文件。主文件包含了数据库的启动信息，并且存储数据，每一个数据库有且只能有一个主文件，其默认扩展名为.mdf。

(2) 辅助数据库。辅助数据库简称为辅助文件，用于存储未包括在主文件内的其他数据。辅助文件的默认扩展名为.ndf。根据情况，可以创建多个辅助文件，也可以不创建辅助文件。

注意：一般当数据库很大时，有可能需要创建多个辅助数据库；数据库比较小时，只要有主文件而不需要辅助文件。

(3) 日志文件。日志文件用来保存恢复数据库所需的事务日志信息，每个数据库至少有一个日志文件，也可以有多个，其扩展名为.ldf。

注意：数据库文件一词通常指的是三种文件类型中的任何一种。数据文件一词则指的是主要数据文件和次要数据文件。创建一个数据库，该数据库中至少包含上述的主文件和日志文件。

3.1.4　文件组

文件组是一个或多个文件的集合，这些文件组成分配和管理的单元。文件组可以在一开始创建数据库时创建，也可以在以后多个文件添加到数据库中时再创建。但是，一旦文件添加到数据库中以后，就不能再将这些文件移动到其他不同的文件组中。文件组只能包含数据文件，不能有事务日志文件。一个文件不能属于多个文件组。

文件组有三种类型：

(1) 主文件组。这些文件组包含主要数据文件和未放入其他文件组的所有其他文件。系统表的所有页都是从主文件组分配的。

(2) 用户定义文件组。这些文件组是在 create database 或 alter database 语句中，或企业管理器中的属性页中使用 filegroup 关键字指定的。

(3) 默认值。这些文件组包含所有表和索引的页，这些表和索引在创建时未指定文件组。在每个数据库中，一次只有一个文件组为默认文件组。如果没有指定默认文件组，则默认文件组为主文件组。

注意：每个数据库最多只能创建 256 个文件组，而且文件组不能独立于数据库文件创建。文件组是对数据库中的文件进行分组的一种管理机制。

3.2 创建数据库

在 SQL Server 中，创建一个数据库，仅仅是创建了一个空壳，它是以 model 数据库为模板创建的，因此其初始大小不会小于 model 数据库的大小。

在 SQL Server 中，建立数据库的方法不止一种，可以使用命令法创建，也可以使用企业管理器直接建立，还可以使用 SQL Server 提供的向导来创建，以下分别来介绍。

3.2.1 使用 Transact-SQL 创建数据库

1．命令格式

```
create database  数据库名 on [primary]
   (name=逻辑文件名，
   filename=物理文件名，
   size=文件起始大小，
   maxsize=文件最大容量，
   filegrowth=文件增量)，
   …
filegroup  文件组名
   (name=逻辑文件名，
   filename=物理文件名，
   sie=文件起始大小，
   maxsize=文件最大容量，
   filegrowth=文件增长容量)
   …
log on
   (name=逻辑文件名，
   filename=物理文件名，
   size=文件起始大小，
   maxsize=文件最大容量，
```

```
filegrowth=文件增长容量)
…
```

说明：

(1) primary：指定下面文件为主文件组的文件，可省略。

(2) filename：指定文件的实际存储位置。

(3) size：指定文件的起始大小。

(4) maxsize：指定文件可达到的最大容量。

(5) filegrowth：定义的文件的增量。文件的增量设置不能超过 maxsize 的设置。可以定一个确切的增长数值，也可以指定增长的百分比(起始值的百分比)，默认为 10%。

(6) log on：指定下面为日志文件。

2．实例

【例 1】创建只有一个数据文件和一个日志文件的数据库。

```
Create Database xsgl On
( Name=xsgl_data,
  Filename='e:\数据库\xsgl_data.mdf',
  Size=5mb,
  Maxsize=50mb,
  Filegrowth=10%)
Log On
  ( Name=xsgl_log,
  Filename='e:\数据库\xsgl_log.ldf',
  Size=2mb,
  Maxsize=20mb,
  Filegrowth=1mb)
```

【例 2】创建有多个数据文件和日志文件的数据库。

```
Create Database score On Primary
( Name=score_mdf,
  Filename=' e:\数据库\score_mdf.mdf ',
  Size=5MB,
  Maxsize=50MB,
  Filegrowth=5MB ),
( Name=score_ndf1,
  Filename=' e:\数据库\score_ndf1.ndf',
  Size=3MB,
  Maxsize=30MB,
  Filegrowth=20% ),
( Name=score_ndf2,
  Filename=' e:\数据库\score_ndf2.ndf',
```

```
    Size=6,
    Maxsize=50,
    Filegrowth=4 )
Log on
( Name=score_ldf1,
    Filename=' e:\数据库\score_ldf1.ldf',
    Size=8MB,
    Maxsize=100MB,
    Filegrowth=5MB ),
( Name=score_ldf2,
    Filename=' e:\数据库\score_ldf2.ldf',
    Size=10,
    Maxsize=100,
    Filegrowth=10 )
```

【例 3】创建带有多个文件组的数据库。

```
Create database book On Primary
( Name=book_mdf,
    Filename=' e:\数据库\book_mdf.mdf',
    Size=3,
    Maxsize=30,
    Filegrowth=3 ),
Filegroup group1
( Name=book_ndf1,
  Filename=' e:\数据库\book_ndf1.ndf',
  Size=2MB,
  Maxsize=20MB,
  Filegrowth=25% ),
  Filegroup group2
( Name=book_ndf2,
  Filename=' e:\数据库\book_ndf2.ndf',
  Size=4,
  Maxsize=30,
  Filegrowth=4 )
Log on
( Name=book_ldf1,
  Filename=' e:\数据库\book_ldf1.ldf',
  Size=5,
  Maxsize=40,
  Filegrowth=5 ),
```

```
( Name=book_ldf2,
  Filename=' e:\数据库\book_ldf2.ldf',
  Size=6,
  Maxsize=60,
  Filegrowth=30% )
```

3.2.2　使用企业管理器创建数据库

(1) 打开企业管理器，依次展开 Microsoft SQL Server、SQL Server 组和实例名。选择“数据库”文件夹，单击鼠标右键，在弹出的快捷菜单上选择“新建数据库”命令，如图 3-1 所示。

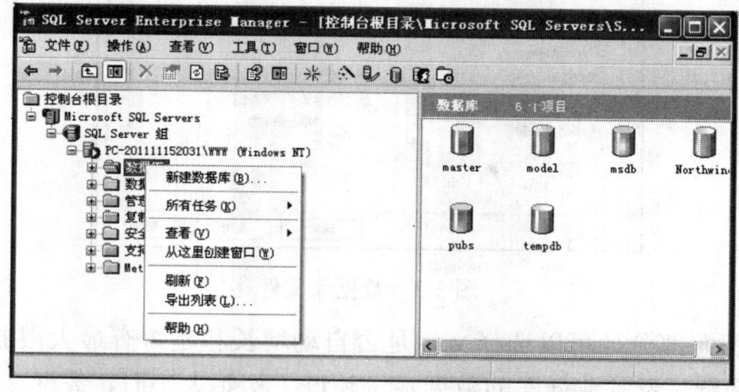

图 3-1　创建数据库

(2) 进入“数据库属性”对话框，在“名称”文本框中输入新建数据库的名字，例如，学生成绩管理系统，如图 3-2 所示。在“排序规则名称”下拉列表框中，可以选择要使用的排序规则。不过，大多数情况下，选择“服务器默认设置”即可。

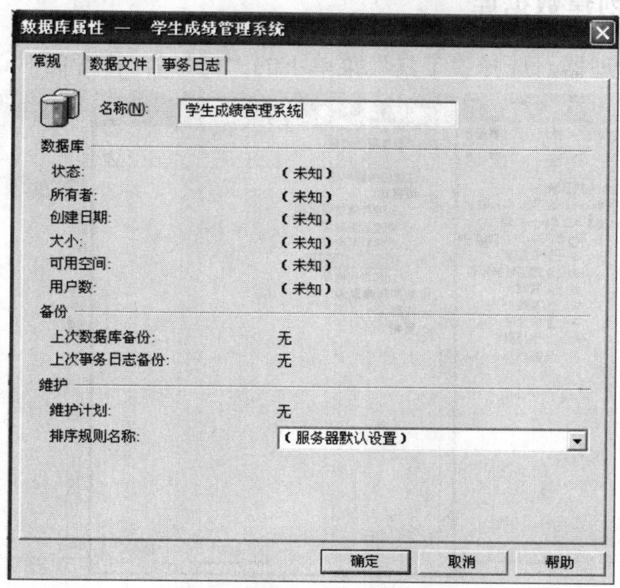

图 3-2　数据库属性

(3) 单击“数据文件”标签，打开“数据文件”选项卡。在此选项卡中，可以设置数据文件的名称、位置及大小，如图 3-3 所示。数据库名称默认是“数据库名_Data”，用户可以修改，而且可以指定多个文件。在“位置”一栏中，可以通过单击...按钮来指定文件所在的位置，在“初始大小”一栏中，指定以 MB 为单位输入的数据库文件的大小。

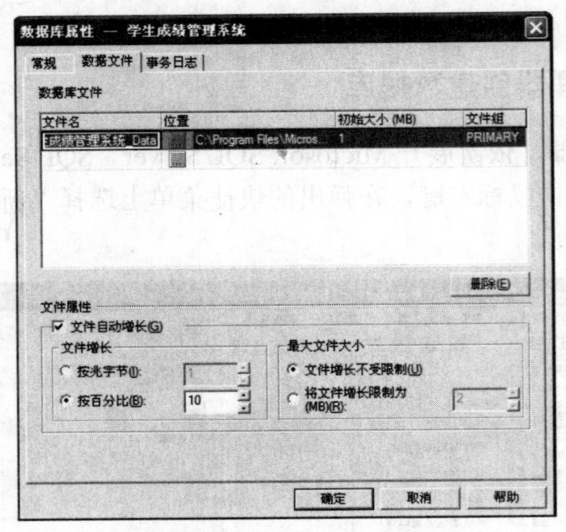

图 3-3　数据库文件

在选项卡的下面部分，可以选择文件是否自动增长和是否有最大限制。如果选择“文件自动增长”复选框，表示数据库的数据容量超过了初始大小时，数据文件可以自动增加。

(4) 单击“事务日志”标签，打开“事务日志”选项卡，该选项卡用于设置事务日志文件的名称、位置及大小，各选项含义和图 3-3 类似。

(5) 单击“确定”按钮，创建“学生成绩管理系统”数据库完成。

3.2.3　使用向导创建数据库

(1) 打开企业管理器，选择“工具”菜单下的“向导”，打开的对话框如图 3-4 所示。

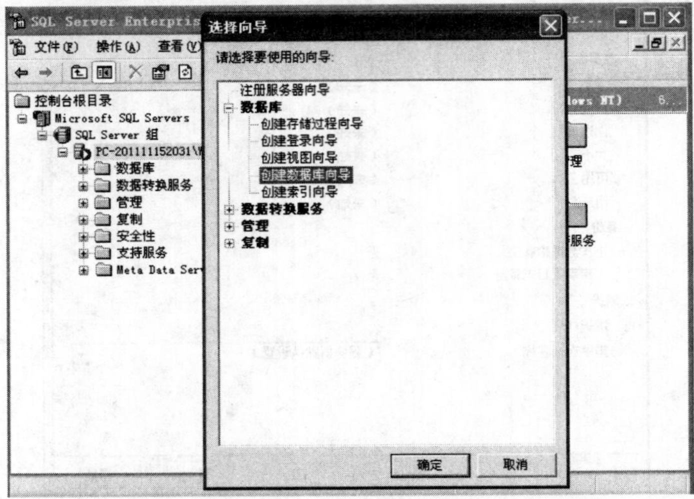

图 3-4　选择向导

(2) 选择“创建数据库向导”，打开的对话框如图 3-5 所示。

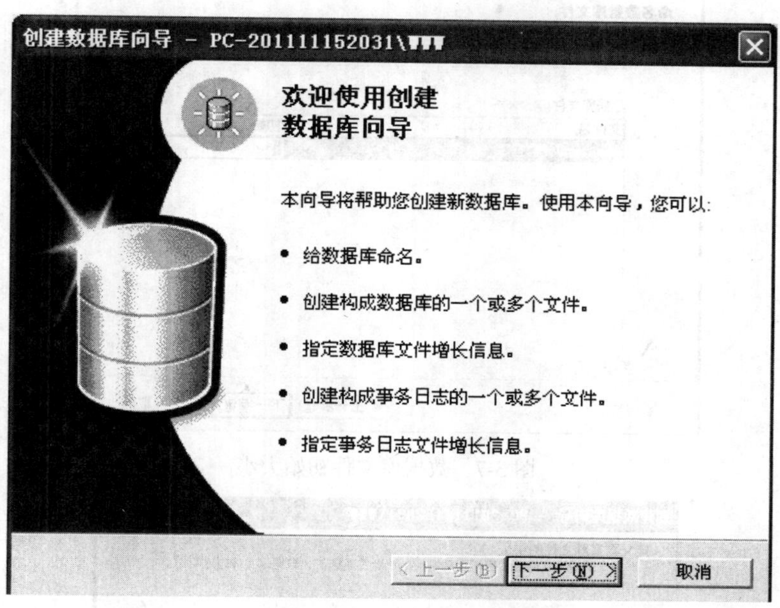

图 3-5　创建数据库向导

(3) 点击“下一步”，打开的对话框如图 3-6 至图 3-10 所示，分别设置数据库文件和事务日志文件的位置及大小。

(4) 完成向导，如图 3-11 所示。

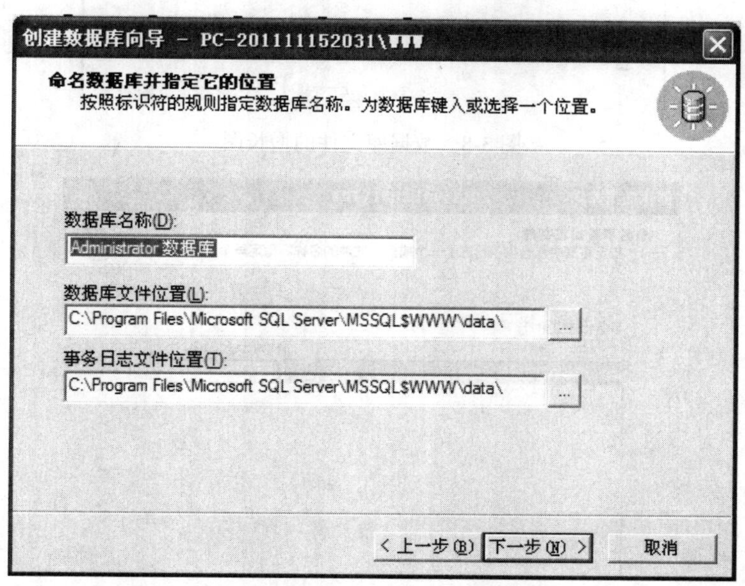

图 3-6　数据库文件位置图

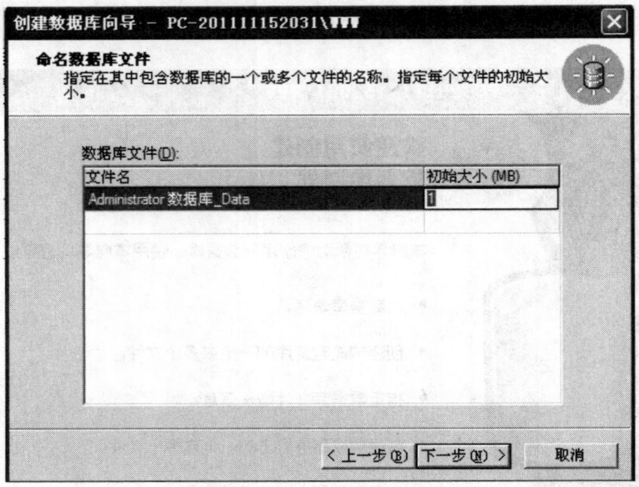

创建数据库向导 － PC-201111152031\WWW

命名数据库文件

指定在其中包含数据库的一个或多个文件的名称。指定每个文件的初始大小。

数据库文件(D):

文件名	初始大小 (MB)
Administrator 数据库_Data	1

< 上一步(B)　下一步(N) >　取消

图 3-7　数据库文件初始大小

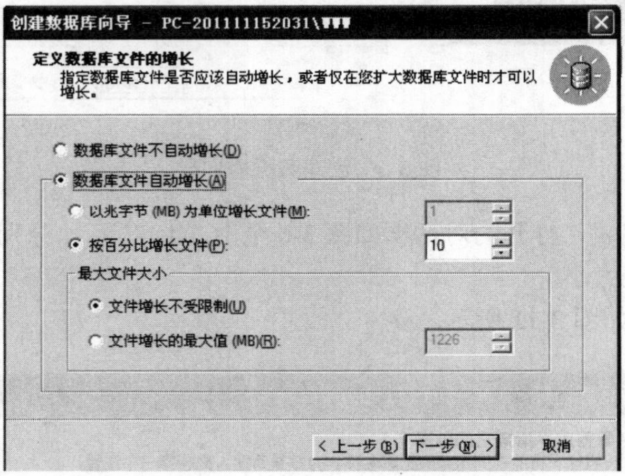

创建数据库向导 － PC-201111152031\WWW

定义数据库文件的增长

指定数据库文件是否应该自动增长，或者仅在您扩大数据库文件时才可以增长。

○ 数据库文件不自动增长(D)

◉ 数据库文件自动增长(A)

○ 以兆字节 (MB) 为单位增长文件(M):　1

◉ 按百分比增长文件(P):　10

最大文件大小

◉ 文件增长不受限制(U)

○ 文件增长的最大值 (MB)(R):　1226

< 上一步(B)　下一步(N) >　取消

图 3-8　数据库文件的增长图

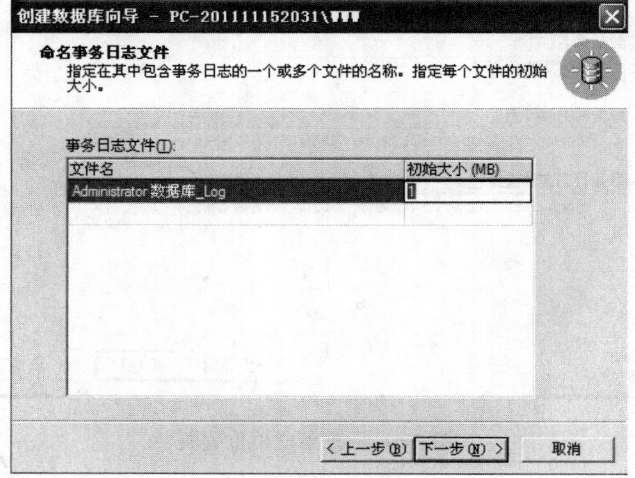

图 3-9　事务日志文件初始大小

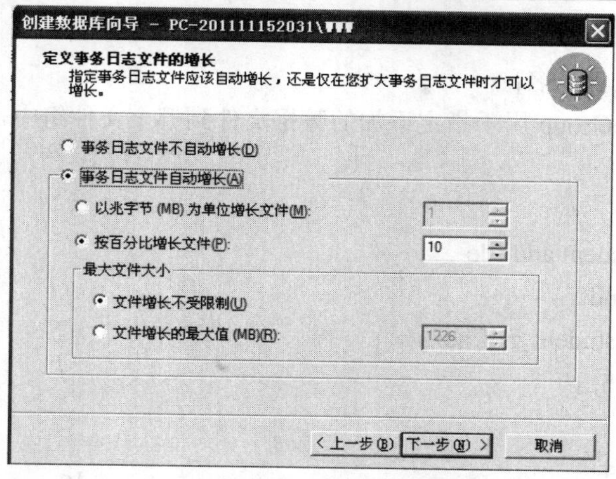

图 3-10　事务日志文件的增长

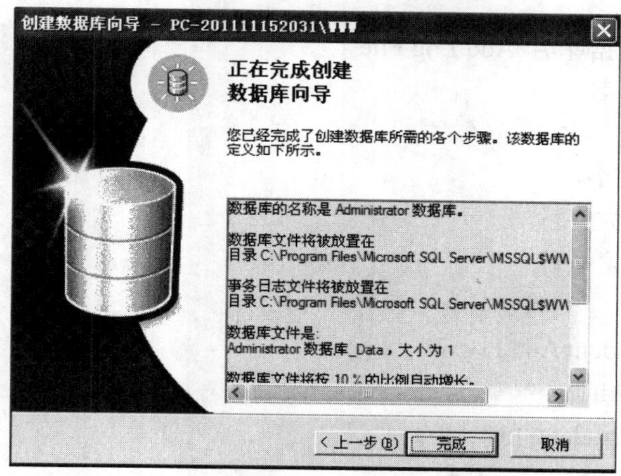

图 3-11　创建完成

3.3　修改数据库

数据库创建好之后，我们要根据需要随时进行修改，例如，修改数据文件、事务日志、文件组等。下面介绍使用 Transact-SQL 和企业管理器进行修改的方法。

3.3.1　使用 Transact-SQL 修改数据库

1．添加数据文件

(1) 格式：

Alter database 数据库名 Add File
(Name=逻辑文件名，
Filename=物理文件名，
Size=文件起始大小，
Maxsize=文件最大容量，

Filegrowth=文件增量)
[To FileGroup 文件组名]

(2) 说明：To FileGroup 用于指定添加的数据文件到哪个文件组中，该文件组必须存在，默认为主文件组。

(3) 实例：

```
Alter database student add file
( Name=student_ndf,
Filename='d:\sql\student_ndf.ndf ',
Size=1,Maxsize=5,
Filegrowth=1 )
```

2. 添加日志文件

(1) 格式：

```
Alter database 数据库名 Add Log File
(Name=逻辑文件名，
Filename=物理文件名，
Size=文件起始大小，
Maxsize=文件最大容量，
Filegrowth=文件增量)
```

(2) 实例：

```
Alter database student Add Log File
( Name=student_ldf1,
Filename='d:\sql\student_ldf1.ldf ',
Size=4,
Maxsize=40,
Filegrowth=15% )
```

3. 添加文件组

(1) 格式：

Alter database 数据库名 Add Filegroup 文件组名

(2) 实例：

Alter database student Add Filegroup group1 向该文件组中添加文件

```
Alter database student Add File
( Name=student_ndf2,
Filename='d:\sql\student_ndf2.ndf ',
Size=3,
Maxsize=30,
Filegrowth=3 )
To Filegroup group1
```

4．修改文件(数据文件和日志文件)

(1) 格式：

Alter database 数据库名 Modify File
(Name=逻辑文件名，
[Size=新的文件大小,]
[Maxsize=将要达到的容量,]
[Filegrowth=修改后的增量])

(2) 说明：修改数据文件和日志文件的格式是相同的，但逻辑文件名和物理文件名不能修改。在修改文件时，必须指定文件的逻辑名，用来标识将要修改的文件，而不必指定文件的物理名，否则将出现错误。如果指定修改文件的 Size，则新的文件大小必须比当前文件大。而修改文件的 Maxsize 和 Filegrowth 时，数值可以增大，也可以和原来的相同。

(3) 实例：

Alter database student Modify File
(Name=student_ldf1,
Filegrowth=20%)

5．修改文件组属性

(1) 格式：

Alter database 数据库名 Modify Filegroup 文件组名 readonly|readwrite|default

(2) 说明：当修改文件组的属性时，必须保证该文件组中存在文件。Readonly 为只读、readwrite 为读写、default 为默认设置。一般不修改。

(3) 实例：

Alter database student Modify Filegroup group1 readwrite

6．删除文件

(1) 格式：

Alter database 数据库名 Remove File 文件名

(2) 说明：不能删除主要数据文件和主要日志文件。

(3) 实例：

Alter database student Remove File student_ldf1

7．删除文件组

(1) 格式：

Alter database 数据库名 Remove Filegroup 文件组名

(2) 说明：要删除的文件组中不能包含数据文件。

(3) 实例：

Alter database student Remove File student_ndf2
Alter database student Remove Filegroup group1

3.3.2 使用企业管理器修改数据库

打开企业管理器，如图 3-12 所示，选择要修改的数据库，单击鼠标右键，选择“属性”，打开如图 3-13 所示的对话框，可以在各个选项卡中修改数据库的信息。

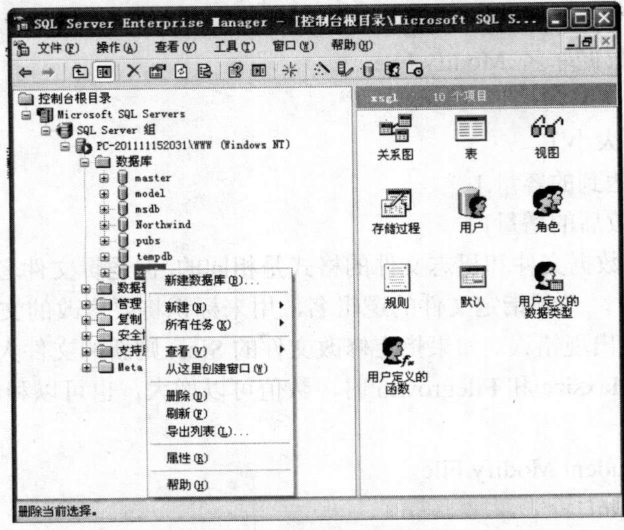

图 3-12　企业管理器

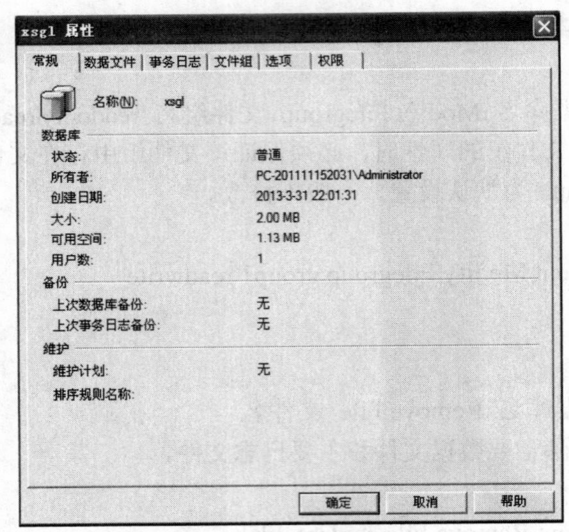

图 3-13　修改数据库

3.4　删除数据库

当不再需要数据库，或者它被移到另一数据库或服务器时，即可删除该数据库。数据库删除之后，文件及其数据都从服务器上的磁盘中删除。一旦删除数据库，它即被永久删除，并且不能进行检索，除非使用以前的备份。

当数据库处于以下三种情况之一时，不能被删除：

(1) 用户正在使用此数据库时；

(2) 数据库正在被恢复还原时；

(3) 数据库正在参与复制时。

1. 使用 Transact-SQL 删除数据库

(1) 格式：

Drop database 数据库名

(2) 实例：

Drop database xsgl

2. 使用企业管理器删除数据库

删除数据库的操作步骤如下：

(1) 打开企业管理器，依次展开服务器。

(2) 展开“数据库”，右击要删除的数据库，然后单击“删除”命令。这时将弹出“删除数据库”对话框。

(3) 单击“是”按钮，确认删除。

删除数据库的同时，SQL Server 会自动删除存储这个数据库的文件。

注意： 在数据库删除之后应该备份 master 数据库，因为删除数据库将更新 master 数据库中的系统表。如果 master 需要还原，则从上次备份 master 之后删除的所有数据库都将仍然在系统表中被引用，因而可能导致出现错误信息。

3.5 本章小结

数据库是 SQL Server 数据库管理系统的核心，任何 SQL Server 管理和操作的目的和对象都是针对数据库进行的，它是 SQL Server 存储数据的数据库其他对象的“容器”。

通过本章的学习，应该了解和掌握 SQL Server 数据库的创建以及相应的数据库管理操作。本章在介绍时采取了两种方法：企业管理器和 Transact-SQL 语句形式。这两种方法都是用户应该掌握和应用的。当然，在实际操作中，用户可以根据自己的实际情况和具体环境要求选择自己的操作方法。

习　题　3

1. 简述 SQL Server 数据库的各组成部分。
2. 简述文件组的概念。
3. 一个数据库中包含哪几种文件？
4. 事务日志文件和数据文件分开存放有什么好处？
5. 创建一个名称为 factory 的数据库，要求：

(1) 将主数据库文件 factory_Data.MDF 放置在 E:\DBF 文件夹中，其文件大小自动按 5 MB 增长。

(2) 将事务日志文件 factory_Log.MDF 放置在 E:\DBF 文件夹中，其文件大小自动按 1 MB 增长。

第 4 章　表、视图和索引的基本操作

在 SQL Server 数据库中，表是包含数据库中所有数据的数据库对象，用来存储各种各样的信息。表是由行和列组成的。在 SQL Server 2000 中，一个数据库中最多可以创建 20 亿个表，用户创建数据库表时，最多可以定义 1024 列。在同一数据库的不同表中，可以有相同的字段，但在同一个表中不允许有相同的字段，而且每个字段都要求数据类型相同。下面分别介绍一下数据类型和关于表的一些操作。

4.1　SQL Server 中的数据类型

在开始讨论 SQL Server 数据表和视图操作以及利用 Transact-SQL 对数据库实施查询操作前，必须理解 SQL Server 的数据类型和运算符，SQL Server 提供了大量的数据类型和运算符，下面将对它们进行详细讨论，以便在表操作和数据库操作以及程序设计中正确使用它们。

4.1.1　数据类型

在建立 SQL Server 的表格时，要求用户先对数据库列进行数据类型的确定。定义表列的数据类型后，数据列的数据类型将作为表的永久属性加以保存，普通用户是无法对其进行修改的。因此，建立自己的表格前，先全面理解 SQL Server 数据类型并精心选择表格列的数据类型，是保证创建的数据表格满足设计需求和表格性能良好的前提。

SQL Server 提供了许多数据类型，总体来讲包括系统数据类型和用户自定义数据类型两大种类，详细的情况如表 4-1 所示。

表 4-1　SQL Server 的数据类型

数据类型名称	主 要 类 型
整型数据类型	Int (integer), Smallint, Tinyint
浮点数据类型	Real, Float, Decimal, Numeric
字符数据类型	Char, Varchar, Nchar, Nvarchar
日期和时间数据类型	Datetime, Smalladatetime
文本和图形数据类型	Text, Ntext, Image
货币数据类型	Money, Smallmoney
位数数据类型	Bit
二进制数据类型	Binary, Varbinary
特殊数据类型	Timestamp
新增数据类型	Bigint, Sql_varinant, Table
用户自定义数据类型	-

下面分别介绍 SQL Server 的系统数据类型和用户自定义数据类型。

1．系统数据类型

1) 整型数据类型

整型数据类型用来存储整数。在 SQL Server 系统中支持 3 种类型的整型数据类型。

Int 或 Integer：整数型，长度为 4 个字节，可以存储从–2 147 683 647～2 147 683 647 之间的所有正负整数。

Smallint：短整数类型，长度为 2 个字节，存储范围较 Int 或 Integer 小，可以存储从–32 768～32 767 之间的所有正负整数。

2) 浮点数据类型

浮点数据类型可以用来存储含小数的十进制数。浮点类型的数据在 SQL Server 中采用只入不舍的方式进行存储。

Real：长度为 4 个字节。可以存储–3.40E+38～3.40E+38 之间的十进制数值，最大可以有 7 位精确位数。

Float：可以精确到第 15 位小数，其范围从–1.79E–308～1.79E + 308。

Decimal 和 Numeric：Decimal 数据类型和 Numeric 数据类型完全相同，它们可以提供小数所需要的实际存储空间，但也有一定的限度，可以用 2～17 个字节来存储从-10^{38}～$10^{38}-1$ 之间的数值。

3) 字符数据类型

字符数据类型可以用来存储各种由字母、数字和符号组成的字符串。在 SQL 中输入字符数据时，必须将数据引在单引号中，否则 SQL 不能接受该字符数据。

Char：其定义形式为 char(n)，每个字符和符号占用一个字节的存储空间。其中 n 表示该字符数据的字节长度，注意该长度只能取 1～255 之间的数。长度超过规定范围，则系统只取规定范围内的字符串；长度不足规定范围时，则字符串后面的位置将被空格填充。

Varchar：其定义形式为 varchar(n)。用 Varchar 数据类型可以存储长达 255 个字符的可变长度字符串。

Char 和 Varchar 两种字符数据类型的区别，如表 4-2 所示。

表 4-2　Char 和 Varchar 两种类型的区别

数据内容	Char(6)	存储空间需求/字节	Varchar(6)	存储空间需求/字节
'stu'	'stu'	6	'stu'	3
'studen'	'studen'	6	'studen'	7
'STUDENTS'	'studen'	6	'studen'	7
空格	'　'	6	'　'	1

Nchar：其定义形式为 nchar(n)，用于支持存储固定长度的国际上的非英语语种字符串。

Nvarchar：其定义形式为 nvarchar(n)，用于支持存储可变长度的国际上的非英语语种字符串。

4) 日期和时间数据类型

日期和时间数据类型用于存储日期和时间数据。它有下面两种形式，区别在于存储长度以及所代表的时间范围和存储精确度的不同。

Datetinme：用于存储日期和时间的结合体。它可以存储从公元 1753 年 1 月 1 日零时起到公元 9999 年 12 月 31 日 23 时 59 分 59 秒之间的所有日期和时间。

Smalldatetime：与 Datetime 数据类型类似，但其日期时间范围较小，它存储从 1900 年 1 月 1 日到 2079 年 6 月 6 日内的日期。

可以看出，SQL 不像有些数据库系统有单独的时间类型和日期类型，在设置 SQL 日期和时间数据类型时，用户可以同时省略日期和时间两部分，也可以省略其中的任何一部分。

5) 文本和图形数据类型

Text：文本数据类型是用来存储可变长度的文本数据。Text 存储大量文本数据时，其容量理论上为 $2^{31}-1$(2 147 483 647)个字节，但实际应用时要根据硬盘的存储空间而定。用户在向 Text 类型的数据项中写入数据时，必须将写入的数据引在单引号下，如‘student nameis:’。

Ntext：与 Text 数据类型类似，存储在其中的数据通常是直接能输入到显示设备上的字符，显示设备可以是显示器、窗口或打印机。

Image：用于存储照片、目录图片或者图画，其理论容量为 $2^{31}-1$ 个字节。

6) 货币数据类型

Money：用于存储货币值，存储在 Money 数据类型中的数值以一个正数部分和一个小数部分分别存储在两个 4 字节的整型值中，存储范围为−922 337 213 685 477.5808～922 337 213 685 477.5808，精度为货币单位的万分之一。

Smallmoney：与 Money 数据类型类似，但其存储的货币值范围比 Money 数据类型小，其存储范围为−214 748.3468～214 748.3467。

7) 位数据类型

Bit：称为位数据类型，其数据有两种取值：0 和 1，长度为 1 字节，用来做为逻辑变量使用。

8) 二进制数据类型

Binary：其定义形式为 Binary(n)，数据的存储长度是固定的，即 n+4 字节，当输入的二进制数据长度小于 n 时，余下部分填充 0。

Varbinary：其定义形式为 Varbinary(n)，数据的存储长度是变化的，它为实际所输入数据的长度加上 4 个字节。其他含义同 Binary。

9) 特殊数据类型

Timestamp：称为时间戳数据类型，它提供数据库范围内的唯一值，反应数据库中数据修改的相对顺序，相当于一个单调上升的计数器。

Uniqueidentifier：用于存储一个 16 字节长的二进制数据类型，它是 SQL Server 根据计算机网络适配器地址和 CPU 时钟产生的唯一号码而生成的全局唯一标志符号代码(Globally Unique Identifier, GUID)。

10) 新增数据类型

Bigint：用于存储$-2^{63}-1$(−9 223 372 036 854 775 807)～$2^{63}-1$(9 223 372 036 854 775 807)之间的所有正负整数。

sql_variant：用于存储除文本、图形数据(text、ntext、image)和 timestamp 类型数据外的其他任何合法的 SQL Server 数据。此数据类型大大方便了 SQL Server 的开发工作。

Table：用于存储对表或视图处理后的结果集。这一新类型使得变量可以存储一个表，从而使函数或过程返回查询结果更加方便、快捷。

2. 用户定义数据类型

用户可以自己定义数据类型，但实际上也是建立在 SQL Server 系统所提供的数据类型基础之上的。用户自己定义数据类型只有在它们被定义的数据库中才是可用的。如果想要使用户所定义的数据类型在用户定义的数据库中都可以使用，那么就要把数据类型定义到 model 数据库中。

1) 利用系统存储过程定义和删除用户自定义数据类型

语法：

(1) 定义用户自定义数据类型：

sp-addtype[@typename] type，
[@phystype] system-data-type
[，[@nulltype=]null-type]
[，[@owner=]owner-name]

(2) 删除用户自定义数据类型：

sp-droptype [@typename=]type

参数说明：

sp-addtype：创建用户自定义数据类型的系统存储过程，所带参数的含义如下：

(1) @typename=：字符串，称为占位符，可写可不写；

(2) type：新的数据类型的名称，这个名称在数据库必须是唯一的；

(3) system-data-type：新的数据类型所依赖的系统数据类型，必须用单引号括起来，但如果是如下类型可不用单引号：big, int, smallint, text, datetime, real, uniqueidentifier, image；

(4) null-type：新的数据类型处理空值的方式，可以取 not null 或 null，默认值是 null；

(5) owner-name：新的数据类型的所有者，没有指定时为当前用户。

sp-droptype：删除用户自定义数据类型的系统数据类型。type 指要删除的数据类型的名称，必须用单引号括起来。

如果某个列使用了用户自定义数据类型，或者某个规则或默认值对象绑定到该数据类型，那么 sp-droptype 是删除不了的。

【例 1】利用 sp-addtype 定义一个新的数据类型 phone。

Exec sp-addtype phone，'char(10) '

所定义的数据类型名称是 phone，基于 char(10)。

【例 2】利用 sp-addtype 定义一个新的数据类型 birthday。

Exec sp-addtype birthday，DATETIME，'NULL'

所定义的数据类型名称是 birthday，基于 DATETIME。

2) 利用企业管理器定义和删除用户自定义数据类型

以上面的用户自定义数据类型 phone 为例，说明如何通过企业管理器来定义和删除。

(1) 打开“企业管理器”并展开服务器，进而展开“数据库”，选择“学生成绩管理”下的“用户定义的数据类型”项目，单击鼠标右键，出现弹出菜单后选择“新建用户定义数据类型”命令，如图 4-1 所示。

图 4-1　创建用户自定义数据类型

(2) 在弹出的窗口中输入数据类型名称、所依赖的系统数据类型、数据长度、是否允许为空值等信息。本例所输入的信息如图 4-2 所示。

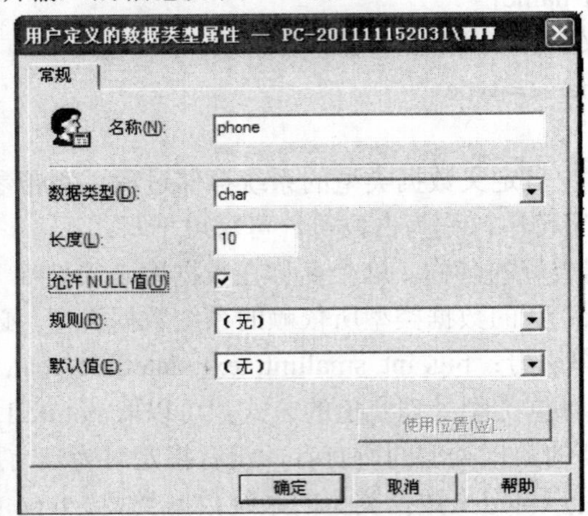

图 4-2　创建用户自定义数据类型 phone

(3) 单击“确定”按钮完成创建工作。

(4) 在用户定义的数据类型名上用鼠标右击，出现弹出菜单后选择“删除”命令可以删除该数据类型。

3) 使用用户自定义数据类型

用户自定义数据类型创建好后，可以像系统数据类型一样使用。下面的创建表 student-info 的 create table 定义语句中就使用了上面所定义的数据类型(注意黑体字)。

```
create table student-info
(
    student-ID INT not null PRIMARY KEY,
    student-Name CHAR(10)NULL,
```

```
    student-Sex CHAR(2)NOT NULL,
    born-Date birthday,
    class-NO INT,
    tele-Number phone,
    ru-Date DATETIME,
    address VARCHAR(50),
    comment VARCHAR(200)
)
```

4.1.2　空置的含义

空值(NULL)不等于 0，代表空白或零长度的字符串，意味着没有输入，表明未知或未定义。使用时应注意避免用空值直接参与运算，尽量不要允许用空值(用默认值解决没有输入的问题)。

4.2　表的基本操作

4.2.1　创建表

在 SQL Server 中，表存储在数据库中。数据库建立后，接下来就该建立存储数据的表，并对表进行修改和删除。

1．使用企业管理器创建表

使用企业管理器建立一个表的过程非常简单。下面以在学生成绩管理数据库中建立学生表为例，说明建立表的具体操作步骤。

(1) 打开企业管理器，展开服务器组和服务器。

(2) 展开“数据库”文件夹，再展开学生成绩管理文件夹，在“表”选项上面右击鼠标，选择“新建表”命令，打开表设计器窗口。

(3) 在“列名”栏中依次输入表的字段名，并设置每个字段的数据类型、长度等属性。输入完成后的学生表如图 4-3 所示。

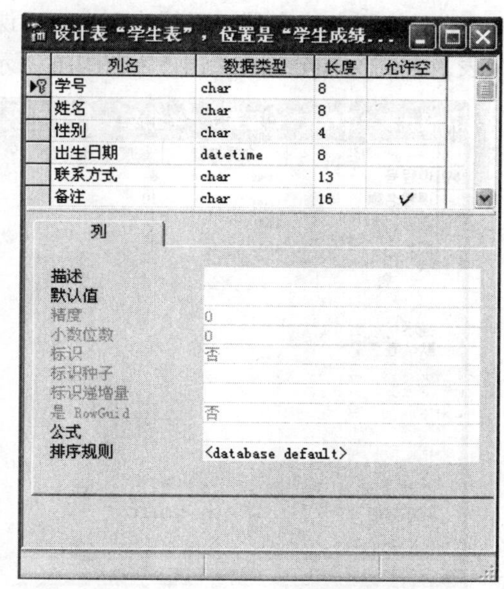

图 4-3　学生表的各个字段

在图 4-3 中，各个选项的含义如下：

① 列名：字段名称。

② 数据类型：字段的数据类型，用户可以单击该栏，然后单击出现的下拉箭头，即可进行选择。

③ 长度：数据类型的长度。

④ 描述：说明该字段的含义。

⑤ 默认值：在新增记录时，如果没有把值赋予该字段，则此默认值为字段值。

⑥ 精度：数据类型的位数。

⑦ 小数位数：数据类型的小数位数。

⑧ 标识：表示对应字段是表中的一个标识列，即新增的字段值为等差数列，其类型必须是 tinyint、smallint、int、decimal(p,0)或者 numeric(p,0)(这里 p 为精度，0 表示小数位数为 0)。有此属性的字段会自动产生字段值，不需要用户输入(用户也不能输入)。

⑨ 标识种子：等差数列的开始数字。

⑩ 标识递增量：等差数列的公差。

⑪ 是 RowGuid：可以让 SQL Server 产生一个全局唯一的字段值，字段的类型必须是 uniqueidentifier。有此属性的字段会自动产生字段值，不需要用户输入(用户也不能输入)。

⑫ 公式：由公式来产生值。

⑬ 排序规则：指定该字段的排序规则。

(4) 一般说来，每个表都应该包含一个主键。例如，学生表的主键应该为学号字段。在学号字段上右击鼠标，然后选择“设置主键”命令，即可将学号字段设置为主键。此时，该字段前面会出现一个钥匙图标，如图 4-3 所示。

注意： *如果要将多个字段设置为主键，可按住 Ctrl 键，单击每个字段前面的按钮来选择多个字段，然后再依照上述方法设置主键。*

(5) 表字段设置完成后，单击工具栏上的保存按钮，打开“选择名称”对话框，输入学生表，如图 4-4 所示。

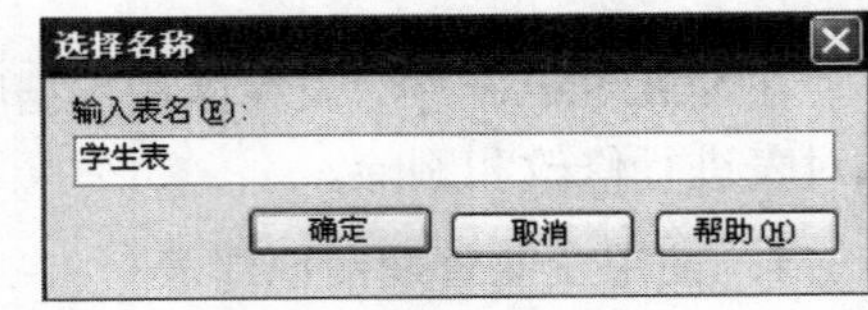

图 4-4 保存学生表

(6) 单击“确定”按钮，即可创建学生表。

(7) 依照上述步骤，再创建两个表：课程表和成绩表。表的结构分别如图 4-5 和图 4-6 所示。

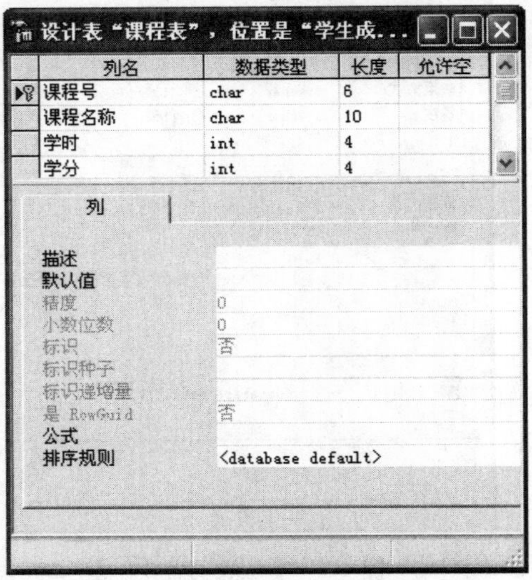

图 4-5 课程表的结构

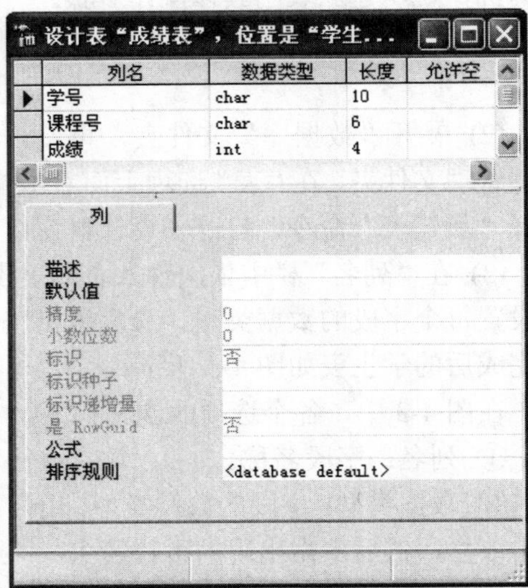

图 4-6 成绩表的结构

2．使用 Transact-SQL 创建表

```
create table table_name
    (column_name   date_type   [null|notnull] [,…n])
```

在上述语法形式中：

(1) table_name：为新创建的表指定名字

(2) column_name：列名

(3) date_type：列的数据类型和宽度

(4) null|notnull：指定的列是否允许为空

(5) [,…n])：允许创建多个字段

【例 3】use 学生成绩管理

```
create table xs
(学号 char(10) not null primary key,
  姓名 char(8) not null,
  专业名 char(16)   null,
  性别 bit   not null,
  出生日期 smalldatetime not null,
  总学分 tinyint   null,
  备注 text null)
```

4.2.2　修改表结构

1．使用企业管理器修改表结构

表结构的修改和查看的操作步骤是相同的，下面给学生表中加入“民族”字段。操作步骤如下：

(1) 在企业管理器的右侧窗口中，在学生表上右击鼠标，然后选择“设计表”命令。

(2) 在打开表设计窗口中，右击备注字段，然后选择“插入列”命令。

(3) 在新插入的列中，输入“民族”，设置数据类型为 char，长度为 16，如图 4-7 所示。

注意：*用户也可以修改已有的字段，包括名称、数据类型等。*

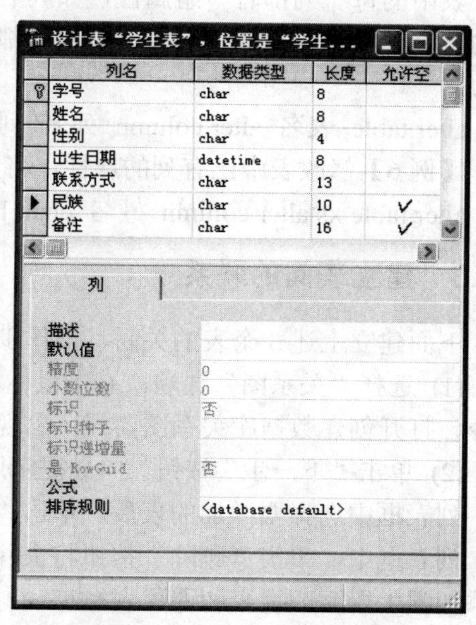

图 4-7　插入“民族”字段

2．使用 Transact-SQL 修改表结构

1) *修改表结构——添加列*

向表中增加一列时，应使新增加的列有默认值或允许为空值，SQL Server 将向表中已存在的行填充新增列的默认值或空值，如果既没有提供默认值也不允许为空值，那么新增列的操作将出错。向表中添加列的语句格式如下：

alter table 表名 add 列名 列的描述

【例 4】为 xs 表增加“奖学金”列。

alter table xs add 奖学金 smallmoney null

2) 修改表结构——删除列

如果某一列不再需要，可将其删除，但有下列情况不可删除：

(1) 该表正在复制；

(2) 用在索引中的列；

(3) 用在 check、foreign key、unique 或 primary key 约束中的列；

(4) 与 default 定义关联或绑定到某一默认对象；

(5) 绑定到规则的列；

(6) 已注册为全文本支持；

(7) 用做表的全文键。

删除一列的语句格式为：

alter table 表名 drop column 列名

【例 5】alter table xs drop column 总学分。

3) 修改表结构——修改列定义

表中的每一列都有一组属性，如列名、数据类型、数据长度以及是否允许为空值等，列的所有属性构成列的定义，这些属性都可以在表创建好以后修改。修改列定义的语句格式为：

alter table 表名 alter column 列名 列的描述

【例 6】修改表中已有列的属性，将“姓名”这一列的长度由原来的 8 位改为 18 位。

alter table xs alter column 姓名 char(18)

4.2.3 建立表间的联系

下面建立上述 3 个表的关联，操作步骤如下：

(1) 选择“关系图”选项，右击鼠标，在弹出的快捷菜单上选择“新建数据库关系图”命令，打开创建数据库关系图向导，出现欢迎信息。

(2) 单击“下一步”按钮，向导提示用户选择要添加的表，如图 4-8 所示。在“可用的表”列表框中选择要添加的表后，单击“添加”按钮可将其添加到“要添加到关系图中的表”列表框中，单击“删除”按钮将去除在“要添加到关系图中的表”列表框中的表。这里添加学生表、成绩表和课程表。

(3) 选择完成后，单击“下一步”按钮，向导显示所选择表的信息，如图 4-9 所示。

(4) 单击“完成”按钮，系统打开新建关系图窗口。在学生表的学号字段对应的按钮上按住鼠标左键，并拖动到成绩表上。此时，会打开“创建关系”对话框，如图 4-10 所示。其中列出关联的主键的表名学生表和字段名称学号以及关联的外键的表名成绩表和字段名称学号，选中“创建中检查现存数据”复选框表示在建立关联时，检查现有数据是否有问题，选中“对复制强制关系”复选框表示复制数据时会复制相关联的数据，选中“对 INSERT 和 UPDATE 强制关系”复选框表示同时更新和插入相关联的字段。

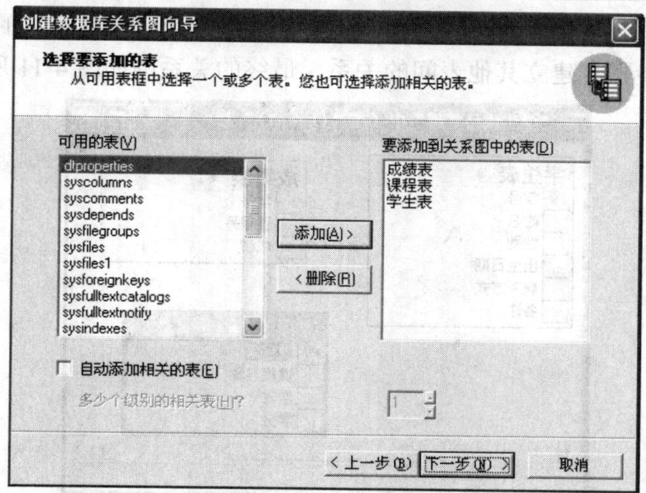

图 4-8　选择要添加的表

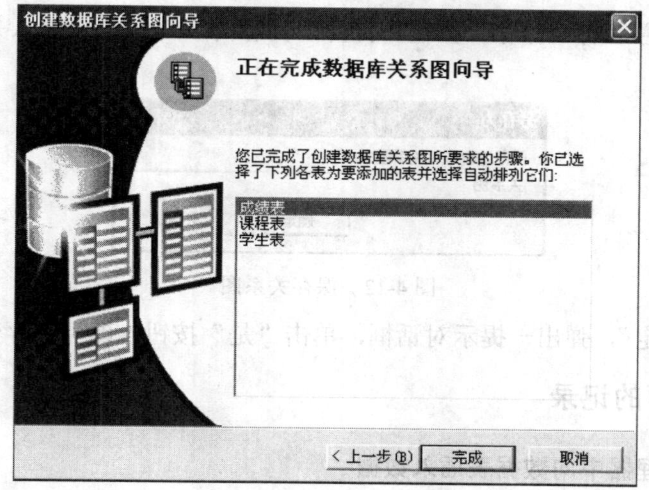

图 4-9　显示所选择表

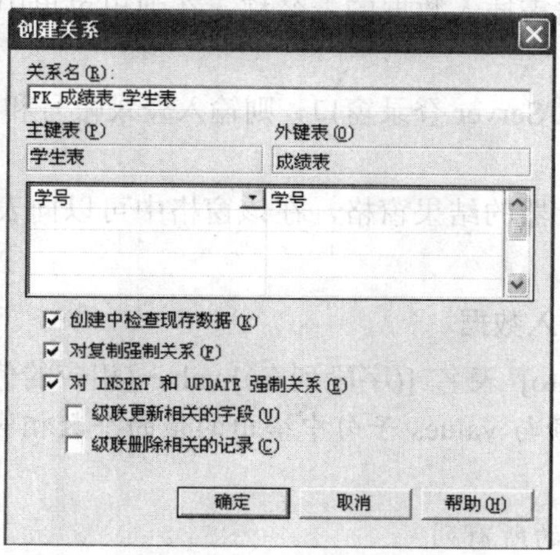

创建关系
关系名(R):
FK_成绩表_学生表
主键表(P)　　外键表(O)
学生表　　成绩表
学号　　学号
创建中检查现存数据(K)
对复制强制关系(F)
对 INSERT 和 UPDATE 强制关系(E)
级联更新相关的字段(U)
级联删除相关的记录(C)
确定　取消　帮助(H)

图 4-10　“创建关系”对话框

(5) 单击“确定”按钮，即可建立两个表间的关系，用一个链子式的连接表示。

(6) 依照上面步骤，建立其他表间的关系，最终的关系图如图 4-11 所示。

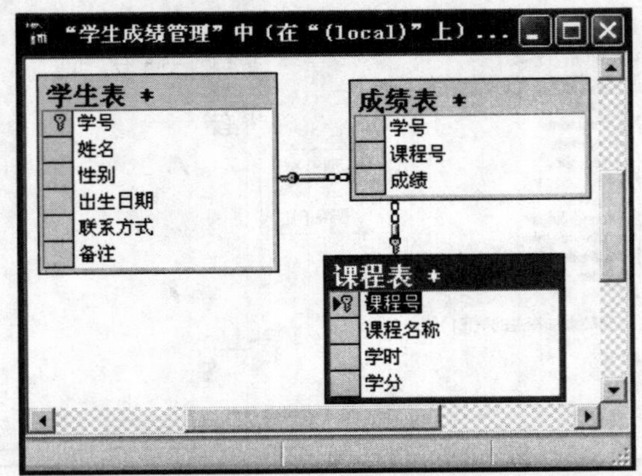

图 4-11　建立的学生成绩管理数据库中各个表之间的关系

(7) 单击工具栏上的“保存”按钮，打开“另存为”对话框，输入关系图的名称，如图 4-12 所示。

图 4-12　保存关系图

(8) 单击“确定”，弹出一提示对话框，单击“是”按钮，即可保存建立的关系图。

4.2.4　插入表中的记录

1. 在企业管理器中向数据表插入数据

(1) 展开数据库，单击“表”。

(2) 在详细列表中右击需插入数据的表名称，在弹出菜单中选择“打开表”下的“返回所有行”命令。

(3) 如果屏幕弹出 SQL Server 登录窗口，则输入登录帐号和密码，按“确定”按钮后，屏幕显示数据表的内容。

(4) 此时弹出查询设计器的结果窗格，在该窗格中可以向表中添加新记录，也可以修改和删除表中已有的记录。

2. 使用 insert 语句插入数据

语法格式为：insert [into] 表名 [(字段列表)] values(相应的值列表)

注意：字段的个数必须与 values 子句中给出的值的个数相同，数据类型必须和字段的数据类型相对应。

1) 添加数据到一行中的所有列

当将数据添加到一行的所有列时，使用 values 关键字来给出要添加的数据。insert 语句中无需给出表中的列名，只要 values 中给出的数据与用 create table 定义表时给定的列名顺序相同即可。

【例 7】insert into xs values('0002','张玲','会计学',0, '1992-5-6',200, '三好学生')

需要注意的是：

(1) 输入的顺序和数据类型必须与表中列的顺序和数据类型一致。

(2) 可以不给全部列赋值，但没有赋值的列必须是可以为空的列。

(3) 字符型和日期型值插入时要用单引号扩起来。

2) 添加数据到一行中的部分列

要将数据添加到一行中的部分列时，则需要同时给出要使用的列名以及要赋给这些列的数据。

【例 8】insert into xs (学号,姓名,性别) values('0005','刘晓莉',1)

4.2.5　修改表中的记录

1．在企业管理器中修改表中的记录

(1) 打开"企业管理器"并展开服务器，继续展开"数据库"，并展开要修改表的数据库，例如是"学生表"。在"表"项上单击鼠标，右边会出现表对象，右击要修改的表名，并选"设计表"命令。

(2) 这时会出现创建表结构时的窗口，然后对表结构做修改就可以了，最后保存退出。

2．使用 update 语句修改表中的记录

语法格式为：update 表名 set 列名=更新后新的数据值[,…n] [where 条件]

【例 9】update xs set 备注='优秀党员' where 学号='0001'

【例 10】update xs set 奖学金=奖学金+1000

【例 11】update xs set 专业名='计算机',出生日期='10/20/1988',备注='班长' where 学号='0003'

4.2.6　删除表中的记录

1．在企业管理器中删除表中的记录

通过企业管理器删除记录和插入记录的操作非常类似。在要删除的记录上右击，在弹出菜单中选择删除命令就可以了。这时会出现一个警告信息对话框，询问用户是否确定要删除该行记录。选择"是"，则数据会永久删除，无法恢复。如果用户同时删除多条记录，那么配合 shift 键就可以完成多条记录的选择。

2．使用 delete 语句删除表中的记录

语法格式为：delete from 表名 [where　条件]

其中，表名是要删除数据的表的名字。如果 delete 语句中没有 where 子句限制，表中的所有记录都将被删除。

【例 12】delete from xs where 性别=0

【例 13】delete xs　　　　　　/*清空表中所有记录*/

4.2.7 删除表

有时需要删除表(如要实现新的设计或释放数据库的空间时)。删除表时，表的结构定义、数据、全文索引、约束和索引都永久地从数据库中删除，原来存放表及其索引的存储空间可用来存放其他表。

表的删除操作很简单，但要注意的是，如果与其他表存在关联时，则不能直接删除表。要先删除关联，然后再删除表。

如果是单个的表，与其他表没有关联，则可以直接删除。其操作步骤如下：

(1) 在“数据库”文件夹下，展开相应的数据库，然后选择“表”选项。

(2) 右击要删除的表，然后在弹出的快捷菜单中选择“删除”命令。

(3) 此时，会打开“除去对象”对话框，单击“全部除去”按钮即可删除选择的表。

如果要删除的表与其他表存在关联，则在删除表时会出现错误。下面以学生成绩管理数据库中的学生表为例，来介绍这种情况下删除表时的出错信息。操作步骤如下：

(1) 在“数据库”文件夹下，选择学生成绩管理数据库，选择“表”选项。

(2) 在学生表上右击鼠标，然后在弹出的快捷菜单中选择“删除”命令。

(3) 此时，打开“除去对象”对话框，如图 4-13 所示。单击其中的“显示相关性”按钮可显示与该表相关联的表及其字段。

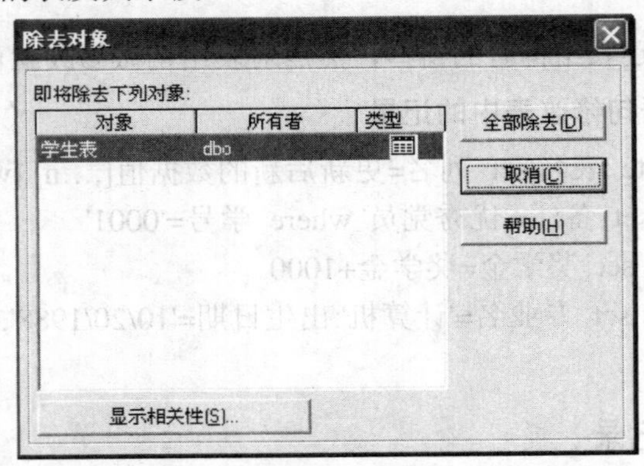

图 4-13 “除去对象”对话框

(4) 单击“全部除去”按钮，出现错误信息，如图 4-14 所示。出现这种错误的原因就是学生表与其他表(如成绩表)之间存在关联。如果该表被删除了，则原先关联到此表的表字段就会找不到数据，所以 SQL Server 为了保持数据库中数据的完整性，不允许删除和其他表关联的表。

图 4-14 错误信息

注意：解决方法之一就是在企业管理器中，按住 Ctrl 键，然后选择要删除的表以及与之相关联的表，一并删除。

(5) 如果一定要只删除选择的表，而该表又与其他表相关联，则必须将关联先删除，然后才可以删除表。在学生成绩管理文件夹下选择“关系图”，然后双击建立的关系图。

(6) 此时，会打开关系图窗口，在要删除的关系上右击鼠标，然后选择“从数据库中删除关系”命令，出现对应的“编辑关系图”对话框。

(7) 此时，学生表和成绩表间的关系会被删除。关闭关系图窗口，在出现的提示对话框中，单击“是”，保存关系图。并在出现的对话框中，单击“确定”按钮即可。

(8) 返回到企业管理器中，依照删除单个表的方法删除表。

注意：在关系图窗口中，直接在要删除的表上右击鼠标，然后选择“从数据库中删除表”命令，并关闭关系图窗口，选择“保存”，也可以删除表。

4.3　视图的基本操作

4.3.1　视图的概念

视图是用于创建动态表的静态定义，视图中的数据是根据预定义的选择条件从一个或多个行集中生成的。用视图可以定义一个或多个表的行列组合。为了得到所需要的行列组合的视图，可以使用 select 语句来指定视图中包含的行和列。

视图是一个虚拟表，其结构和数据是建立在对表的查询基础上的。和表一样，视图也是包括几个被定义的数据列和多个数据行，但就本质而言这些数据列和数据行来源于其所引用的表。所以视图不是真实存在的基表，而是一张虚表，视图所对应的数据并不实际地以视图结构存储在数据库中，而是存储在视图所引用的表中。

视图一经定义便存储在数据库中，与其相对应的数据并没有像表那样又在数据库中再存储一份，通过视图看到的数据只是存放在基表中的数据。对视图的操作与对表的操作一样，可以对其进行查询、修改(有一定的限制)、删除。

当对通过视图看到的数据进行修改时，相应的基表的数据也要发生变化；同样，若基表的数据发生变化，则这种变化也可以自动地反映到视图中。

视图有很多优点，主要表现在以下几点。

(1) 视点集中。使用户只关心感兴趣的某些特定数据和他们所负责的特定任务。通过只允许用户看到视图中所定义的数据而不是视图引用表中的数据的方法，提高了数据的安全性。

(2) 简化操作。视图大大简化了用户对数据的操作。因为在定义视图时，若视图本身就是一个复杂查询的结果集，则在每一次执行相同的查询时，不必重新写这些复杂的查询语句，只要一条简单的查询视图语句即可。可见视图向用户隐藏了表与表之间的复杂的连接操作。

(3) 定制数据。视图能够实现让不同的用户以不同的方式看到不同或相同的数据集。因此，当有许多不同水平的用户共用同一数据库时，这显得极为重要。

(4) 合并分割数据。在有些情况下，由于表中数据量太大，故在表的设计中常将表进行水平分割或垂直分割，但表的结构的变化将对应用程序产生不良的影响。如果使用视图，就可以重新保持表原有的结构关系，从而使外模式保持不变，原有的应用程序仍可以通过视图来重载数据。

(5) 安全性。视图可以作为一种安全机制。通过视图用户只能查看和修改他们所能看到的数据。其他数据库或表既不可见也不可以访问。如果某一用户想要访问视图的结果集，必须授予其访问权限。视图所引用表的访问权限与视图权限的设置互不影响。

4.3.2 创建视图

1. 使用企业管理器创建视图

使用企业管理器创建视图应注意以下 4 点：

(1) 只能在当前的数据库中创建视图；

(2) 视图中最多只能引用 1024 列；

(3) 如果视图引用的表被删除，则使用该视图时将返回一条错误提示信息；如果创建具有相同结构的新表来代替已经删除的表，则可以继续使用视图，否则必须重新创建视图；

(4) 如果视图中的某一列是函数、数学表达式常量或与来自多个表的列名相同，则必须为列定义名字。

使用企业管理器创建视图的具体步骤如下：

(1) 依次展开企业管理器左边的树状结构中的 SQL Serve 组、服务器、数据库文件夹和要在其中创建视图的数据库，右击数据库对象中的“视图”，在弹出的快捷菜单中选择“新建视图”命令。

(2) 此时打开视图设计窗口，如图 4-15 所示。可以通过在 T-SQL 查询命令窗格直接键入 T-SQL 语句来创建视图。

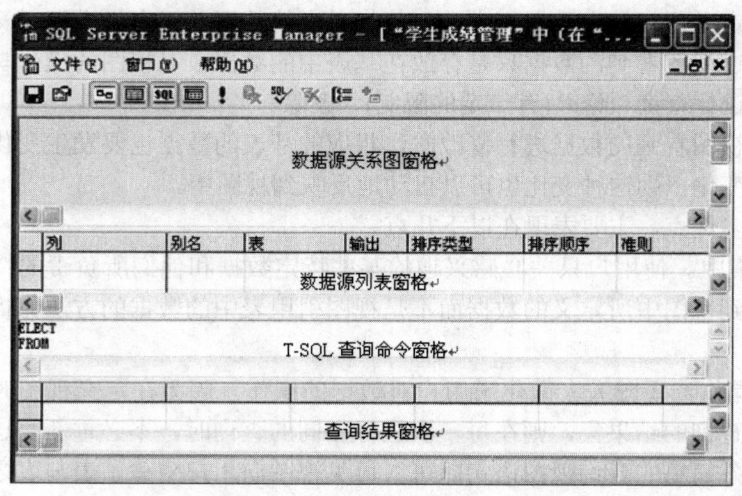

图 4-15　视图设计窗口图

(3) 在图 4-15 所示的“数据源关系图窗格”中右击空白处，在弹出的快捷菜单中单击“添加表”选项，弹出“添加表”对话框，如图 4-16 所示。在对话框中可以添加该新建视图的基表。

图 4-16　“添加表”对话框

注意：一个视图可以基于一个或若干个基表，也可以基于一个或若干个视图，同时也可以基于基表和视图的混合体。

(4) 在图 4-16 中双击需要添加的基表，即可将基表添加到视图中。例如，现在需要建立一个视图，通过该视图能够方便快捷地知道学生的每科成绩，则可以将学生表、成绩表和课程表三张表同时添加到视图中，在学生表中选择“学号”和“姓名”复选框，同时在课程表中选择“课程名称”复选框，成绩表中选择“成绩”复选框，如图 4-17 所示。

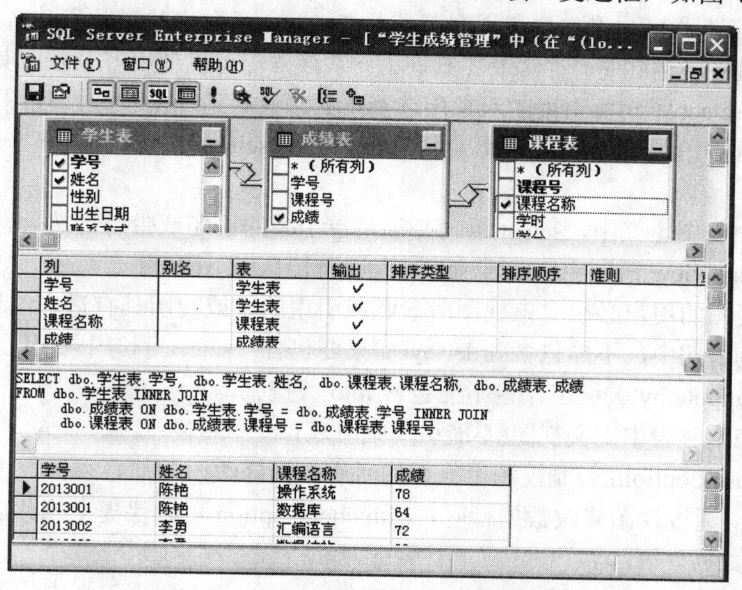

图 4-17　在视图设计窗口中创建视图

(5) 单击工具栏上的按钮 ! ，可以显示最终出现在该视图中的内容，同时自动生成定义该视图的 SQL 语句，如下所示：

```
select dbo.学生表.学号, dbo.学生表.姓名, dbo.课程表.课程名称, dbo.成绩表.成绩
from dbo.学生表  inner join
        dbo.成绩表  on dbo.学生表.学号 = dbo.成绩表.学号  inner join
        dbo.课程表  on dbo.成绩表.课程号 = dbo.课程表.课程号
```

(6) 单击工具栏上的按钮，在弹出的“另存为”对话框中为该视图命名，这里将该视图命名为“学生成绩视图”。然后单击“确定”按钮保存视图，从而完成利用企业管理器创建视图的操作。

2. 使用 Transact-SQL 语言创建视图

除了使用企业管理器创建视图以外，还可以使用 Transact-SQL 语句中的 Create View 命令创建视图。创建视图的语法格式如下：

```
create view [<数据库名>.][<所有者>.]视图名[(列名[,...n])]
[with { encryption | schemabinding | view_metadata }]
as
select 查询语句
[with check option]
```

说明：

(1) 视图名称必须符合标识符规则，可以选择是否指定视图所有者名称。

(2) create view 子句中的列名是视图中显示的列名。只有在下列情况下，才必须命名 create view 子句中的列名：当列是从算术表达式、函数或常量派生的；两个或更多的列可能会具有相同的名称(通常是因为联接)；视图中的某列被赋予了不同于派生来源列的名称。当然也可以在 select 语句中指派列名。

注意：如果未指定列名，则视图列将获得与 select 语句中的列相同的名称。

(3) 定义视图的语句是一个 select 查询语句。该语句可以使用多个表或其他视图。若要从创建视图的 select 子句所引用的对象中选择，必须具有适当的权限。视图不必是具体某个表的行和列的简单子集。可以用具有任意复杂性的 select 子句，使用多个表或其他视图来创建视图。

(4) 在索引视图定义中，select 语句必须是单个表的语句或带有可选聚合的多表 join。

(5) 在 create view 语句中，对于 select 查询语句有如下限制：

① 创建视图的用户必须对该视图所参照或引用的表或视图具有适当的权限。

② 在查询语句中，不能包含 order by(如果要包含，select 子句中要用 top n [percent])、compute 或 compute by 关键字，也不能包含 into 关键字。

③ 不能在临时表中定义视图(不能引用临时表)。

(6) with check option：强制视图上执行的所有数据修改语句都必须符合由 select 查询语句设置的准则。通过视图修改数据行时，with check option 可确保提交修改后，仍可通过视图看到修改的数据。

(7) with encryption：表示 sql server 加密包含 create view 语句文本的系统表列。使用 with encryption 可防止将视图作为 sql server 复制的一部分发布。

(8) schemabinding：将视图绑定到架构上。指定 schemabinding 时，select 查询语句必须包含所引用的表、视图或用户定义函数的两部分名称 (owner.object)。不能除去参与用架构绑定子句创建的视图中的表或视图，除非该视图已被除去或更改，不再具有架构绑定。否则，sql server 会产生错误。另外，如果对参与具有架构绑定的视图的表执行 alter table 语句，而这些语句又会影响该架构绑定视图的定义，则这些语句将会失败。

(9) view_metadata：指定为引用视图的查询请求浏览模式的源数据时，Sql Server 将向 dblib、odbc 和 ole db api 返回有关视图的源数据信息，而不是返回基表或表。浏览模式的源数据是由 sql server 向客户端 db-lib、odbc 和 ole db api 返回的附加源数据，它允许客户端 api 实现可更新的客户端游标。浏览模式的源数据包含有关结果集内的列所属的基表信息。对于用 view_metadata 选项创建的视图，当描述结果集中视图内的列时，浏览模式的源数据返回与基表名相对的视图名。当用 view_metadata 创建视图时，如果该视图具有 insert 或 update instead of 触发器，则视图的所有列(timestamp 除外)都是可更新的。

【例 14】创建一个新视图“视图 1”，要求基表选择学生表和成绩表，来源字段为学生表中学号、姓名和性别，成绩表中成绩。要求查询所有女同学的成绩，程序为：

```
use 学生成绩管理
go
create view 视图 1
as
select 学生表.学号,学生表.姓名,学生表.性别,成绩表.成绩
from 学生表,成绩表
where 学生表.学号=成绩表.学号 and 学生表.性别='女'
```

执行上面这段语句之后，会生成“视图 1”。继续在查询分析器中输入并运行下列 SQL 语句，可以查看视图中的数据：

```
select * from 视图 1
```

程序执行结果如图 4-18 所示。

	学号	姓名	性别	成绩
1	2013001	陈艳	女	78
2	2013001	陈艳	女	64
3	2013004	毕红霞	女	73

图 4-18　查询结果

【例 15】创建一个新视图“视图 2”，要求基表选择学生表和成绩表，来源字段为学生表中学号、姓名，成绩表中成绩。要求查询陈艳的成绩，并对视图的定义进行加密，程序为：

```
use 学生成绩管理
go
create view 视图 2
with encryption
as
select 学生表.学号,学生表.姓名,成绩表.成绩
from 学生表,成绩表
where 学生表.学号=成绩表.学号 and 学生表.姓名='陈艳'
```

执行上面这段语句之后，会生成“视图 2”，继续在查询分析器中输入并运行下列 SQL 语句，可以查看“视图 2”中的数据：

```
select * from 视图 2
```

程序执行结果如图 4-19 所示。

	学号	姓名	成绩
1	2013001	陈艳	78
2	2013001	陈艳	64

图 4-19　查询结果

注意：由于在定义视图的语句中增加了 with encryption 选项，所以只能对视图 2 进行查询操作，无法对视图的定义进行修改。如果在企业管理器中右击视图 2，然后单击“设

计视图”项，则弹出错误提示框，如图 4-20 所示。

图 4-20　“错误提示”对话框

【例 16】创建一个新视图“视图 3”，要求基表选择成绩表，来源字段为成绩表中学号和成绩，要求计算每位同学的“成绩总和”，并对视图的定义进行加密，程序为：

```
use 学生成绩管理
go
create view 视图 3
with encryption
as
select 成绩表.学号,
sum(成绩表.成绩)
as 成绩总和
from 成绩表
group by 成绩表.学号
```

执行上面这段语句之后，会生成“视图 3”，继续在查询分析器中输入并运行下列 SQL 语句，可以查看视图 3 中的数据：

```
select * from 视图 3
```

程序执行结果如图 4-21 所示。

	学号	成绩总和
1	2013001	142
2	2013002	154
3	2013003	158
4	2013004	73
5	2013005	138

图 4-21　查询结果

4.3.3　修改视图

1. 使用企业管理器修改视图

使用企业管理器修改视图的步骤如下：

(1) 在企业管理器中右击要修改的视图，在弹出的快捷菜单中选择“设计视图”命令，打开 SQL Server 的视图设计窗口。

(2) 在视图设计窗口中按照在企业管理器中创建视图的方法，对已经创建好的视图进行修改。可以添加和删除数据源，也可以在数据源列表窗格的复选框列表中增加或删除在视图中显示的列，还可以修改列的排序类型和排序顺序，修改查询条件等。

2. 使用 Transact-SQL 语言修改视图

对于一个已经创建好的视图，可以使用 alter view 语句对其属性进行修改。alter view 语句用于修改一个先前创建的视图(用 create view 创建)，包括索引视图，但不影响相关的存储过程或触发器，也不更改权限。该语句的语法格式如下：

```
alter view [<数据库名>.][<所有者>.]视图名[( 列名[ ,...n ])]
[with { encryption | schemabinding | view_metadata }]
as
select 查询语句
[with check option]
```

说明：如果原来的视图定义是用 with encryption 或 with check option 创建的，那么只有在 alter view 中也包含这些选项时，这些选项才有效。alter view 可应用于索引视图，此时，alter view 将无条件地除去视图上的所有索引。

【例 17】修改视图 2，在该视图中增加一个新的限制条件，要求查询陈艳大于 70 分的成绩，并对视图 2 取消加密，程序为：

```
use 学生成绩管理
go
alter view 视图 2
as
select 学生表.学号,学生表.姓名,成绩表.成绩
from 学生表,成绩表
where 学生表.学号=成绩表.学号
and 学生表.姓名='陈艳'
and 成绩>70
```

执行上面这段语句之后，会生成新的视图 2，在查询分析器中输入并运行下列 SQL 语句，可以查看新视图 2 中的数据：

```
select * from 视图 2
```

程序执行结果如图 4-22 所示。

	学号	姓名	成绩
1	2013001	陈艳	78

图 4-22 查询结果

注意：由于在例 17 中没有出现 with encryption 选项，所以不但可以对视图 2 进行查询操作，而且也可以在企业管理器中对视图的定义进行修改。在企业管理器中右击视图 2，然后单击“设计视图”选项，此时将不会弹出如图 4-20 所示的错误提示框，允许对未加密的视图 2 进行设计和修改。

4.3.4 使用视图查询数据

使用视图查询基表中的数据可以使用企业管理器和 Transact-SQL 语句两种方法。

1. 使用企业管理器通过视图查询数据

使用企业管理器查询基表中的数据，操作步骤如下。

(1) 在企业管理器的视图对象中右击视图(例如视图 1)，在弹出的快捷菜单中选择“打开视图”菜单下的“返回所有行”。

(2) 可以在弹出的新窗口中查看满足该视图限制条件的基表中的数据，如图 4-23 所示。

表"视图1"中的数据，位置是"学生成绩管理"中...

学号	姓名	性别	成绩
2013001	陈艳	女	78
2013001	陈艳	女	64
2013004	毕红霞	女	73

图 4-23　视图 1 中的数据

2. 使用 Transact-SQL 语句

可以在查询分析器中输入 Transact-SQL 语句查询视图的基表中的数据。

【例 18】查询视图 1 的基表中的数据，程序为：

```
select * from 视图 1
```

4.3.5 使用视图管理数据表中的数据

使用视图管理表中的数据包括插入、更新和删除三种操作，使用视图对基表中的数据进行插入、更新和删除等操作时要注意以下几点：

(1) 修改视图中的数据时，可以对基于两个以上基表或视图的视图进行修改，但是不能同时影响两个或者多个基表，每次修改都只能影响一个基表。

(2) 不能修改那些通过计算得到的列，例如年龄和平均分等。

(3) 若在创建视图时定义了 with check option 选项，那么使用视图修改基表中的数据时，必须保证修改后的数据满足定义视图的限制条件。

(4) 执行 update 或 delete 命令时，所更新或删除的数据必须包含在视图的结果集中。

(5) 如果视图引用多个表时，无法用 delete 命令删除数据。

(6) 如果视图引用多个表，使用 insert 或 update 语句对视图进行操作时，被插入或更新的列必须属于同一个表。

使用企业管理器对表中的数据进行插入、更新和删除操作，只需在企业管理器的视图对象中右击视图，在弹出的子菜单中单击"打开视图"菜单下的"返回所有行"，在弹出的新窗口中对视图中的数据进行相应的操作即可。这里主要介绍使用 Transact-SQL 语句对视图中的数据进行操作。

1. 插入数据

可以通过视图向基表中插入数据，但应该注意的是：插入的数据实际上存放在基表中，而不是存放在视图中。视图中的数据若发生变化，是因为相应的基表中的数据发生变化。

【例 19】创建一个视图 4，该视图的基表为学生表，要求在视图中显示所有男同学的信息，程序为：

```
use 学生成绩管理
go
create view 视图 4
as
select *
from 学生表
```

where 性别='男'

此时视图中的数据如图 4-24 所示。

	学号	姓名	性别	出生日期	联系方式	备注
1	2013002	李勇	男	1989-05-04 00:00:00.000	18956237849	团员
2	2013003	刘铁男	男	1991-06-03 00:00:00.000	15878942356	团员
3	2013005	王维国	男	1988-11-12 00:00:00.000	13105267896	团员

图 4-24　的查询结果

此时如果通过视图 4 向学生表中插入数据，在查询分析器中输入下列 Transact-SQL 语句：

```
use 学生成绩管理
go
insert into 视图 4 values('2013006','张键','男','1991-10-20','15845637894','群众') insert into 视图 4 values('2013007','张萧萧','女','1992-03-20','13022564569','党员')
```

输入并执行下面一段查询语句，分别查看视图 4 及其基表中数据的变化：

```
select * from 视图 4
select * from 学生表
```

代码执行后，结果窗口如图 4-25 所示。

	学号	姓名	性别	出生日期	联系方式	备注
1	2013002	李勇	男	1989-05-04 00:00:00.000	18956237849	团员
2	2013003	刘铁男	男	1991-06-03 00:00:00.000	15878942356	团员
3	2013005	王维国	男	1988-11-12 00:00:00.000	13105267896	团员
4	2013006	张键	男	1991-10-20 00:00:00.000	15845637894	群众

	学号	姓名	性别	出生日期	联系方式	备注
1	2013001	陈艳	女	1990-10-13 00:00:00.000	13304857898	三好学生
2	2013002	李勇	男	1989-05-04 00:00:00.000	18956237849	团员
3	2013003	刘铁男	男	1991-06-03 00:00:00.000	15878942356	团员
4	2013004	毕红霞	女	1990-05-09 00:00:00.000	18945689865	优秀学生
5	2013005	王维国	男	1988-11-12 00:00:00.000	13105267896	团员
6	2013006	张键	男	1991-10-20 00:00:00.000	15845637894	群众
7	2013007	张萧萧	女	1992-03-20 00:00:00.000	13022564569	党员

图 4-25　插入数据后的查询结果

从图 4-25 中可以看出，成功地通过视图 4 向学生表中插入了所有的两条记录，但是并不是基表中所有的数据变化都会反映在视图中，只有符合视图定义的基表中数据的变化才会出现在视图中。

由于视图 4 定义为男同学的基本信息，而两条插入的记录中只有学号为 2013006 的学生满足视图的定义，所以视图中只增加了学号为 2013006 的一条记录。

注意：如果不想让不满足视图定义的数据插入到基表中，可以在定义视图时加上 with check option 选项，这样，在通过视图插入记录时，那些不符合视图定义条件的记录将无法插入到基表中，更无法映射到视图中。

【例 20】创建一个视图 5，该视图的基表为学生表，要求在视图中显示团员中所有男同学的信息，程序为：

use 学生成绩管理

```
go
create view 视图 5
as
select *
from 学生表
where 性别='男' and 备注='团员'
with check option
```

此时视图 5 中的数据如图 4-26 所示。

	学号	姓名	性别	出生日期	联系方式	备注
1	2013002	李勇	男	1989-05-04 00:00:00.000	18956237849	团员
2	2013003	刘铁男	男	1991-06-03 00:00:00.000	15878942356	团员
3	2013005	王维国	男	1988-11-12 00:00:00.000	13105267896	团员

图 4-26　查询结果

此时如果通过视图 5 向学生表中插入数据，在查询分析器中输入下列 Transact-SQL 语句：

```
use 学生成绩管理
go
insert into 视图 5 values('2013008','张见军','男','1989-01-20','15326674569','团员') insert
into 视图 5 values('2013100','张涣涣','女','1992-09-11','13301245697','党员')
```

运行之后在查询分析器的结果显示窗口中显示提示信息如图 4-27 所示。

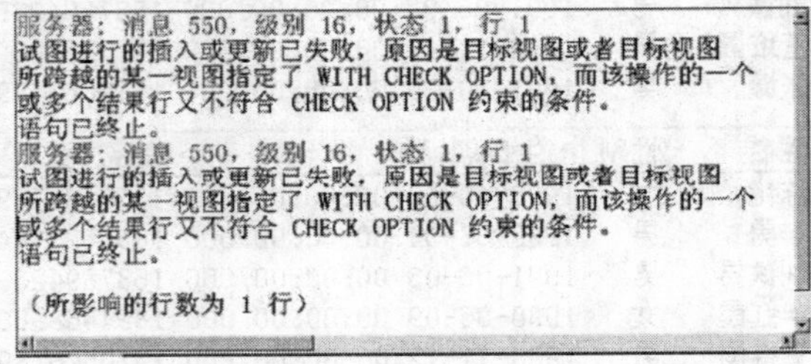

服务器：消息 550，级别 16，状态 1，行 1
试图进行的插入或更新已失败，原因是目标视图或者目标视图所跨越的某一视图指定了 WITH CHECK OPTION，而该操作的一个或多个结果行又不符合 CHECK OPTION 约束的条件。
语句已终止。
服务器：消息 550，级别 16，状态 1，行 1
试图进行的插入或更新已失败，原因是目标视图或者目标视图所跨越的某一视图指定了 WITH CHECK OPTION，而该操作的一个或多个结果行又不符合 CHECK OPTION 约束的条件。
语句已终止。

（所影响的行数为 1 行）

图 4-27　“插入数据失败”错误提示框

从结果窗口中的提示信息可以看出，第二条插入的记录由于不符合视图定义的条件，所以没有插入成功。而第一条完全符合视图 5 定义条件，因而成功插入到基表中。可见定义视图时用到的 with check option 选项在这里起到筛选的作用，并不是任何插入的记录都可以无条件地通过视图插入到基表中，而是只有符合视图定义的记录才被允许插入。

输入并执行下面一段查询语句分别查看视图 5 及其基表中数据的变化：

```
select * from 视图 5
select * from 学生表
```

代码执行后，视图 5 和基表学生表中的数据分别如图 4-28 和图 4-29 所示。

	学号	姓名	性别	出生日期	联系方式	备注
1	2013002	李勇	男	1989-05-04 00:00:00.000	18956237849	团员
2	2013003	刘铁男	男	1991-06-03 00:00:00.000	15878942356	团员
3	2013005	王维国	男	1988-11-12 00:00:00.000	13105267896	团员
4	2013008	张见军	男	1989-01-20 00:00:00.000	15326674569	团员

图 4-28　插入数据后视图 5 的变化

	学号	姓名	性别	出生日期	联系方式	备注
1	2013001	陈艳	女	1990-10-13 00:00:00.000	13304857898	三好学生
2	2013002	李勇	男	1989-05-04 00:00:00.000	18956237849	团员
3	2013003	刘铁男	男	1991-06-03 00:00:00.000	15878942356	团员
4	2013004	毕红霞	女	1990-05-09 00:00:00.000	18945689865	优秀学生
5	2013005	王维国	男	1988-11-12 00:00:00.000	13105267896	团员
6	2013006	张键	男	1991-10-20 00:00:00.000	15845637894	群众
7	2013007	张萧萧	女	1992-03-20 00:00:00.000	13022564569	党员
8	2013008	张见军	男	1989-01-20 00:00:00.000	15326674569	团员

图 4-29　插入数据后基表学生表的变化

从图 4-28 和图 4-29 中可以看出，只有学号 2013008 的学生成功插入到学生表中，另外的一条记录既没有出现在基表学生表中，也没有出现在视图 5 中，说明没有插入成功。

2. 更新数据

使用 update 命令通过视图更新数据时，被更新的列必须位于同一个表中。

【例 21】创建一个视图 6，该视图的基表为课程表，在视图中显示课程表中学分为 3 的课程信息，程序为：

```
use 学生成绩管理
go
create view 视图 6
as
select *
from 课程表
where 学分=3
```

视图 6 中的数据如图 4-30 所示。

	课程号	课程名称	学时	学分
1	20001	操作系统	68	3
2	20002	汇编语言	60	3
3	20004	数据结构	68	3

图 4-30　视图 6 中的数据

如果要通过视图 6 来更新课程表中的数据，则在查询分析器中输入下列 Transact-SQL 语句：

```
use 学生成绩管理
go
update 视图 6
set 学分=5
where 课程号 = '20002'
```

此时视图 6 和基表课程表中的数据都发生了变化，课程号为 20002 的课程学分修改为 5。分别如图 4-31 和图 4-32 所示。

	课程号	课程名称	学时	学分
1	20001	操作系统	68	3
2	20004	数据结构	68	3

图 4-31　更新数据后视图 6 的变化

	课程号	课程名称	学时	学分
1	20001	操作系统	68	3
2	20002	汇编语言	60	5
3	20003	数据库	48	2
4	20004	数据结构	68	3

图 4-32　更新数据后基表课程表的变化

3. 删除数据

【例 22】利用视图 5，删除编号为 1007 的员工的记录，程序为：

```
use 学生成绩管理
go
delete from 视图 5
where 姓名 = '李勇'
```

执行该段代码后，视图 5 和基表学生表中的数据分别如图 4-33 和图 4-34 所示。

	学号	姓名	性别	出生日期	联系方式	备注
1	2013003	刘铁男	男	1991-06-03 00:00:00.000	15878942356	团员
2	2013005	王维国	男	1988-11-12 00:00:00.000	13105267896	团员
3	2013008	张见军	男	1989-01-20 00:00:00.000	15326674569	团员

图 4-33　删除数据后视图 5 的变化

	学号	姓名	性别	出生日期	联系方式	备注
1	2013001	陈艳	女	1990-10-13 00:00:00.000	13304857898	三好学生
2	2013003	刘铁男	男	1991-06-03 00:00:00.000	15878942356	团员
3	2013004	毕红霞	女	1990-05-09 00:00:00.000	18945689865	优秀学生
4	2013005	王维国	男	1988-11-12 00:00:00.000	13105267896	团员
5	2013006	张键	男	1991-10-20 00:00:00.000	15845637894	群众
6	2013007	张萧萧	女	1992-03-20 00:00:00.000	13022564569	党员
7	2013008	张见军	男	1989-01-20 00:00:00.000	15326674569	团员

图 4-34　删除数据后基表学生表的变化

由图 4-33 和图 4-34 可见，姓名为“李勇”的记录已经从视图 5 和学生表中被删除。

4.4　索引的基本操作

4.4.1　索引的概念

在 SQL Server 中，索引主要起到辅助查询和组织数据的功能，通过使用它，可以大大地提高查询数据的效率。索引类似目录，使得查询更快速、更高效，适用于访问大型数据库。在本章中，具体介绍索引的概念、索引的类型、使用企业管理器和 Transact-SQL 语句创建和管理索引的方法等。

如果不使用索引，在数据库表中查询一条符合某种条件的记录时，系统将会从第一条记录开始对数据库表中的所有记录进行扫描。这样的查找方法就好像在图书馆里查找一本书时，将图书馆中所有的书都找一遍一样，其效率毫无疑问是很低的。而事实上，在图书馆中查找一本书时，并不需要将所有的书都查找一遍。图书馆中有各种各样用于查找书籍的方法。例如，图书管理员将图书名称和存放该图书的阅览室(甚至包括阅览室的具体位置)都写在一张小卡片上，按照书名的拼音顺序将所有的卡片排序，这样查找一本名为“数据库管理系统概论”的书时，可以根据拼音的顺序快速找到小卡片，并根据卡片上记载的存放书的位置迅速找到这本书。

数据库中的索引和图书馆中的索引类似，是对数据表中的一个或多个字段的值进行排序的结果。表中的一个索引就是一个列表，在这个列表中包含了一些值，以及这些值的记录在数据表中的存储位置。例如，可以在数据表学生表中的字段“姓名”上建立索引，如果想按照特定学生的姓名来查找记录，索引可以有助于在索引页快速地查找到该学生姓名，然后根据索引页中记载的地址快速地找到所需的记录，如此便提高了数据库的性能，在数据表很大时尤为明显。

注意： 索引键可以是单个字段，也可以是包含多个字段的组合字段。索引的使用可以提高查询速度，但是为每个字段都建立索引是没有必要的。因为索引自身也需要进行维护，并占用一定资源。所以，一般只在经常用来检查的字段上建立索引，例如经常在 where 子句中引用的字段。

4.4.2　索引的类型

索引是为了加速对表中数据行的检索而创建的一种机制，它与数据库表、视图统称为 SQL Server 数据库的基本数据库对象，在大型的数据库数据记录检索过程中，索引以其可以加速数据检索、加快表之间的连接等特点受到数据库管理者的重视。SQL Server 中索引可以分为聚集索引(簇索引)、非聚集索引(非簇索引)、唯一索引三种类型。

1．聚集索引

聚集索引对表的物理数据页中的数据按列进行排序，然后再重新存储到磁盘上，即聚集索引与数据是混为一体的，它的叶节点中存储的是实际的数据。如果在一个表中建立了聚集索引，那么表中的数据页会依照该索引的顺序来存放。由于一个数据表只能有一种实际的存储顺序，所以在一个数据表中只能建立一个聚集索引。例如在数据表学生表中，在建立聚集索引以前，记录的原始存储顺序如表 4-3 所示。

表 4-3　记录的原始存储顺序

学号	姓名	性别	出生日期	联系方式	备注
2013001	陈艳	女	1990-10-13	13304857898	三好学生
2013002	李勇	男	1989-5-4	18956237849	团员
2013003	刘铁男	男	1991-6-3	15878942356	团员
2013004	毕红霞	女	1990-5-9	18945689865	优秀学生
2013005	王维国	男	1988-11-12	13105267896	团员

如果基于字段“姓名”建立一个聚集索引，那么表中的记录将会自动按照姓名的拼音顺序进行存储，如表 4-4 所示。

表 4-4　建立一个聚集索引

学号	姓名	性别	出生日期	联系方式	备注
2013004	毕红霞	女	1990-5-9	18945689865	优秀学生
2013001	陈艳	女	1990-10-13	13304857898	三好学生
2013002	李勇	男	1989-5-4	18956237849	团员
2013003	刘铁男	男	1991-6-3	15878942356	团员
2013005	王维国	男	1988-11-12	13105267896	团员

基于“姓名”字段建立了聚集索引以后，如果在学生表中添加一条记录：“2013006，马晓敏，女，1990-12-16，13304567893，优秀学生”，那么该记录将会按照姓名的顺序存放在“刘铁男”和“王维国”之间。如果没有建立聚集索引，这条记录会添加为表的最后一条，也就是说，记录的存储顺序将按照输入记录的顺序进行存储。

2. 非聚集索引

非聚集索引具有完全独立于数据行的结构，使用非聚集索引不需要将物理数据页中的数据按列重新排序。非聚集索引的页面顶级存储了组成非聚集索引的关键字值和行定位器，行定位器即指针将指向数据页中的数据行，该行具有与索引值相同的列值，这样就加快了检索的速度。

非聚集索引不会影响数据表中记录的实际存储顺序。例如，同样是数据表学生表，若基于“姓名”创建了非聚集索引，虽然索引中的姓名顺序是按照拼音排序的，但是在数据表中记录的实际存储顺序不会因索引的创建而发生变化。因此，可以在一个表中创建多个非聚集索引，但每个表最多可以有 249 个非聚集索引。

3. 唯一索引

无论是聚集索引还是非聚集索引，如果考虑到索引键值是否重复，就可以判定是否为唯一索引；如果考虑索引字段的组成情况，又可以判断是否为复合索引。

如果希望在表中创建唯一索引，则该字段或字段组合的值在表中必须具有唯一性，也就是说，表中任何两条记录的索引值都不能相同。反过来说，如果表中基于某个字段或字段组合在两条以上的记录中拥有相同的值，将不能基于该字段或字段组合创建唯一索引。建立唯一索引的字段最好也设置为 NOT NULL，因为两个 NULL 值将被认为是重复的字段值。向表中添加记录或修改原来表中的记录时，系统将检查添加的记录或修后的记录是否会造成唯一索引键值的重复，如果造成唯一索引键值的重复，系统将拒绝执行该操作。

如果基于多个字段的组合创建索引，则称该索引为复合索引。复合索引同时也可以是唯一索引。如果是唯一索引，这个字段组合的取值就不能重复，但此时单独的字段值却可以重复。

注意：最多可以有 16 个字段组合到一个复合索引中。复合索引中的所有字段必须在同一个表中。

4.4.3　创建索引

在 SQL Server 中创建索引有下面几种方法：

(1) 利用企业管理器中的索引向导创建索引。

(2) 利用企业管理器直接创建索引。

(3) 利用 Transact-SQL 语句中的 create index 命令创建索引。

(4) 利用企业管理器中的索引优化向导创建索引。

1. 利用企业管理器中的索引向导创建索引

具体操作步骤如下：

(1) 首先在企业管理器中展开想创建索引的表所在的服务器。然后从“工具”菜单中选择“向导”项，弹出选择向导界面，如图 4-35 所示。

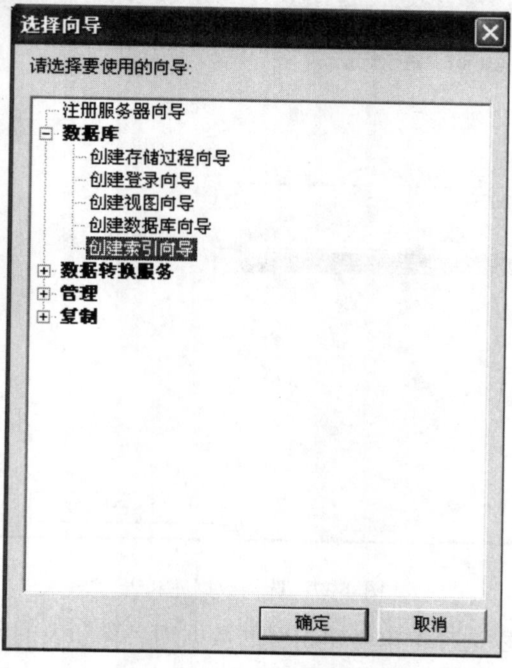

图 4-35　选择向导界面

(2) 在图 4-35 中展开“数据库”节点，选择“创建索引向导”项，则出现如图 4-36 所示的界面。单击“下一步”按钮，出现如图 4-37 所示的界面。

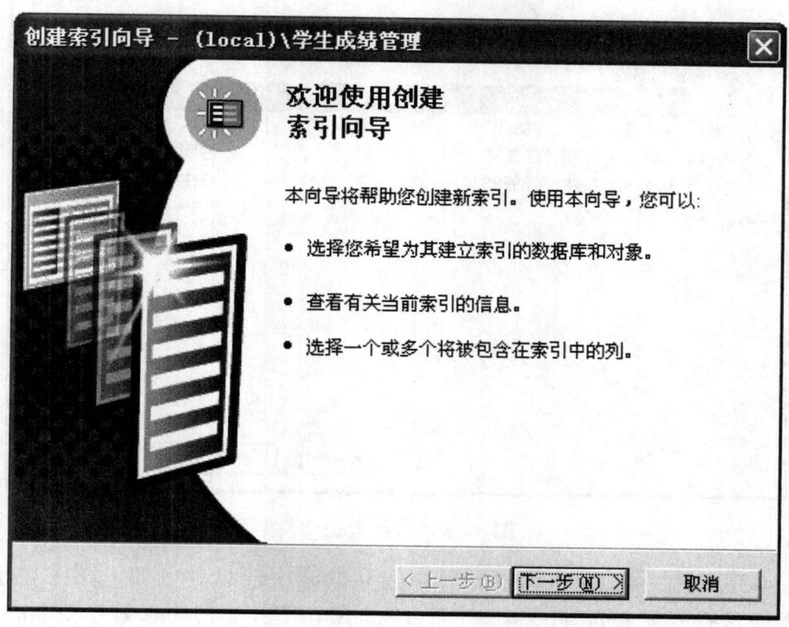

图 4-36　索引向导开始界面

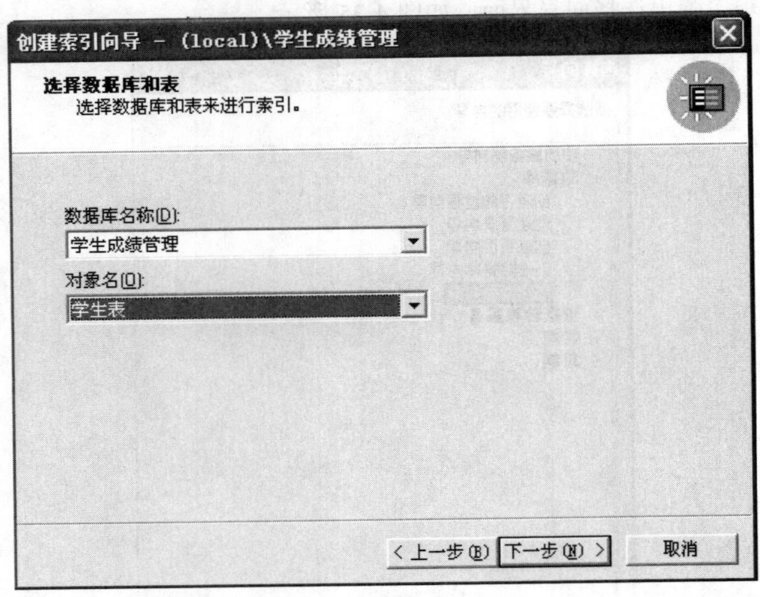

图 4-37　选择数据库和表

(3) 在图 4-37 中可以选择本次创建索引的数据库名称和表的名称，选中后单击“下一步”按钮，出现如图 4-38 所示的界面。

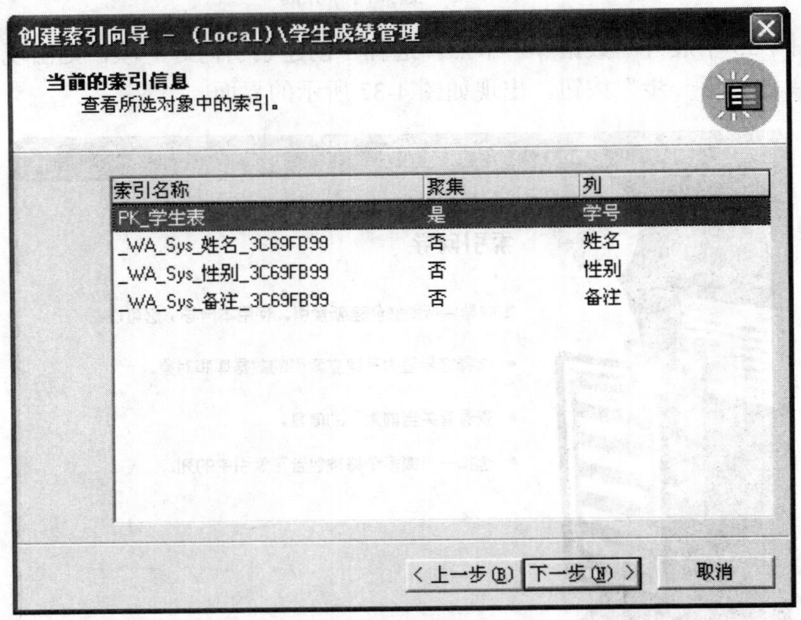

图 4-38　当前索引信息

(4) 在图 4-38 中显示了刚才选中表已经建立的索引信息。例如，图中显示的是以上一步选择的学生成绩管理数据库的学生表中，已经建立了的字段“学号”为基础的聚集索引。单击“下一步”按钮，出现如图 4-39 所示的界面。

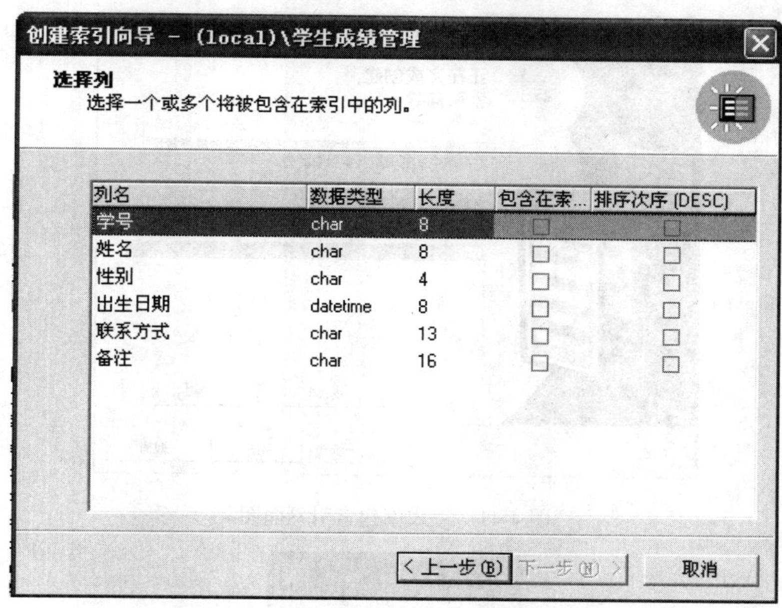

图 4-39 选择要创建索引的列

(5) 可以在图 4-39 中选择想创建索引的列：本文选择“学号”作为本次创建索引的字段，在“包含在索...”中的方框中单击，使之打上钩。选择完毕后单击“下一步”按钮，出现如图 4-40 所示的界面。

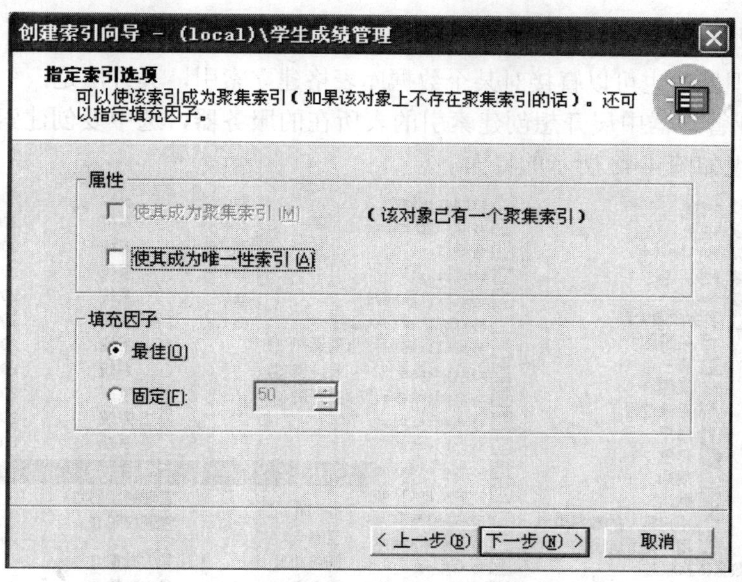

图 4-40 指定索引选项

(6) 在图 4-40 中可以选择要创建哪种类型的索引，选择完毕后单击“下一步”按钮，出现如图 4-41 所示的界面。

(7) 在“名称”对话框中填写所创建的索引的名称，完成后单击“完成”按钮，出现成功信息，如图 4-42 所示。单击“确定”按钮，则完成了本次索引创建工作。

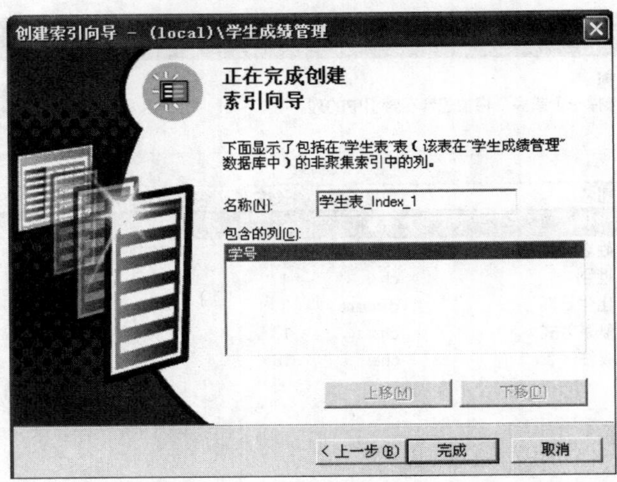

图 4-41　完成创建索引界面图

图 4-42　创建索引成功

2．利用企业管理器直接创建索引

在企业管理器中也可以直接对某个数据库表格建立索引，其方法是：

(1) 在企业管理器中展开想创建索引的表所在的服务器，选中要创建索引的表，单击右键，将会出现如图 4-43 所示的界面。

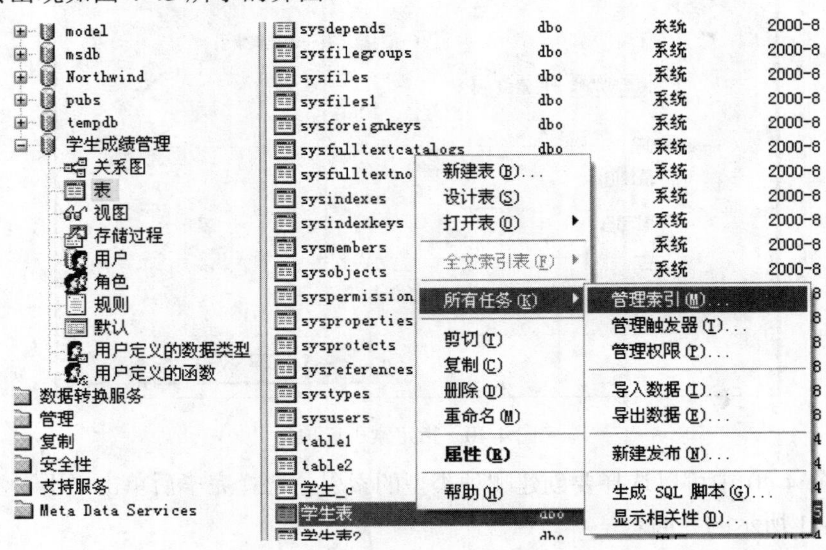

图 4-43　企业管理器中直接创建索引

(2) 单击图 4-43 中“所有任务”菜单下的“管理索引”项，出现如图 4-44 所示的界面。

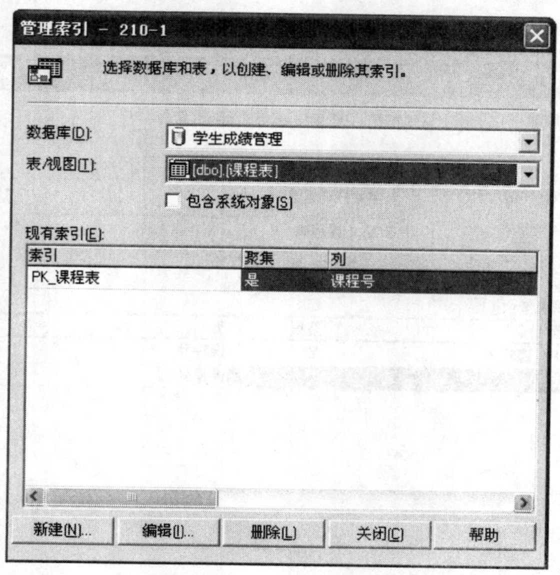

图 4-44　选择数据库和表

(3) 在图 4-44 中可以选择要创建索引的数据库和表，选中后，界面下面的窗口将显示该数据库表中所有已经创建的索引信息。如果想创建新的索引，单击“新建”按钮，出现如图 4-45 所示的界面。

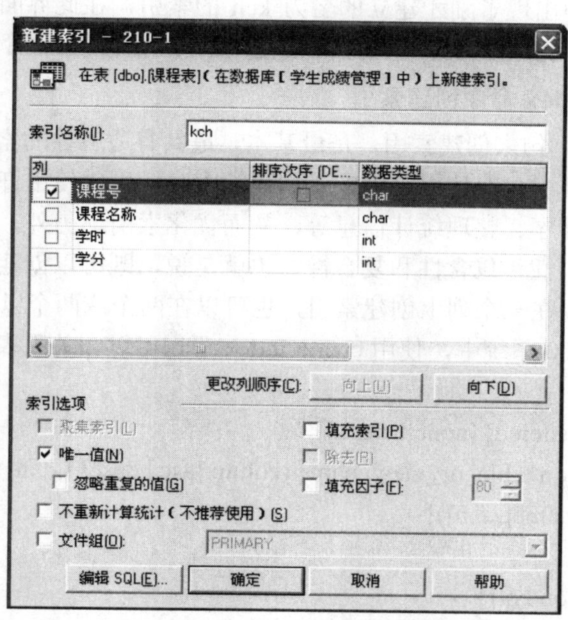

图 4-45　创建新的索引

(4) 在图 4-45 中，列出了该数据库的所有列和它的数据类型等信息。单击列名前的方框，使之打上钩，表明将以此列为基础建立索引，并在索引名称对话框中输入索引名称。如这里输入的名称为 kch，然后可以在下面的选择框中选择建立索引的类型：如选择了“唯一值”选项，则它建立一个唯一索引。完成选择后单击图中“确定”按钮，出现如图 4-46 所示的界面。

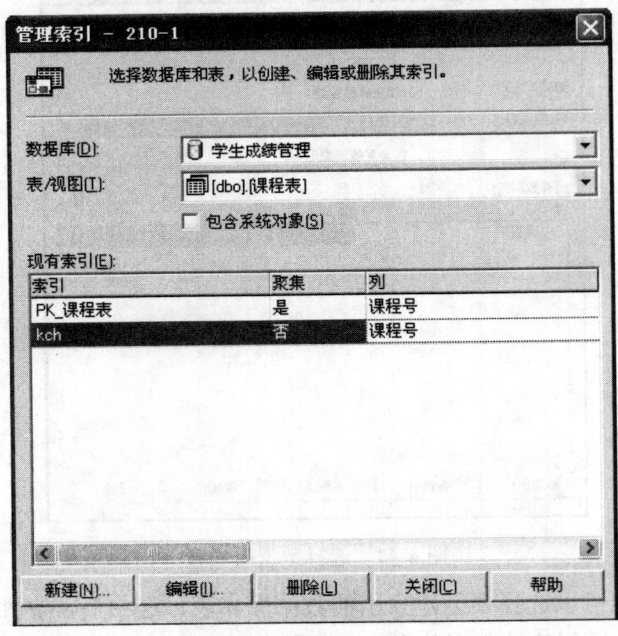

图 4-46　索引管理

在索引管理窗口中出现了刚才建立的名为 kch 的索引，在此界面中还可以进行编辑索引、删除索引等操作。完成后单击“关闭”按钮，就可以回到企业管理器。

3．使用 create index 命令创建索引

使用 create index 语句来创建索引，是最基本、最具有适应性的索引创建方式，可以创建出符合自己需要的索引。在使用这种方式创建索引时，可以使用许多选项，例如指定数据页的充满度、进行排序、整理统计信息等，从而优化索引。另外，使用这种方法，还可以指定索引类型、唯一性、包含性和复合性，也就是说，既可以创建聚集索引，也可以创建非聚集索引；既可以在一个列上创建索引，也可以在两个或两个以上的列上创建索引。

在 SQL Server 2000 系统中，使用 create index 语句可以在关系表上创建索引，其基本的语法形式如下：

```
create [unique] [clustered] [nonclustered]
index index_name on table_or_view_name (colum [asc | desc] [,…n])
[include (column_name[,…n])]
[with
(     pad_index = {on | off}
 |   fillfactor = fillfactor
 |   sort_in_tempdb = {on | off}
 |   ignore_dup_key = {on | off}
 |   statistics_norecompute = {on | off}
```

```
|  drop_existing = {on | off}
|  online = {on | off}
|  allow_row_locks = {on | off}
|  allow_page_locks = {on | off}
|  maxdop = max_degree_of_parallelism)[,…n]]
on {partition_schema_name(column_name) | filegroup_name | default}
```

下面逐一解释上述语法清单中的各个项目：

(1) unique　该选项表示创建唯一性的索引，在索引列中不能有相同的两个列值存在。

(2) clustered　该选项表示创建聚集索引。

(3) nonclustered　该选项表示创建非聚集索引。这是 create index 语句的默认值。

(4) 第一个 on 关键字　该选项表示索引所属的表或视图，这里用于指定表或视图的名称和相应的列名称。列名称后面可以使用 asc 或 desc 关键字，指定是升序还是降序排列，默认值是 asc。

(5) include　该选项用于指定将要包含到非聚集索引的页级中的非键列。

(6) pad_index　该选项用于指定索引的中间页级，也就是说为非页级索引指定填充度。这时的填充度由 fillfactor 选项指定。

(7) fillfactor　该选项用于指定页级索引页的填充度。

(8) sort_int_tempdb　该选项为 on 时，用于指定创建索引时产生的中间结果，在 tempdb 数据库中进行排序；为 off 时，在当前数据库中排序。

(9) ignore_dup_key　该选项用于指定唯一性索引键冗余数据的系统行为。当为 on 时，系统发出警告信息，违反唯一性的数据插入失败；为 off 时，取消整个 insert 语句，并且发出错误信息。

(10) statistics_norecompute　该选项用于指定是否重新计算分发统计信息。为 on 时，不自动计算过期的索引统计信息；为 off 时，启动自动计算功能。

(11) drop_exixting　该选项用于指定是否可以删除指定的索引，并且重建该索引。为 on 时，可以删除并且重建已有的索引；为 off 时，不能删除重建。

(12) online　该选项用于指定索引操作期间基础表和关联索引是否可用于查询。为 on 时，不持有表锁，允许用于查询；为 off 时，持有表锁，索引操作期间不能执行查询。

(13) allow_row_locks　该选项用于指定是否使用行锁，为 on，表示使用行锁。

(14) allow_page_locks　该选项用于指定是否使用页锁，为 on，表示使用页锁。

(15) maxdop　该选项用于指定索引操作期间覆盖最大并行度的配置选项。主要目的是限制执行并行计划过程中使用的处理器数量。

下面通过一个具体实例，来说明怎样使用 create index 创建索引。

【例 23】在学生成绩管理数据库中，给学生表的姓名创建降序的聚集索引，索引名为 xm。

```
use 学生成绩管理
go
create clustered index xm
on 学生表(姓名 desc)
```

【例 24】在学生表创建一个以学号为基础的唯一聚集索引，并指定该索引的节点页面和页级页面的填充均为 30%。其语句为：

```
use 学生成绩管理
go
create unique clustered index xh_wy
on 学生表(学号)
with
pad_index,
fillfactor=30,
ignore_dup_key,
drop_existing
go
```

4.4.4　创建复合索引

复合索引是对表中的两个列或多个列的组合进行索引，最大的复合索引的列的数目为 16 列。复合索引中的列的顺序可以与表中列的顺序不一致，但应该注意在定义复合索引时，将最有可能具有唯一值的列定义为首先列。

【例 25】为学生表创建一个复合索引，其语句为：

```
use 学生成绩管理
go
create index xh_xm
on 学生表 (学号,姓名)
with
pad_index,
fillfactor=30
go
```

当查询语句中的条件子句使用了复合索引中定义的字段来查询数据时，查询中将使用到索引，并且结果的显示将以索引的顺序给出。

如在例 25 中创建了复合索引后使用下面语句：

```
Select 学号，姓名 from 学生表 where 学号 like '2013%'
Select 学号，姓名 from 学生表 where 性别='女'
```

第 1 个语句中由于 xh_xm 索引的存在，而且 where 子句中使用了复合索引定义中的字段(学号)，因此显示结果时将以索引顺序显示；而第 2 个语句中 where 子句中没有使用复合索引定义的字段，因此结果显示将不以索引顺序显示，只以数据原始顺序显示。

4.4.5　查看、修改和删除索引

1. 利用企业管理器查看、修改和删除索引

可以在企业管理器中查看、修改和删除索引。要查看和修改索引信息，在企业管理器

中展开指定的服务器和数据库项，用右键单击要查看的表，从弹出的快捷菜单中选择“所有任务”子菜单中的“管理索引”选项，则会出现管理索引对话框，用户在该界面就能够进行操作(如图 4-46 所示)。

选择要查看或修改的索引，单击界面下面的“编辑”按钮，就会出现修改索引对话框。在该对话框中，可以修改索引的大部分设置。另外还可以直接修改其 SQL 脚本，只需单击“编辑 SQL…”按钮，即可出现编辑 SQL 脚本对话框，在其中可以编辑、测试和运行索引的 SQL 脚本。

要删除索引，可以在企业管理器中从管理索引对话框中或者表的属性对话框中，选择要删除的索引，单击“删除”按钮，即可删除索引。

在这里需要强调的是：SQL Server 2000 系统中，如果用户使用存储过程 sp_rename 对索引进行了重命令，则该索引文件不能使用后面介绍的 drop index 语句删除，而只能用企业管理器删除。

2．使用 Transact-SQL 语句对索引进行操作

同使用企业管理器查看、修改和删除索引操作一样，SQL Server 系统中也提供了许多命令和存储过程对索引进行查看、更名等操作。

1) 显示索引信息

可以使用 dbcc showcontig 命令显示指定表中数据和索引的分段信息，其命令如下：dbcc showcontig ([table_id , index_id])

其中，table_id 为查看表的对象 id，缺省时返回整个表的所有信息；index_id 是索引的对象 id，缺省时遍历指定表的所有数据页。

如：
```
declare  @id int
select @id=object_id ('学生表')
dbcc showcontig (@id )
go
```

该程序显示了学生表的索引分段信息，如索引中的页数、磁盘中 dbcc 语句切换次数、每一页的平均空闲字节数以及连续链接页的百分比密度等信息。

2) 重建表的索引

用户可以使用 dbcc dbreindex 命令将已建立的索引进行重建操作，如：

```
use 学生成绩管理
go
create  unique  clustered  index  lsxm_ind
on 学生表 (学号)
with
pad_index,
fillfactor =80,
ignore_dup_key,
drop_existing
go
```

dbcc dbreindex ('学生成绩管理 . dbo . 学生表', 'lsxm_ind', 60)

该程序将建立的填充度为 80%的索引文件 lsxm_ind 重新进行索引，将其填充度改为 60%。

3) 重命名索引

可以使用存储过程 sp_rename 将已建立的索引进行重新命名。但需要注意的是要更名的索引必须以“对象名. 索引文件名”的形式给出，如：

exec sp_rename '学生表.lsxm_ind', '学生表. rexm_ind'

4) 使用 transact-sql 语言的 drop index 命令删除索引

当不再需要某个索引时，可以使用 transact-sql 语句将其删除。drop index 命令可以删除一个或者多个当前数据库表中的索引，其语法形式如下：

drop index ' table.index|view.index ' [,…,n]

其中，table|view 用于指定索引列所在的表或视图；index 用于指定要删除的索引名称。一次可以删除一个或多个索引。

注意，drop index 命令不能删除由 create table 或者 alter table 命令创建的主键或者唯一性约束索引，也不能删除系统表中的索引。

4.5 本章小结

表是 SQL Server 数据库最重要的数据库对象之一，它是用来存储数据的两维数组，有行和列(字段)，并且通过对表字段属性的定义可以规定列的数据类型。本章介绍了数据类型、表的创建、插入操作、修改操作和删除操作；然后介绍了视图的创建、修改、更新等操作；最后介绍了索引的创建、修改和删除等操作。

习 题 4

1．创建 xscj 数据库。

2．在 xscj 数据库中创建学生情况表 xsqk，课程表 kc，学生成绩表 cj，结构如下：

学生情况表 xsqk 的结构

列名	数据类型	长度	是否允许为空值	默认值	说明
学号	Char	6	N		主键
姓名	Char	8	Y		
性别	Bit	1	Y		
出生日期	smalldatetime	4	Y		
专业名	Char	10	Y		
所在系	Char	10	Y		
联系电话	char	11	Y		

课程表 kc 的结构

列名	数据类型	长度	是否允许为空值	默认值	说明
课程号	Char	3	N		主键
课程名	Char	20	N		
教师	Char	10			
开课学期	Tinyint	1			
学时	Tinyint	1		60	
学分	Tinyint	1	N		

成绩表 cj 的结构

列名	数据类型	长度	是否允许为空值	默认值	说明
学号	Char	6	N		
课程号	Char	3	N		
成绩	Int	4			

3．在 xsqk、kc、cj 表中输入数据。

4．根据第 2 题和第 3 题创建的表，创建一个选修了某个课程号的学生情况视图，用 create view 语句完成。

第 5 章　结构化查询语言 SQL

在前面的章节中，我们已经学习了对数据库和表的一些基本操作。本章我们将学习如何通过 SQL 查询语句取出存储在数据库里的数据，这是关系型数据库中一个十分重要的功能。

SQL 的全称为 Structured Query Language(结构化查询语言)，它利用一些简单的句子构成基本的语法，来存取数据库中的内容。由于 SQL 简单易学，目前它已经成为关系型数据库系统中使用最广泛的语言。

5.1　SQL 简　介

5.1.1　SQL 概述

20 世纪 70 年代初，E.F.Codd 在计算机学会(Association of Computer Machinery，ACM)期刊 Communications of the ACM(ACM 通讯)发表了题为“A Relational Model of Data for Large Shared Data Banks”(大型共享数据库的数据关系模型)的论文，该论文提出的关系数据库模型成为今天最为权威的关系型数据库管理模型。IBM 公司首先使用该模型开发出了结构化英语查询语言 SEQUEL(Structured English Query Language)，作为其关系数据库原型 System R 的操作语言，实现对关系数据库的信息检索。SEQUEL 后来简写为 SQL，即 Structured Query Language(结构化查询语言)的缩写。

20 世纪 80 年代初，美国国家标准化组织(ANSI)开始着手制订 SQL 标准，最早的 ANSI 标准于 1986 年颁布，被称为 SQL-86。该标准的出台使 SQL 作为标准的关系数据库语言的地位得到加强。SQL 标准几经修改和完善，目前 SQL 语言方面新的 ANSI 标准是 1992 年制定的 ANSI X3.135-1992，“Database Language SQL”。此标准也被国际电工委员会(International Electro technical Commission，IEC)所属的国际标准化组织(International Standards Organization，ISO)所接受，并将它命名为 ISO/IEC9075:1992，“Database Language SQL”。这两个标准又被简称为 SQL-92。

5.1.2　SQL 分类

SQL 是目前使用最广泛的数据库语言，就象 SQL 的名字一样，我们可以通过容易理解的查询语言，来和数据库打交道，从数据库中得到我们想要的数据。对于 SQL 语言，由下列四个组成部分：

(1) 数据定义语言 DDL(Data Definition Language)：DDL 主要的命令有 CREATE、ALTER、DROP 等，DDL 主要是用在定义或改变表(TABLE)的结构、数据类型、表之间的链接和约束等初始化工作上，它们大多在建立表时使用。

(2) 数据处理语言 DML(Data Manipulation Language)：包括 SELECT、UPDATE、INSERT、DELETE，就像它的名字一样，这 4 条命令是用来对数据库里的数据进行操作的语言。

(3) 数据控制语言 DCL(Data Control Language)：包括 GRANT，REVOKE，主要用于对用户权限的授权和回收。

(4) 数据库事务(Database Transactions)：包括 COMMIT, ROLLBACK, SAVEPOINT，主要用于对事务的提交、回收和设置保存点。

5.2　SELECT 查询语句

在 SQL 中，使用 SELECT 语句进行数据库的查询，其应用灵活，功能强大。

1．基本格式

SELECT[ALL|DISTICT]<字段表达式 1>[，<字段表达式 2>[，…]]
FROM<表名 1>[，<表名 2>[，…]]
[WHERE<筛选条件表达式>]
[GROUP BY<分组表达式>[HAVING<分组条件表达式>]]
[ORDER BY<字段>[ASC|DESC]]

2．语句说明

(1) SELECT 语句的基本格式是由 SELECT 子句、FROM 子句和 WHERE 子句组成的查询块。

(2) 整个 SELECT 语句的含义是：根据 WHERE 子句的筛选条件表达式，从 FROM 子句指定的表中找出满足条件的记录，再按 SELECT 语句中指定的字段次序，用筛选出记录中的字段值构造一个显示结果表。

(3) 如果有 GROUP 子句，则将结果按<分组表达式>的值进行分组，该值相等的记录为一个组。

(4) 如果 GROUP 子句带 HAVING 短语，则只有满足指定条件的组才会显示输出。

注意：SELECT 语句操作的是记录(数据)集合(一个表或多个表)，而不是单独的一条记录，语句返回的也是(满足 WHERE 条件的)记录集合，即结果表。

5.3　基于单表查询

为了熟练掌握 SELECT 语句的使用，本节先从单表查询入手。单表查询就是指所处理的问题仅仅涉及一个表的记录。

为了说明 SELECT 语句的各种用法，下面以“学生成绩管理”数据库中的学生表、成绩表和课程表为例进行说明。

5.3.1 查询表中指定的字段

一般情况下，用户只对表中的一部分字段感兴趣，通过 SELECT 语句，就可以“过滤”掉某些字段的数据，而只显示用户需要的数据。

【例 1】显示学生表中学生的学号、姓名和性别。

select 学号，姓名，性别，总学分 from 学生表

执行结果如图 5-1 所示。

	学号	姓名	性别
1	2013001	陈艳	女
2	2013002	李勇	男
3	2013003	刘铁男	男
4	2013004	毕红霞	女
5	2013005	王维国	男

图 5-1 执行结果

5.3.2 通配符“*”的使用

在 SELECT 语句中，可以使用通配符“*”显示所有字段。

【例 2】列出学生表中所有的字段。

select * from 学生表

执行结果如图 5-2 所示。

	学号	姓名	性别	出生日期	联系方式	备注
1	2013001	陈艳	女	1990-10-13 00:00:00.000	13304857898	三好学生
2	2013002	李勇	男	1989-12-11 00:00:00.000	15278964523	群众
3	2013003	刘铁男	男	1991-06-03 00:00:00.000	15878942356	团员
4	2013004	毕红霞	女	1990-05-09 00:00:00.000	18945689865	优秀学生
5	2013005	王维国	男	1988-11-12 00:00:00.000	13105267896	团员

图 5-2 执行结果

5.3.3 使用单引号加入字符串

在 SELECT 语句中，可以在一个字段的前面加上一个单引号字符串，对后面的字段起说明的作用。

【例 3】显示学生表中学生的姓名和出生年月日。

select 姓名,'出生年月日',出生日期 from 学生表

执行结果如图 5-3 所示。

	姓名	（无列名）	出生日期
1	陈艳	出生年月日	1990-10-13 00:00:00.000
2	李勇	出生年月日	1989-12-11 00:00:00.000
3	刘铁男	出生年月日	1991-06-03 00:00:00.000
4	毕红霞	出生年月日	1990-05-09 00:00:00.000
5	王维国	出生年月日	1988-11-12 00:00:00.000

图 5-3 执行结果

5.3.4　使用别名

在显示结果时，可以指定以别名代替原来的字段名称，共有 3 种方法：

(1) 采用“字段名称 AS 别名”的格式；

(2) 采用“字段名称 别名”的格式；

(3) 采用“别名=字段名称”的格式。

注意：这里别名可以用单引号括起来，也可以不用。

【例 4】显示学生表中的姓名，并在标题中显示“名单”，而不是“姓名”。下面 3 条语句执行结果相同。

```
select 姓名 as 名单 from 学生表
select 姓名 名单 from 学生表
select '名单'=姓名 from 学生表
```

执行结果如图 5-4 所示。

	名单
1	陈艳
2	李勇
3	刘铁男
4	毕红霞
5	王维国

图 5-4　执行结果

5.3.5　显示表达式的值

在 SELECT 语句后面可以是字段表达式，字段表达式不仅可以是算术表达式，还可以是字符串常量和函数等。

【例 5】显示学生表中所有学生姓名和年龄。

```
select 姓名，year(getdate())-year(出生日期) as 年龄 from 学生表
```

执行结果如图 5-5 所示。

	姓名	年龄
1	陈艳	23
2	李勇	24
3	刘铁男	22
4	毕红霞	23
5	王维国	25

图 5-5　执行结果

5.3.6　使用 DISTINCT 短语消除重复的记录

DISTINCT 短语能够从结果表中去掉重复的记录。

【例 6】查询学生表中的姓名，去掉重复的名字。

```
select distinct 姓名 名单 from 学生表
```

执行结果如图 5-6 所示。

	名单
1	陈艳
2	李勇
3	刘铁男
4	毕红霞
5	王维国

图 5-6　执行结果

5.3.7　使用 WHERE 子句查询特定的记录

SQL 是一种集合处理语言，所以数据修改及数据检索语句会对表中的所有记录(行)起作用，除非使用 WHERE 子句来限定查询的范围。

注意：WHERE 子句必须紧跟在 FROM 子句之后。

SELECT <字段清单> FROM <表名> WHERE <条件表达式>

这里条件表达式可以是关系表达式、逻辑表达式和特殊表达式。

了解 SQL Server 运算符对于使用 Transact-SQL 语言对 SQL Server 数据库进行查询(SELECT 语言查询)等操作是相当重要的。SQL Server 提供了算术运算符、位运算符、比较运算符、逻辑运算符、连接运算符和赋值运算符等多种运算符。

表达式是标识符、值和运算符的组合，SQL Server 可以对其求值以获取结果。访问或更改数据时，可在多个不同的位置使用表达式。例如，可以将表达式用做要在查询中检索

的数据的一部分，也可以用做查找满足一组条件的数据时的搜索条件。

1．算术运算符

为了进行数字运算表达式的算术运算，SQL Server 2000 提供了以下几种算术运算符：

(1) +：加法运算符或正号。

如：SELECT 3+5，1.2+1.5，'51he' +2

其结果为：8，　2.7，　53

注意：字符串也可以参加数学运算，其运算转换方法是：

- 如果字符开头为数字，则将字符串转换为数字，如将"51he"转换为 51 参加运算。
- 如果字符开头不为数字，则视为 0 参数运算，如"hedfg"转换为 0。

(2) –：减号运算或负号。

(3) *：乘法运算符。

如：SELECT 3*5，1.2*1.5　　　　其结果为：15，1.8

注意：如果参加乘法运算的表达式乘积很大，超过了其数据类型的表达范围，则运算会出现错误结果。

(4) /：除法运算符。

(5) %：取模运算符，即返回两个整数相除后的余数。

如：SELECT 5%2，5.1/2.1　　　　其结果为：1，2.428571

在浮点数参加取模运算时，系统会自动将浮点数转换为整数后再参加取模运算。

2．位运算符

位运算符可以对整数或二进制数据进行按位的与(&)、或(|)、异或(^)和求反(~)等逻辑运算。

在使用与(&)、或(|)、异或(^)运算时需要两个操作数的参与。求反(~)运算只需要一个操作数参加，但注意它只能对 int、smallint、tinyint 或 bit 等类型的操作数进行运算。

(1) &(与)：对参数进行按位与(AND)运算。

(2) |(或)：对参数进行按位或(OR)运算。

(3) ~(反)：对参数进行按位反(NOT)运算。

(4) ^(异或)：对参数进行按位异或运算。

3．比较运算符

比较运算符可以用来比较两个表达式的大小。但应该注意：Text、Ntext 和 Image 数据类型的表达式不能使用比较运算符。

(1) > (大于)：如果左参数大于右参数，其返回值为 1，否则返回值 0。

(2) >= (大于)等于：如果左参数大于或等于右参数，其返回值为 1，否则返回值 0。

(3) < (小于)：如果左参数小于右参数，其返回值为 1，否则返回 0。

(4) <= (小于等于)：如果左参数小于或等于右参数，其返回值为 1，否则返回 0。

(5) <> (不等于)：如果左参数与右参数不相等，其返回值为 1，否则返回 0。

(6) ！= (不等于)：与<>操作完全相同。

(7) = (等于)：如果两个参数的值相等，其返回值为 1，否则返回 0。

(8) ！> (不大于)：如果左参数小于或等于有参数，其返回值为 1，否则返回 0。

(9) ！<(不小于)：如果左参数大于或等于右参数，其返回值为 1，否则返回 0。

比较运算得到的返回值是 true(1)、false(0)和 undefined 三种：

(1) 如果比较表达式的条件成立，则返回值为 true。

(2) 如果比较表达式的条件不成立，则返回值为 false。

(3) 如果用户打开 ANSI_NULLS 选项，当比较表达式的操作数中任何一个为 null 时，则返回值为 undefined。

4．逻辑运算符

逻辑运算符的返回值为 true、false、unknown 三种，它用来测试表达式条件是否为真。

(1) AND：逻辑与运算。当两个表达式的值都同时为 true 时，返回 true。其中任何一个为 false，则返回 false。

(2) OR：逻辑或运算。其中一个或两个均为 true 时，返回 true。两个均为 false 时，返回 false。

(3) NOT：逻辑表达式进行取反运算。表达式的值为 true，返回值为 false；表达式的值为 false，返回值为 true。

谓词定义了一种用于表格中行的逻辑条件，Transact-SQL 语言支持以下谓词。

(1) [NOT]BETWEEN：范围运算符，用于测试某表达式的值是否在指定的范围内。

(2) [NOT]LIKE：模式匹配运算符，判断测试表达式的值是否与指定的模式相匹配。

(3) [NOT]IN：列表运算符，用来测试表达式的值是否在列表项之内。

(4) ALL、SOME、ANY：分别用来指定一个子查询结果集合的范围：全部、部分、任意一个。

5．连接运算符和赋值运算符

(1) 连接运算符：SQL Server 利用“+”号实现字符串之间的连接。要注意的是，连接运算符是在字符串数据类型之间使用的，而并非数字类型表达式的加法算术运算。

(2) 赋值运算符：利用“=”号实现将表达式的值赋予一个变量或为某列值定义列标题。

6．关系运算符的使用

【例 7】显示性别为女的学生的信息。

```
select * from 学生表 where 性别='女'
```

执行结果如图 5-7 所示。

	学号	姓名	性别	出生日期	联系方式	备注
1	2013001	陈艳	女	1990-10-13 00:00:00.000	13304857898	三好学生
2	2013004	毕红霞	女	1990-05-09 00:00:00.000	18945689865	优秀学生

图 5-7　执行结果

7．逻辑运算符的使用

【例 8】显示性别为男并且备注为团员的学生的信息。

```
select * from 学生表 where 性别='男' and 备注='团员'
```

执行结果如图 5-8 所示。

	学号	姓名	性别	出生日期	联系方式	备注
1	2013003	刘铁男	男	1991-06-03 00:00:00.000	15878942356	团员
2	2013005	王维国	男	1988-11-12 00:00:00.000	13105267896	团员

图 5-8　执行结果

8. 特殊运算符的使用

使用 BETWEEN…AND 的作用是定义表达式在两数之间，格式为：

表达式 [NOT] BETWEEN 表达式 1 AND 表达式 2

【例 9】从学生表里查询年龄在 20 到 23 岁之间的学生信息(包括 20 和 23 岁)。

select* from 学生表 where year(getdate())-year(出生日期) between 20 and 23

执行结果如图 5-9 所示。注：此例中 getdate()=2013-5-2。

	学号	姓名	性别	出生日期	联系方式	备注
1	2013001	陈艳	女	1990-10-13 00:00:00.000	13304857898	三好学生
2	2013003	刘铁男	男	1991-06-03 00:00:00.000	15878942356	团员
3	2013004	毕红霞	女	1990-05-09 00:00:00.000	18945689865	优秀学生

图 5-9　执行结果

【例 10】显示所有备注内容为空的学生信息。

select * from 学生表 where 备注 is null

【例 11】列出 2013002 和 2013004 学生的学号和姓名。

select 学号,姓名 from 学生表 where 学号 in ('2013002','2013004')

执行结果如图 5-10 所示。

	学号	姓名
1	2013002	李勇
2	2013004	毕红霞

图 5-10　执行结果

【例 12】列出所有姓“刘”的学生信息。

本例主要学习 LIKE 与通配符“_”、“%”的使用及模式匹配表达式书写格式。LIKE 关键字用于指出一个字符串是否与指定的字符串匹配，其运算对象可以是 char、text、datetime 和 smalldatetime 等类型的数据，返回逻辑值 true 和 false。LIKE 关键字表达式的格式为：

字符表达式 1 [NOT] LIKE 字符表达式 2

select * from 学生表 where 姓名 like '刘_'

select * from 学生表 where 姓名 like '[张,刘]%'

5.3.8　使用 ORDER BY 子句对查询结果排序

在 SELECT 语句中，使用“ORDER BY”子句可以对查询结果进行升序或降序的排序，ASC 表示升序，为默认值，DESC 表示降序。排序时空值(NULL)被认为最小值。

【例 13】显示学生表中所有学生的信息，并按姓名降序排序。

select * from 学生表 order by 姓名 desc

执行结果如图 5-11 所示。

	学号	姓名	性别	出生日期	联系方式	备注
1	2013005	王维国	男	1988-11-12 00:00:00.000	13105267896	团员
2	2013003	刘铁男	男	1991-06-03 00:00:00.000	15878942356	团员
3	2013002	李勇	男	1989-12-11 00:00:00.000	15278964523	群众
4	2013001	陈艳	女	1990-10-13 00:00:00.000	13304857898	三好学生
5	2013004	毕红霞	女	1990-05-09 00:00:00.000	18945689865	优秀学生

图 5-11　执行结果

5.3.9　SQL 的聚合函数

常用的几个聚合函数如表 5-1 所示。

表 5-1　常用的聚合函数

函　数	功　能	含义(返回值)
COUNT	统计	统计满足条件的行数
MIN	求最小值	求某字段值的最小值
MAX	求最大值	求某字段值的最大值
AVG	求平均值	求某数字字段值的平均值
SUM	求总和	求某数字字段值的总和

1．COUNT 函数

【例 14】统计学生表中的人数。

select count(*) 人数 from 学生表

2．MAX 和 MIN 函数

【例 15】查找学生表中年龄最大和最小的学生出生日期。

select max(出生日期) 年龄最大值，min(出生日期) 年龄最小值 from 学生表

执行结果如图 5-12 所示。

	年龄最大值	年龄最小值
1	1991-06-03 00:00:00.000	1988-11-12 00:00:00.000

图 5-12　执行结果

3．AVG 和 SUM 函数

【例 16】显示成绩表中成绩的平均值和总和。

select avg(成绩) 平均成绩，sum(成绩)总和 from 成绩表

执行结果如图 5-13 所示。

	平均成绩	总和
1	73	665

图 5-13　执行结果

5.3.10　使用 GROUP BY 子句对查询结果进行分组

利用 SQL 的 GROUP BY 子句，能够快速而简便地将查询结果表按照指定的字段进行

分组，值相等的记录分为一组。

GROUP BY 子句一般和 SQL 的聚合函数一起使用。

【例 17】统计成绩表中每人的平均成绩。

select 学号，avg(成绩) as 平均成绩 from 成绩表 group by 学号

执行结果如图 5-14 所示。

【例 18】统计男女生的人数。

select 性别，count(*) as 总分 from 学生表 group by 性别

执行结果如图 5-15 所示。

	学号	平均成绩
1	2013001	71
2	2013002	77
3	2013003	79
4	2013004	73
5	2013005	69

图 5-14　执行结果

	性别	总分
1	男	3
2	女	2

图 5-15　执行结果

5.3.11　使用 HAVING 子句筛选结果表

在实际使用中，往往还要对分组后的结果按某种条件再进行筛选，而只输出满足用户指定条件的记录。在 SQL 中，HAVING 子句能完成此功能。

【例 19】将例 17 得到的结果中平均值大于 75 分的筛选出来。

select 学号，avg(成绩) as 平均成绩 from 成绩表 group by 学号 having avg(成绩)>75

执行结果如图 5-16 所示。

	学号	平均成绩
1	2013002	77
2	2013003	79

图 5-16　执行结果

5.4　基于多表的联接查询

通过联接，可以根据各个表之间的逻辑关系从两个或多个表中检索数据。联接条件表示了 SQL Server 2000 应如何使用一个表中的数据来选择另一个表中的行。

联接条件通过以下方法定义两个表在查询中的关联方式：

(1) 指定每个表中要有用于联接的列。典型的联接条件是在一个表中指定外键，在另一个表中指定与其关联的键。

(2) 指定比较各列的值时要使用的逻辑运算符(=、<>等)。

可在 FROM 或 WHERE 子句中指定联接。联接条件与 WHERE 和 HAVING 搜索条件组合，用于控制 FROM 子句引用的基表中所选定的行。

在 FROM 子句中指定联接条件，有助于将这些联接条件与 WHERE 子句中可能指定的其他搜索条件分开，指定联接时建议使用这种方法。简单的子句联接语法如下：

FROM first_table join_type second_table [ON (join_condition)]

其中，"join_type"指定所执行的联接类型，包括内联接、外联接或交叉联接。"join_condition"定义要为每对联接的行选取的谓词。

【例 20】下面使用联接查询学生的成绩。

```
select 学生表.姓名,成绩表.成绩
from 学生表 join 成绩表 on (学生表.学号=成绩表.学号)
```

执行结果如图 5-17 所示。

	姓名	成绩
1	陈艳	78
2	陈艳	64
3	李勇	72
4	李勇	82
5	刘铁男	90
6	刘铁男	68
7	毕红霞	73
8	王维国	62
9	王维国	76

图 5-17　执行结果

注意：当单个查询引用多个表时，所有列引用都必须明确。在查询所引用的两个或多个表之间，任何重复的列名都必须用表名限定。如果某个列名在查询用到的两个或多个表中不重复，则对这一列的引用不必用表名限定。但是，如果所有的列都用表名限定，则能提高查询的可读性。如果使用表的别名，则会进一步提高可读性，特别是在表名自身必须由数据库和所有者名称限定时。

虽然联接条件通常使用相等比较(=)，但也可以像指定其他谓词一样指定其他比较或关系运算符。

SQL Server 处理联接时，查询引擎从多种可能的方法中选择最高效的方法处理联接。尽管不同联接的物理执行采用多种不同的优化，但是逻辑序列都应用：

(1) FROM 子句中的联接条件；

(2) WHERE 子句中的联接条件和搜索条件；

(3) HAVING 子句中的搜索条件。

如果在 FROM 和 WHERE 子句间移动条件，则这个序列有时会影响查询结果。

联接条件中用到的列不必具有相同的名称或相同的数据类型。但是如果数据类型不相同，则必须兼容或可由 SQL Server 进行隐性转换。如果不能隐性转换数据类型，则联接条件必须用 CAST 函数显式地转换数据类型。

无法在 ntext、text 或 image 列上直接联接表。不过，可以用 substring()函数在 ntext、text 或 image 列上间接联接表。例如：

```
select *
from t1 join t2
on substring(t1.textcolumn,1,20)=substring(t2.textcolumn,1,20)
```

在表 t1 和 t2 中的每个文本列前 20 个字符上进行两表内联接。此外，另一种比较两个表中的 ntext 或 text 列的方法是用 WHERE 子句比较列的长度。例如：

```
where datalength(pl.pr_info)=datalength(plpr_info)
```

1. 内联接

内联接按照 on 所指定的连接条件合并两个表，返回满足条件的行。在 SQL-92 标准中，内联接可在 FROM 或 WHERE 子句中指定。这是 WHERE 子句中唯一一种 SQL-92 支持的联接类型。WHERE 子句中指定的内联接称为旧式内联接。

内联接使用 INNER JOIN 关键词，例 20 查询学生成绩就是一个内联接的例子，也可以按下面方式查询：

select 学生表.姓名,成绩表.成绩 from 学生表 inner join 成绩表 on (学生表.学号=成绩

表.学号)

执行结果同例 20。

提示：两个表或者多个表要做联接，一般来说，这些表之间存在着主键和外键的关系。所以将这些键的关系列出，就可以得到表的联接结果。

2．外联接

当且仅当至少有一个同属于两表的行符合联接条件时，内联接才返回行。内联接消除与另一个表中的任何行不匹配的行；而外联接会返回 FROM 子句中提到的至少一个表或视图的所有行，只要这些行符合任何 WHERE 或 HAVING 搜索条件，将检索通过“左向外联接”引用的左表的所有行，以及通过“右向外联接”引用的右表的所有行。完整外部联接中两个表的所有行都将返回。

SQL Server 2000 对在 FROM 子句中指定的外联接使用以下关键字：

(1) left outer join 或 left join(左向外联接)

(2) right outer join 或 right join(右向外联接)

(3) full outer join 或 full join(完整外部联接)

1) *左向外联接*

左向外联接简称为左联接，其结果包括第一个命名表(“左”表，出现在 JOIN 子句的最左边)中的所有行。不包括右表中的不匹配行。

【例 21】下面的 SQL 语句首先在课程表中插入一个记录，然后采用左联接显示所有课程的成绩，最后删除这个新插入的记录。

```
insert 课程表 values('20008','软件工程',90,4)
go
select 课程表.课程名称,成绩表.成绩
from 课程表 left join 成绩表 on (课程表.课程号=成绩表.课程号)
go
delete 课程表 where 课程号='20008'
```

执行结果如图 5-18 所示。

	课程名称	成绩
1	操作系统	78
2	操作系统	68
3	汇编语言	72
4	汇编语言	73
5	数据库	64
6	数据库	62
7	数据结构	82
8	数据结构	90
9	数据结构	76
10	软件工程	NULL

图 5-18　执行结果

通过左联接，可以查询哪门课程没有成绩，上述结果中，指出软件工程课程没有成绩。

2) *右向外联接*

右向外联接简称为右联接。其结果中包括第二个命名表(“右”表，出现在 JOIN 子句的最右边) 中的所有行。不包括左表中的不匹配行。

【例 22】将上面的例子中的左联接改为右联接。

```
insert 课程表 values('20008','软件工程',90,4)
go
select 课程表.课程名称,成绩表.成绩
from 课程表 right join 成绩表 on (课程表.课程号=成绩表.课程号)
go
delete 课程表 where 课程号='20008'
```

执行结果如图 5-19 所示。

	课程名称	成绩
1	操作系统	78
2	数据库	64
3	汇编语言	72
4	数据结构	82
5	数据结构	90
6	操作系统	68
7	汇编语言	73
8	数据库	62
9	数据结构	76

图 5-19　执行结果

通过右联接，可以看到左表也就是课程表中的课程名称为“软件工程”的记录没有出现在结果中，因为它与右表没有匹配的行。

3) 完整外部联接

若要在联接结果中包括不匹配的行以便保留不匹配信息，可以使用完整外部联接。SQL Server 2000 提供完整外部联接运算符 FULL OUTER JOIN，不管另一个表是否有匹配的值，此运算符都包括两个表中的所有行。

【例 23】将上面的例子改为完整外部联接。

```
insert 课程表 values('20008','软件工程',90,4)
go
select 课程表.课程名称,成绩表.成绩
from 课程表 full join 成绩表 on (课程表.课程号=成绩表.课程号)
go
delete 课程表 where 课程号='20008'
```

执行结果如图 5-20 所示。

	课程名称	成绩
1	操作系统	78
2	操作系统	68
3	汇编语言	72
4	汇编语言	73
5	数据库	64
6	数据库	62
7	数据结构	82
8	数据结构	90
9	数据结构	76
10	软件工程	NULL

图 5-20　执行结果

3. 交叉联接

在这类联接的结果集内，两个表中每两个可能成对的行占一行。交叉联接不使用 WHERE 子句。在数学上，就是表的笛卡儿积。第一个表的行数乘以第二个表的行数等于笛卡尔积结果集的大小。

【例 24】下面的 SQL 语句使用交叉联接产生所有可能的组合。

select　学生表 .*，成绩表.*

from　学生表. cross join 成绩表.on(学生表.学号=成绩表.学号)

执行结果如图 5-21 所示。

	学号	姓名	性别	出生日期	联系方式	备注	学号	课程号	成绩
1	2013001	陈艳	女	1990-10-13 00:00:00.000	13304857898	三好学生	2013001	20001	78
2	2013001	陈艳	女	1990-10-13 00:00:00.000	13304857898	三好学生	2013001	20003	64
3	2013001	陈艳	女	1990-10-13 00:00:00.000	13304857898	三好学生	2013002	20002	72
4	2013001	陈艳	女	1990-10-13 00:00:00.000	13304857898	三好学生	2013002	20004	82
5	2013001	陈艳	女	1990-10-13 00:00:00.000	13304857898	三好学生	2013003	20004	90
6	2013001	陈艳	女	1990-10-13 00:00:00.000	13304857898	三好学生	2013003	20001	68
7	2013001	陈艳	女	1990-10-13 00:00:00.000	13304857898	三好学生	2013004	20002	73
8	2013001	陈艳	女	1990-10-13 00:00:00.000	13304857898	三好学生	2013005	20003	62
9	2013001	陈艳	女	1990-10-13 00:00:00.000	13304857898	三好学生	2013005	20004	76
10	2013002	李勇	男	1989-12-11 00:00:00.000	15278964523	群众	2013001	20001	78
11	2013002	李勇	男	1989-12-11 00:00:00.000	15278964523	群众	2013001	20003	64
12	2013002	李勇	男	1989-12-11 00:00:00.000	15278964523	群众	2013002	20002	72
13	2013002	李勇	男	1989-12-11 00:00:00.000	15278964523	群众	2013002	20004	82
14	2013002	李勇	男	1989-12-11 00:00:00.000	15278964523	群众	2013003	20004	90
15	2013002	李勇	男	1989-12-11 00:00:00.000	15278964523	群众	2013003	20001	68
16	2013002	李勇	男	1989-12-11 00:00:00.000	15278964523	群众	2013004	20002	73
17	2013002	李勇	男	1989-12-11 00:00:00.000	15278964523	群众	2013005	20003	62
18	2013002	李勇	男	1989-12-11 00:00:00.000	15278964523	群众	2013005	20004	76
19	2013003	刘铁男	男	1991-06-03 00:00:00.000	15878942356	团员	2013001	20001	78
20	2013003	刘铁男	男	1991-06-03 00:00:00.000	15878942356	团员	2013001	20003	64
21	2013003	刘铁男	男	1991-06-03 00:00:00.000	15878942356	团员	2013002	20002	72
22	2013003	刘铁男	男	1991-06-03 00:00:00.000	15878942356	团员	2013002	20004	82
23	2013003	刘铁男	男	1991-06-03 00:00:00.000	15878942356	团员	2013003	20004	90
24	2013003	刘铁男	男	1991-06-03 00:00:00.000	15878942356	团员	2013003	20001	68
25	2013003	刘铁男	男	1991-06-03 00:00:00.000	15878942356	团员	2013004	20002	73
26	2013003	刘铁男	男	1991-06-03 00:00:00.000	15878942356	团员	2013005	20003	62
27	2013003	刘铁男	男	1991-06-03 00:00:00.000	15878942356	团员	2013005	20004	76
28	2013004	毕红霞	女	1990-05-09 00:00:00.000	18945689865	优秀学生	2013001	20001	78
29	2013004	毕红霞	女	1990-05-09 00:00:00.000	18945689865	优秀学生	2013001	20003	64
30	2013004	毕红霞	女	1990-05-09 00:00:00.000	18945689865	优秀学生	2013002	20002	72
31	2013004	毕红霞	女	1990-05-09 00:00:00.000	18945689865	优秀学生	2013002	20004	82
32	2013004	毕红霞	女	1990-05-09 00:00:00.000	18945689865	优秀学生	2013003	20004	90
33	2013004	毕红霞	女	1990-05-09 00:00:00.000	18945689865	优秀学生	2013003	20001	68
34	2013004	毕红霞	女	1990-05-09 00:00:00.000	18945689865	优秀学生	2013004	20002	73
35	2013004	毕红霞	女	1990-05-09 00:00:00.000	18945689865	优秀学生	2013005	20003	62
36	2013004	毕红霞	女	1990-05-09 00:00:00.000	18945689865	优秀学生	2013005	20004	76
37	2013005	王维国	男	1988-11-12 00:00:00.000	13105267896	团员	2013001	20001	78
38	2013005	王维国	男	1988-11-12 00:00:00.000	13105267896	团员	2013001	20003	64
39	2013005	王维国	男	1988-11-12 00:00:00.000	13105267896	团员	2013002	20002	72
40	2013005	王维国	男	1988-11-12 00:00:00.000	13105267896	团员	2013002	20004	82
41	2013005	王维国	男	1988-11-12 00:00:00.000	13105267896	团员	2013003	20004	90
42	2013005	王维国	男	1988-11-12 00:00:00.000	13105267896	团员	2013003	20001	68
43	2013005	王维国	男	1988-11-12 00:00:00.000	13105267896	团员	2013004	20002	73
44	2013005	王维国	男	1988-11-12 00:00:00.000	13105267896	团员	2013005	20003	62
45	2013005	王维国	男	1988-11-12 00:00:00.000	13105267896	团员	2013005	20004	76

图 5-21　执行结果

提示：交叉联接产生的结果集一般是毫无意义的，但在数据库的数学模式上却有着重要的作用。

5.5 子　查　询

子查询是一个 SELECT 查询，它嵌套在 SELECT、INSERT、UPDATE、DELETE 语句或其他子查询中。子查询也称为内部查询或内部选择，而包含子查询的语句也称为外部查询或外部选择。

子查询能够将比较复杂的查询分解为几个简单的查询。子查询可以嵌套，嵌套查询的过程是：首先执行内部查询，它查询出来的数据并不被显示出来，而是传递给外层语句，并作为外层语句的查询条件来使用。

嵌套在外部 SELECT 语句中的子查询包括以下组件：

(1) 包含标准选择列表组件的标准 SELECT 查询。

(2) 包含一个或多个表或视图名的标准 FROM 子句。

(3) 可选的 WHERE 子句。

(4) 可选的 GROUP BY 子句。

(5) 可选的 HAVING 子句。

子查询的 SELECT 查询总是用圆括号括起来，且不能包括 COMPUTE 或 FOR BROWSE 子句，如果同时指定 TOP 子句，则可能只包括 ORDER BY 子句。

子查询是一个 SELECT 查询，它反回单个值且嵌套在 SELECT、INSERT、UPDATE、DELETE 语句或其他子查询中。尽管根据可用内存和查询中其他表达式的复杂程度不同，嵌套限制也有所不同，但一般均可以嵌套到 32 层。

【例 25】下面的 SQL 语句使用子查询来查询陈艳的成绩。

```
select 成绩 from 成绩表 where 学号=
    (select 学号 from 学生表 where 姓名='陈艳')
```

使用下面的联接方式也能完成此功能：

```
select 成绩
from 学生表 inner join 成绩表 on 学生表.学号=成绩表.学号 where 姓名='陈艳'
```

执行结果如图 5-22 所示。

	成绩
1	78
2	64

图 5-22　执行结果

在 Transact-SQL 中，包括子查询的语句和不包括子查询但语义上等效的语句在性能方面通常没有区别。但是，在一些必须检查存在性的情况中，使用联接会产生更好的性能。否则，为确保消除重复值，必须为外部查询的每个结果都处理嵌套查询。在这些情况下，联接方式会产生更好的效果。

注意：如果某个表只出现在子查询中而不出现在外部查询中，那么该表中的列就无法包含在输出中(外部查询的选择列表)。

在某些 Transact-SQL 语句中，子查询可以像一个独立的查询一样进行评估。从概念上讲，子查询结果将代入外部查询中。

有如下 3 种常用的子查询：

(1) 在通过 IN 引入的列表或者由 ANY 或 ALL 修改的比较运算符的列表上进行操作。

(2) 通过无修改的比较运算符(指其后未接关键字 IN、ANY 或 ALL 等)引入，并且必须返回单个值。

(3) 通过 EXISTS 引入的存在测试。

上述 3 种自查询通常采用的格式有下面几种：

(1) WHERE 表达式 [NOT] IN (子查询)。

(2) WHERE 表达式 比较运算符 [ANY | ALL] (子查询)。

(3) WHERE [NOT] EXISTS (子查询)。

1. 子查询规则

在 SQL Server 2000 中，由于子查询也是使用 SELECT 语句组成，所以在 SELECT 语句使用中应注意的问题，在这里也适用。除此以外，子查询还要受下面的条件限制：

(1) 通过比较运算符引入的子查询的选择列表只能包括一个表达式或列名称(分别对 SELECT *或列表进行 EXISTS 和 IN 操作除外)。

(2) 如果外部查询的 WHERE 子句包括某个列名，则该子句必须与子查询选择列表中的该列在联接上兼容。

(3) 子查询的选择列表中不允许出现 ntext、text 和 image 数据类型。

(4) 由于无修改的比较运算符(指其后未接关键字 IN、ANY 或 ALL 等)的引入，这类子查询必须返回单个值，而且子查询中不能包括 GROUP BY 和 HAVING 子句。

(5) 包括 GROUP BY 的子查询不能使用 DISTINCT 关键字。

(6) 不能指定 COMPUTE 和 INTO 子句。

(7) 只有同时指定了 TOP，才可以指定 ORDER BY。

(8) 由子查询创建的视图不能更新。

(9) 按约定，通过 EXISTS 引入的子查询的选择列表由星号(*)组成，而不使用单个列名。由于通过 EXISTS 引入的子查询进行了存在测试，并返回 TRUE 或 FALSE 而非数据，所以这些子查询的规则与标准选择列表的规则完全相同。

2. 子查询类型

可以在许多地方指定子查询，例如：

(1) 使用别名时。

(2) 使用 IN 或 NOT IN 时。

(3) 在 UPDATE、DELETE 和 INSERT 语句中。

(4) 使用比较运算符时。

(5) 使用 ANY、SOME 或 ALL 时。

(6) 使用 EXISTS 或 NOT EXISTS 时。

(7) 在有表达式的地方。

下面将就这几种情况对子查询进行介绍。

1) 使用 IN 或 NOT IN

通过 IN(或 NOT IN)引入的子查询结果是一列零值或更多值。子查询返回结果之后，外部查询将利用这些结果。

【例 26】下面的 SQL 语句查询选修“20003”课程号的学生信息。

```
select * from 学生表 where 学号 in
        (select 学号 from 成绩表 where 课程号='20003')
```

执行结果如图 5-23 所示。

	学号	姓名	性别	出生日期	联系方式	备注
1	2013001	陈艳	女	1990-10-13 00:00:00.000	13304857898	三好学生
2	2013005	王维国	男	1988-11-12 00:00:00.000	13105267896	团员

图 5-23　执行结果

如果要查询没有选修“20003”课程号的学生信息，则可以使用 NOT IN:

【例 27】下面的 SQL 语句查询没有选修“20003”课程号的学生信息。

```
select * from 学生表 where 学号 not in
        (select 学号 from 成绩表 where 课程号='20003')
```

执行结果如图 5-24 所示。

	学号	姓名	性别	出生日期	联系方式	备注
1	2013002	李勇	男	1989-12-11 00:00:00.000	15278964523	群众
2	2013003	刘铁男	男	1991-06-03 00:00:00.000	15878942356	团员
3	2013004	毕红霞	女	1990-05-09 00:00:00.000	18945689865	优秀学生

图 5-24　执行结果

注意：使用联接而不使用子查询处理该问题及类似问题的一个不同之处在于，联接可以在结果中显示多个表中的列，而子查询却不可以。

2) UPDATE、DELETE 和 INSERT 语句中的子查询

子查询可以嵌套在 UPDATE、DELETE 和 INSERT 语句以及 SELECT 语句中。

【例 28】以下语句先在课程表中插入一个记录，然后通过删除没有被选修的课程从而删除该插入的记录。

```
insert 课程表 values('20005','离散数学',51,2)
go
delete 课程表 where 课程号 not in
      (select 课程号 from 成绩表)
go
select * from 课程表
```

执行结果如图 5-25 所示。

	课程号	课程名称	学时	学分
1	20001	操作系统	68	3
2	20002	汇编语言	60	5
3	20003	数据库	48	2
4	20004	数据结构	68	3

图 5-25　执行结果

可以看到，并没有显示插入的记录。

3) 比较运算符的子查询

子查询可由一个比较运算符(=、<>、>、>=、<、!>,!<或<=)引入。与使用 IN 引入的子查询一样，由未修改的比较运算符(后面不跟 IN、ANY 或 ALL 等的比较运算符)引入的子查询必须返回单个值而不是值列表。如果这样的子查询返回多个值，SQL Server 将显示错误信息。

【例 29】下面的 SQL 语句查找成绩高于平均分的成绩记录。

```
select 学号,课程号,成绩 from 成绩表 where 成绩>
                (select avg(成绩) from 成绩表)
```

执行结果如图 5-26 所示。

	学号	课程号	成绩
1	2013001	20001	78
2	2013002	20004	82
3	2013003	20004	90
4	2013005	20004	76

图 5-26 执行结果

可以用 ALL 或 ANY 关键字修改引入子查询的比较运算符。

4) 存在性检查

存在性检查是通过 EXISTS 关键字来实现的，使用 EXISTS 引入的子查询语法如下：

WHERE [NOT] EXISTS (子查询)

【例 30】查询成绩大于 80 的那些学生的姓名。

```
Select 姓名 from 学生表 where exists
          (select * from 成绩表 where 成绩>80 and 学生表.学号=成绩表.学号)
```

执行结果如图 5-27 所示。

	姓名
1	李勇
2	刘铁男

图 5-27 执行结果

3. 多层嵌套

子查询自身可以包括一个或多个子查询。一个语句中可以嵌套任意数量的子查询，称为多层嵌套。

【例 31】查询选修了数据库这门课程的学生姓名。

```
select 姓名 from 学生表 where 学号 in
          (select 学号 from 成绩表 where 课程号=
                    (select 课程号 from 课程表 where 课程名称='数据库'))
```

执行结果如图 5-28 所示。

	姓名
1	陈艳
2	王维国

图 5-28　执行结果

5.6　在查询的基础上创建新表

使用 INTO 关键字可以创建新表并将结果行插入新表中。

【例 32】下面的 SQL 语句将查询得到的学生的学号、姓名、课程名称和成绩插入到新建的表——成绩表 2 中，再显示该新表的记录。

```
select 学生表.学号,学生表.姓名,课程表.课程名称,成绩表.成绩 into 成绩表 2
from 学生表,课程表,成绩表
where 学生表.学号=成绩表.学号 and 课程表.课程号=成绩表.课程号
go
select * from 成绩表 2
```

执行结果如图 5-29 所示。

	学号	姓名	课程名称	成绩
1	2013001	陈艳	操作系统	78
2	2013001	陈艳	数据库	64
3	2013002	李勇	汇编语言	72
4	2013002	李勇	数据结构	82
5	2013003	刘铁男	数据结构	90
6	2013003	刘铁男	操作系统	68
7	2013004	毕红霞	汇编语言	73
8	2013005	王维国	数据库	62
9	2013005	王维国	数据结构	76

图 5-29　执行结果

注意：用户若要执行带 INTO 子句的 SELECT 语句，必须在目的数据库内具有 CREATE TABLE 权限。SELECT…INTO 不能与 COMPUTE 子句一起使用。

5.7　本 章 小 结

本章主要介绍了 SQL 语句的基本结构和使用方法，重点包括使用 SQL 语句查询、修改和更新数据表，以及在查询时需要用到的技巧和语法结构。简单地介绍了运算符、表达式和聚合函数。通过本章的学习，希望能掌握 SQL 语法并在实际数据库程序设计中灵活运用。

习　题　5

1．什么是结构化查询语句？试举出常用的几种查询语句。

2. 用 SQL 语句完成下列操作(数据库如第四章的“xscj”数据库，表为学生情况表“xsqk”，课程表“kc”，学生成绩表“cj”)。

(1) 列出性别为女同学的姓名和年龄；

(2) 查询不在 1990 年出生的男同学的姓名；

(3) 列出姓刘的男同学的姓名和专业名；

(4) 统计课程号为 1 的所有学生的总分和平均分；

(5) 计算选修了课程号为 2 的学生人数；

(6) 列出没有选修网页制作的学生清单；

(7) 查询所有女同学的高等数学课程的成绩；

(8) 列出李灵同学的每门课的成绩；

(9) 算出计算机网络 201101 班每位学生的成绩总分并按由高到低的顺序排名。

第 6 章　Transact-SQL

Transact-SQL 语言是 Microsoft 公司在关系型数据库管理系统 SQL Server 中实现的一种计算机高级语言，是微软对 SQL 的扩展。Transact-SQL 语言具有 SQL 的主要特点，同时增加了变量、运算符、函数、流程控制和注释等语言元素，其功能更加强大。Transact-SQL 语言对 SQL Server 十分重要，SQL Server 中使用图形界面能够完成的所有功能，都可以利用 Transact-SQL 语言来实现。使用 Transact-SQL 语言操作时，与 SQL Server 通信的所有应用程序都通过向服务器发送 Transact-SQ 语句来进行，而与应用程序的界面无关。

在 Transact-SQL 语言中，标准的 SQL 语句畅通无阻。Transact-SQL 也有类似于 SQL 语言的分类，不过做了许多扩充。

6.1 常　量

常量指在程序运行过程中值不变的量。根据常量值类型的不同，可分为字符串常量、整型常量、实型常量、日期时间常量、货币型常量和 Uniqueidentifier 常量。

1．字符串常量

字符串常量分为 ASCII 常量和 Unicode 常量。

ASCII 常量用单引号括起来，由 ASCII 字符构成，如‘SQL Server’。

Unicode 常量前面有一个 N(必须是大写的)，如 N‘SQL Server’。

ASCII 字符用一个字节储存，而 Unicode 字符用两个字节储存。

2．整型常量

整型常量按照不同表现形式，可以分为二进制型、十进制型和十六进制型。

(1) 二进制型：由数字 1 和 0 构成。

(2) 十进制型：即常见的十进制数，如 2004，−98765。

(3) 十六进制型：以前缀 0x 开头的十六进制数字串，如 0xff12。

3．实型常量

实型常量有定点表示和浮点表示两种方式。

(1) 定点表示：如 895.04，3.0，−34219.01。

(2) 浮点表示：即采用科学计数法，如 10.3E9，−12E2。

4．日期时间型常量

日期时间型常量要用单引号括起来。具体可以参看第 4 章。

5. 货币型常量

货币型常量实际上是以“$”作为前缀的整型或实型数据，如$27，$3.45。

6. Uniqueidentifier 常量

Uniqueidentifier 常量可以使用字符或十六进制字符串指定，如 0x345ffa8ce232。

6.2 变　量

变量对于一种语言来说是必不可少的组成部分。Transact-SQL 语言允许使用两种变量：一种是用户自己定义的局部变量(Local Variable)，另一种是系统提供的全局变量(Global Variable)。

1. 局部变量

局部变量是用户自己定义的变量，它的作用范围就在程序内部。局部变量通常只能在一个批处理中或存储过程中使用，用来存储从表中查询到的数据，或当做程序执行过程中暂存变量使用。局部变量使用 declare 语句定义，并且指定变量的数据类型，然后可以使用 set 或 select 语句将变量初始化。局部变量必须以“@”开头，而且必须先声明后使用。

1) *局部变量的声明*

declare　@变量名 变量类型[,@变量名 变量类型…]

其中，变量类型可以是 SQL Server 支持的所有数据类型，也可以是用户自定义的数据类型。

2) *局部变量的赋值*

局部变量不能使用“变量=变量值”的格式进行初始化，必须使用 select 或 set 语句来设置其初始值。

(1) 通过 set 来赋值。

格式为：

set　@局部变量=变量值

【例 1】declare　@a1　int，@a2　char(10)

　　Set　@a1=2012

　　Set　@a2=‘china’

(2) 通过 select 来赋值。

格式为：

　select　@局部变量=变量值

【例 2】declare　@name　char(10)

　　Select @name=姓名 from 学生表 where 学号=‘001’

【例 3】将字符串“sql server”和“2000”做连接，并输出。

```
declare @a nvarchar(10), @b nvarchar (10) set @a= 'sql server'
    set @b='2000'
    select @ a + @b
```

注意：

(1) 第一次声明变量时，其值设置为 NULL。

(2) 如果声明字符型的局部变量，一定要在变量类型中指明其最大长度，否则系统认为其长度为 1，如例 1。

(3) 若要声明多个局部变量，要在定义的第一个局部变量后使用一个逗号，然后指定下一个局部变量名称和数据类型，如例 1。

2. 全局变量

全局变量是 SQL Server 2000 系统内部使用的变量，其作用范围并不局限于某一程序，而是任何程序均可随时调用。全局变量通常存储一些 SQL Server 2000 的配置设置值和效能统计数据。用户可在程序中用全局变量来测试系统的设定值或者 Transact-SQL 命令执行后的状态值。引用全局变量时，全局变量的名字前面要有两个标记符“@@”。不能定义与全局变量同名的局部变量。从 SQL Server 7.0 开始，全局变量就以系统函数的形式使用。下面介绍几个全局变量。

(1) @@Error：最后一个 Transact_SQL 错误的错误号。

(2) @@Identity：最后一个插入的标识值。

(3) @@Language：当前使用语言的名称。

(4) @@Max_Connections：可以创建的同时链接的最大数目。

(5) @@Rowcount：记录一条 SQL 语句处理记录的行数。

(6) @@Servername：本地服务器的名称。

(7) @@Servicename：该计算机上的 SQL 服务器的名称。

(8) @@Timeticks：当前计算机上每刻度的微秒数。

(9) @@Transcount：当前连接打开的事务数。

(10) @@Version：SQL Server 的版本信息。

【例 4】select * from 学生表。

```
Print　@@rowcount
```

【例 5】select @@version

6.3　流程控制语句

1. Print 语句

Print 语句用于向客户端返回用户定义的消息。使用 Print 可以帮助我们排除 Transact-SQL 代码中的故障，检查数据值或生成报告。

【例 6】Print 'ABCDEFG'

2. begin…end 语句

begin…end 语句包括一系列 Transact-SQL 语句，从而可以执行一组 Transact-SQL 语句。begin 和 end 是控制流语言的关键字。

语法：begin

```
    SQL 语句 1
    SQL 语句 2
```

```
    …
end
```

3. if…else 语句

1) 语法

```
if  Boolean_expression
        { sql_statement | statement_block }
[ else
        { sql_statement | statement_block } ]
```

2) 参数

(1) Boolean_expression: 返回 True 或 False 的表达式。如果布尔表达式中含有 Select 语句，则必须用括号将 Select 语句括起来。

(2) { sql_statement | statement_block }：任何 Transact-SQL 语句或用语句块定义的语句组。除非使用语句块，否则 if 或 else 条件只能执行其后的一条 Transact-SQL 语句。若要定义语句块，必须使用控制流关键字 begin 和 end。

【例 7】判断 a 是正数还是负数。

```
declare @a int
set @a=10
if @a>0
    print 'a 为正数'
else
    print 'a 为负数'
```

我们经常利用 if 语句和 exists 或 not exists 关键字来判断 Select 查询结果是否有记录。

【例 8】判断成绩表里的成绩是否大于 90 分。

```
if exists(select * from  成绩表  where  成绩>90)
    begin
        Select * from  成绩表  where  成绩>90
    end
else
    Print 'no student'
```

4. While 语句

While 语句用于设置重复执行 SQL 语句或语句块的条件。只要指定的条件为真，就重复执行语句。可以使用 Break 和 Continue 关键字在循环内部控制 While 语句的执行。

1) 语法

```
While Boolean_expression
        { sql_statement | statement_block }
        [ Break ]
        { sql_statement | statement_block }
        [ Continue ]
```

```
{ sql_statement | statement_block }
```

2) 参数

(1) Boolean_expression：返回 True 或 False 的表达式。如果布尔表达式中含有 Select 语句，则必须用括号将 Select 语句括起来。

(2) {sql_statement | statement_block}：Transact-SQL 语句或用语句块定义的语句分组。若要定义语句块，需使用控制流关键字 begin 和 end。

(3) Break：导致从最内层的 While 循环中退出，将执行出现在 end 关键字(循环结束的标记)后面的任何语句。

(4) Continue：使 While 循环重新开始执行，忽略 Continue 关键字后面的任何语句。

【例 9】计算 1～100 的奇数和。

```
declare @n int, @s int
set @n=0
set @s=0
while @n<100
begin
    set @n=@n+1
    if @n%2=0
        continue
    else
        set @s=@s+@n
end
print @s
```

【例 10】计算和小于 10 的那些数的和。

```
declare @n int, @s int
select @n=0 , @s=0
while .t.
    set @n=@n+1
    set @s=@s+@n
    if @s>10
        break
print @s
```

5. Case 函数

Case 函数用于计算条件列表并返回多个可能结果表达式之一。

格式 1：

```
Case input_expression
    When when_expression Then result_expression
    [ ...n ]
    [
```

```
        Else else_result_expression
    ]
End
```

格式 2：

```
Case
    When Boolean_expression Then result_expression
    [ ...n ]
    [
    Else else_result_expression
    ]
End
```

【例 11】从成绩表查询学号为 2013001 号的成绩，并将成绩转换为等级。

```
select 课程号,
    case
        when 成绩>89 then '优秀'
        when 成绩>79 and 成绩<90 then '良好'
        when 成绩>69 and 成绩<80 then '中等'
        when 成绩>59 and 成绩<70 then '及格'
        else '不及格'
    end as '成绩等级'
from 成绩表 where 学号='2013001'
```

6．Waitfor 延迟语句

在达到指定时间或时间间隔之前，或者指定语句至少修改或返回一行之前，阻止执行批处理、存储过程或事务。

【例 12】要求 5 秒钟之后执行 select 语句。

```
waitfor delay '00：00：05'
select * from 学生表
```

6.4 函　　数

SQL Server 2000 提供了一些内置函数，用户可以使用这些函数方便地实现一些功能。以下举例说明一些常用的函数。

1．转换函数

(1) cast()：将一种数据类型的表达式转换为另一种数据类型的表达式。

语法：

```
cast ( expression as data_type [ (length ) ])
```

【例 13】select 姓名+'('+cast(成绩 as varchar(10))+')' from 学生表

下列代码将成绩为 null 值的数据项显示为 0 分。

```
select 姓名+'('+(
case
    when 成绩 is null then '0'
    else cast(成绩 as varchar(10))
end)
+')' from 学生表
```

(2) convert()：将一种数据类型的表达式转换为另一种数据类型的表达式。

语法：

convert (data_type [(length)] , expression [, style])

【例 14】select 姓名+'(' + convert(nvarchar(10),出生日期,20) + ')' from 学生表

2．字符串函数

(1) len(character_expression)：返回字符表达式中的字符数。如果字符串中包含前导空格和尾随空格，则函数会将它们包含在计数内。len 对相同的单字节和双字节字符串返回相同的值。

【例 15】select max(len(姓名)) from 学生表

(2) datalength (expression)：返回用于表示任何表达式的字节数。

【例 16】declare @a nvarchar(10)

```
set @a='abc'
select datalength(@a)   /*显示 6*/
```

(3) left(character_expression , integer_expression)：返回字符串中从左边开始指定个数的字符。

【例 17】declare @stringtest char(10)

```
set @stringtest='robin      '
select left(@stringtest,3)   /*显示 rob*/
```

(4) right(character_expression,integer_expression)：返回字符表达式中从起始位置(从右端开始)到指定字符位置(从右端开始计数)的部分。

【例 18】declare @stringtest char(10)

```
set @stringtest='      robin'
select right(@stringtest,3)    /*显示 in*/
```

(5) substring(value_expression ,start_expression , length_expression)：返回字符表达式、二进制表达式、文本表达式或图像表达式的一部分。

【例 19】select x = substring('abcdef', 2, 3)   /*显示 bcd*/

(6) upper(character_expression)：返回将小写字符转换为大写字符后得到的字符表达式。

【例 20】select upper('hello')   /*显示 HELLO*/

(7) lower(character_expression)：返回将大写字符转换为小写字符后得到的字符表达式。

【例21】declare @stringtest char(10)

```
set @stringtest='ROBIN      '
select lower(left(@stringtest,3))      /*显示 rob*/
```

(8) space (integer_expression)：返回由重复的空格组成的字符串。

【例 22】select 姓名+space(3)+性别 from 学生表

(9) replicate(character_expression,times)：返回多次复制后的字符表达式。times参数的计算结果必须为整数。

【例 23】declare @a int
```
set @a=3
print replicate('*',@a)      /*显示*** */
```

【例 24】以“*”方式输出菱形。

```
declare @i int
set @i=1
while @i<=4
begin
    print space(4-@i)+replicate('*',2*@i-1)
    set @i=@i+1
end
set @i=1
while @i<=3
begin
    print space(@i)+replicate('*',7-2*@i)
    set @i=@i+1
end
```

(10) stuff (character_expression , start , length ,character_expression)：将字符串插入另一字符串。它在第一个字符串中从开始位置删除指定长度的字符，然后将第二个字符串插入到第一个字符串的开始位置。

【例 25】select stuff('axyzfg', 2, 3, 'bcde')   /*结果为'abcdefg' */

(11) reverse(character_expression)：按相反顺序返回字符表达式。

【例 26】print reverse('mountain bike')   /*输出 ekib niatnuom*/

(12) ltrim(character expression)：返回删除了前导空格的字符表达式。

【例27】declare @stringtest char(10)
```
set @stringtest='      robin'
select'start-'+ltrim(@stringtest),'start-'+@stringtest /*显示 start-robin   start-    robin*/
```

(13) rtrim(character expression)：返回删除了尾随空格的字符表达式。

【例28】declare @stringtest char(10)
```
set @stringtest='robin'
select @stringtest+'-end',rtrim(@stringtest)+'-end'   /*显示 robin      -end robin-end*/
```

(14) trim(character_expression)：返回删除了前导空格和尾随空格的字符表达式。

(15) charindex (expression1 ,expression2 [, start_location])：在 expression2 中搜索

expression1 并返回其起始位置(如果能找到)。搜索的起始位置为 start_location。

注：

① 如果 expression1 或 expression2 之一是 unicode 数据类型(nvarchar 或 nchar)，而另一个不是，则将另一个转换为 unicode 数据类型。charindex 不能与 text、ntext 和 image 数据类型一起使用。

② 如果 expression1 或 expression2 之一为 null，则 charindex 将返回 null。

③ 如果在 expression2 内找不到 expression1，则 charindex 返回 0。

【例 29】
```
declare @document varchar(64)
    select @document = 'reflectors are vital safety' +
                       ' components of your bicycle.'
    select charindex('vital', @document, 5)    /*返回16 */
    go
```

(16) patindex('%pattern%' , expression)：返回指定表达式中某模式第一次出现的起始位置；如果在全部有效的文本和字符数据类型中没有找到该模式，则返回 0。

【例 30】select patindex('%李%',姓名) from 学生表

(17) str(float_expression [, length [, decimal]])：返回由数字数据转换来的字符数据。其中，float_expression 表示带小数点的近似数字(float)数据类型的表达式；length 表示总长度，它包括小数点、符号、数字以及空格，默认值为 10；decimal 表示小数点后的位数。

【例 31】select str(123.45, 6, 1)　/*输出 123.5 */

(18) char(integer_expression)：将 int ASCII 代码转换为字符。其中，integer_expression 为介于 0 和 255 之间的整数。如果该整数表达式不在此范围内，将返回 null 值。

(19) replace(character_expression,searchstring,replacementstring)：将表达式中的一个字符串替换为另一个字符串或空字符串后，返回一个字符表达式。

【例 32】print replace('mountain bike', 'mountain','all terrain')　/*返回 all terrain bike */

3. 日期函数

(1) getdate()：返回系统的当前日期，getdate 函数不使用参数。

(2) datepart(datepart, date)：返回一个表示日期的指定日期部分的整数。其中，datepart 参数指定需要对日期中的哪一部分返回新值，它可取下列值：year、quarter、month、dayofyear、day、week、weekday、hour、minute、second、millisecond 等。

【例 33】select datepart(year,getdate())

(3) datename (datepart , date)：返回表示指定date的指定datepart的字符串。

【例 34】select 姓名,datepart(month,出生日期) from 学生表

(4) dateadd (datepart , number, date)：将指定 number 时间间隔(有符号整数)与指定 date 的指定 datepart 相加后，返回该 date。

【例 35】select dateadd(month, 1, '2006-08-30')　/*显示 2006-09-30 00:00:00.000 */

(5) datediff (datepart , startdate , enddate)：返回指定的 startdate 和 enddate 之间所跨的指定 datepart 边界的计数(带符号的整数)。

【例 36】declare @start datetime , @end datetime

```
set @start = '2007-05-08 12:10:09'
set @end= '2007-05-07 12:10:09'
select datediff(day, @start, @end)    /*显示-1 */
```

(6) day(date)、month(date)、year(date)：返回一个整数，该整数表示指定date的日、月、年。

【例 37】print year(getdate())

4．数学函数

(1) abs(numeric_expression)：返回数值表达式的绝对值。

(2) ASCII(character_expression)：返回字符表达式中最左侧的字符的 ASCII 代码值。

【例38】declare @stringtest char(10)

```
set @stringtest=ASCII('robin     ')
select @stringtest      /*显示 82 */
```

(3) ceiling(numeric_expression)：返回大于或等于指定数值表达式的最小整数。

(4) floor(numeric_expression)：返回小于或等于指定数值表达式的最大整数。

(5) power(numeric_expression,power)：返回对数值表达式进行幂运算的结果。power 参数的计算结果必须为整数。

(6) pi( )：返回 pi 的常量值。

(7) sqrt(float_expression)：返回指定浮点值的平方根。

(8) square(float_expression)：返回指定浮点值的平方。

(9) rand([seed])：返回从 0 到 1 之间的随机 float 值。

(10) round(numeric_expression , length [,function])：返回一个数值，四舍五入到指定的长度或精度。

5．其他常用函数

(1) isdate(expression)：如果 expression 是 datetime 或 smalldatetime 数据类型的有效日期或时间值，则返回 1；否则，返回 0。

【例 39】select isdate('2009/2/29')   /*显示 0 */

(2) isnull(check_expression , replacement_value)：使用指定的替换值替换 null。

【例 40】select 姓名,isnull(成绩,0) from 学生表

(3) nullif(expression , expression)：如果两个指定的表达式相等，则返回空值。

(4) isnumeric(expression)：确定表达式是否为有效的数值类型。

(5) coalesce(expression [,...n])：返回其参数中第一个非空表达式。

以上介绍了 SQL Server 支持的常用函数。除了上述函数外，还有加密函数、系统函数等。

6.5　用户定义函数

与编程语言中的函数类似，SQL Server 的用户定义函数用于接受参数、执行操作(例如复杂计算)并将操作结果以值的形式返回。返回值可以是单个标量值或结果集。

在 SQL Server 中使用用户定义函数有以下优点：

(1) 允许模块化程序设计。

(2) 执行速度更快。

(3) 减少网络流量。

1. 标量函数

用户定义标量函数返回在 returns 子句中定义的类型的单个数据值。对于内联标量函数，没有函数体，标量值是单个语句的结果。对于多语句标量函数，定义在 begin...end 块中的函数体包含一系列返回单个值的 Transact-SQL 语句。返回类型可以是除 text、ntext、image、cursor 和 timestamp 外的任何数据类型。

(1) 创建标量函数。

【例 41】

```
if object_id (n'f1', n'if') is not null
    drop function f1
go
create function f1()
returns float
as
begin
    return 10*pi()
end
```

【例 42】

```
if object_id (n'f1', n'if') is not null
    drop function f1
go
create function f1(@a int, @b int)
returns int
as
begin
    declare @c int
    if @a>@b
        set @c= @a
    else
        set @c= @b
    return @c
end
```

注：函数的最后一条语句必须为 return 语句。

(2) 调用标量函数。

可以在 Transact-SQL 语句中允许使用标量表达式的任何位置调用返回标量值(与标量

表达式的数据类型相同)的用户定义函数。必须使用至少由两部分组成名称的函数来调用标量值函数，即架构名.对象名。

【例 43】select dbo.f1(23,28)

2．表值函数

表值函数返回 table 数据类型，用户定义函数分为内联表值函数和多语句表值函数。对于内联表值函数，没有函数主体，表是单个 select 语句的结果集。

(1) 创建内联表值函数。

【例 44】

```
if object_id (n'f1', n'if') is not null
      drop function f1
go
create function f1 (@a nvarchar(1))
returns table
as
return
(
      select * from student where ssex=@a
)
```

(2) 调用内联表值函数。

【例 45】select * from f1('男')

注：调用时不需指定架构名。

3．多语句表值函数

(1) 创建多语句表值函数。

【例 46】

```
if object_id (n'f1', n'if') is not null
      drop function f1
go
create function f1 (@a int)
returns @t table
(
      sid char(4) primary key not null,
      sname nvarchar(4) null,
      scontent nvarchar(20) null
)
as
begin
      if @a=0
            insert into @t select sid,sname,ssex from student
```

```
    else
        insert into @t select sid,sname,sscore from student
    return
end
```

(2) 调用多语句表值函数。

【例 47】select * from f1(1)

6.6　游　　标

关系数据库中的操作会对整个行集起作用。由 Select 语句返回的行集包括满足该语句的 Where 子句中条件的所有行。这种由语句返回的完整行集称为结果集。应用程序，特别是交互式联机应用程序，并不总能将整个结果集作为一个单元来有效地处理。这些应用程序需要一种机制以便每次处理一行或一部分行。游标就是提供这种机制的对结果集的一种扩展。

游标的作用如下：

(1) 允许定位在结果集的特定行。

(2) 从结果集的当前位置检索一行或一部分行。

(3) 支持对结果集中当前位置的行进行数据修改。

(4) 为由其他用户对显示在结果集中的数据库数据所做的更改提供不同级别的可见性支持。

(5) 提供脚本、存储过程和触发器中用于访问结果集中数据的 Transact-SQL 语句。

使用游标的步骤如下所述。

1. 声明游标

语法：

```
Declare Cursor_Name Cursor [ Local | Global ]
    [ Forward_Only | Scroll ]
    [ Static | Keyset | Dynamic | Fast_Forward ]
    [ Read_Only | Scroll_Locks | Optimistic ]
    [ Type_Warning ]
    For Select_Statement
    [ For Update [ Of Column_Name [ ,...N ] ] ]
[;]
```

【例 48】Declare Cur Cursor

　　For Select * From 学生表

2. 打开游标

【例 49】Open Cur

注：打开游标后，可以使用 @@Cursor_Rows 函数在上次打开的游标中接收合格行的数目。

3．检索游标

打开游标后，可以使用 fetch 语句检索游标中的数据行。

语法：

```
Fetch
    [ [ Next | Prior | First | Last
    | Absolute { N | @Nvar }
    | Relative { N | @Nvar }
    ]
    From
    ]
{ { [ Global ] Cursor_Name } | @Cursor_Variable_Name }
[ Into @Variable_Name [ ,...N ] ]
```

【例 50】
```
Declare Cur Cursor Scroll
For Select * From 学生表
Open Cur
Fetch Next From Cur                /*下一行*/
Fetch Absolute 3 From Cur          /*第三行*/
Fetch Relative -2 From Cur         /*当前行的前二行*/
Fetch Prior From Cur               /*上一行*/
Fetch Last From Cur                /*最后一行*/
```

【例 51】
```
Fetch Next From Cur
While @@Fetch_Status=0
Fetch Next From Cur
```

例 51 中的@@Fetch_Status=0 表示上一个 fetch 语句取数据成功。

【例 52】
```
Declare @学号 Varchar(4),@姓名 Nvarchar(4)
Declare Cur Cursor Scroll
For   Select 学号,姓名 From 学生表
Open Cur
Fetch Next From Cur Into @学号,@姓名
Select @学号,@姓名
```

4．关闭游标

Close 用于关闭游标。Close 将保留数据结构以便重新打开，但在重新打开游标之前，不允许提取和定位更新。

必须对打开的游标发布 Close，不允许对仅声明或已关闭的游标执行 Close。

【例 53】Close Cursor

5．释放游标

Deallocate 用于释放游标引用。当释放最后的游标引用时，组成该游标的数据结构由 Microsoft SQL Server 释放。

【例 54】Deallocate Cursor

6.7 本章小结

通过本章学习，用户能够在日后的数据库设计和管理工作中正确掌握和使用各种 SQL Server 运算符，这对于用户日后使用 Transact-SQL 语言对 SQL Server 数据库进行查询(SELECT 语句查询)等操作是相当重要的。对于 SQL Server 提供的常量、变量、流程控制语句、函数和游标等，用户都应掌握并学会应用，为将来的数据库管理工作打下基础。

习 题 6

1．使用 if…else 语句编写程序，查看成绩表中成绩大于 80 的信息，有则将信息输出，否则输出“no information”。

2．用 while 语句编程，计算 1～100 中所有偶数和，即 S=2+4+6+…+100。

第 7 章　存储过程和触发器

存储过程是 SQL 语句和可选控制流语句的预编译集合，它以一个名称存储并做为一个单元处理。触发器是一种特殊类型的存储过程，它在指定表中的数据发生变化时自动生效。本章主要介绍存储过程的创建、执行、修改和删除以及触发器的创建、使用、修改和删除等。

7.1 存储过程

7.1.1 存储过程概述

存储过程中独立存在于表之外的数据库对象，由被编译在一起的一组 Transact-SQL 语句组成。它可以被客服调用，也可以被另一个存储过程或触发器调用，它的参数可以被传递，它的出错代码也可以被检验。存储过程可以使对数据库的管理，以及显示关于数据库及其用户信息的工作容易得多。

存储过程可包含程序流、逻辑以及对数据库的查询。它们可以接受参数、输出参数、返回单个或多个结果集以及返回值。

可以在任何可使用 SQL 语句的场合来使用存储过程，它具有以下优点：

(1) 可以在单个存储过程中执行一系列 SQL 语句。

(2) 可以从自己的存储过程内引用其他存储过程，从而简化一系列复杂语句。

(3) 存储过程在创建时即在服务器上进行编译，所以执行起来比单个 SQL 语句快，且能减少网络通信的负担。

7.1.2 创建存储过程

要使用存储过程，首先要创建一个存储过程。可以使用 Transact-SQL 语言的 create procedure 语句，也可以使用企业管理器或者存储过程创建向导来完成。

1. 使用 create procedure 语句创建存储过程

create procedure 语句的语法格式为：

```
create proc[edure ] procedure_name [; number]
    [ {@parameter data_type}
    [varying ][ = default][output]
    ][,…n]
```

```
    [with
        {recompile | encryption | recompile,encryption}]
    [for replication]
    as sql_statement […n ]
```

其中各参数含义如下：

(1) procedure_name　新存储过程的名称。

(2) number　是可选的整数，用来对同名的过程分组，以便用一条 drop procedure 语句即可将同组的过程一起除去。例如，名为 orders 的应用程序使用的过程可以命名为 orderproc1、orderproc2 等。drop procedure orderproc 语句将除去整个组。如果名称中包含定界标识符，则数字不应包含在标识符中，只应在“procedure_name”前后使用适当的定界符。

(3) @parameter　过程中的参数。在 create procedure 语句中可以声明一个或多个参数。用户必须在执行过程时提供每个所声明参数的值(除非定义了该参数的默认值)。存储过程最多可以有 2100 个参数。

(4) data_type　参数的数据类型。所有数据类型(包括 text、ntext 和 image)均可以用做存储过程的参数。不过，cursor 数据类型只能用于 output 参数。如果指定的数据类型为 cursor，则必须同时指定 varying 和 output 关键字。

(5) varying　指定作为输出参数支持的结果集(由存储过程动态构造，内容可以变化)。仅适用于游标参数。

(6) default　参数的默认值。如果定义了默认值，不必指定该参数的值即可执行过程。默认值必须是常量或 null。

(7) output　表明参数是返回参数。该选项的值可以返回给 exe[ute]。使用 output 参数可将信息返回给调用过程。

(8) {recompile | encryption | recompile, encryption}　recompile 表明 SQL server 不会缓存该过程的计划，该过程将在运行时重新编译。encryption 表示 SQL server 加密 syscomments 表中包含 create procedure 语句文本的条目。

(9) for replication　指定不能在订阅服务器上执行为复制创建的存储过程。

(10) sql_statement　过程中要包含的任意数目和类型的 Transact-SQL 语句。但有一些限制。

【例 1】创建一个简单的存储过程 procedure1，用于检索所有学生的成绩记录。

```
use 学生成绩管理
/*判断 procedure1 存储过程是否存在，若存在，则删除*/
if exists (select name from sysobjects
        where name = 'procedure1' and type ='p')
    drop procedure procedure1
go
use 学生成绩管理
go
/*创建存储过程 procedure1*/
```

```
create procedure procedure1
as
select 学生表.学号,学生表.姓名,课程表.课程名称,成绩表.成绩
    from 学生表,课程表,成绩表
    where 学生表.学号=成绩表.学号 and 课程表.课程号=成绩表.课程号
    order by 学生表.学号
go
```

通过下述 sql 语句执行该存储过程：

```
use 学生成绩管理
/*判断 procedure1 存储过程是否存在，若存在，则执行它*/
if exists (select name from sysobjects
        where name = ' procedure1' and type ='p')
    exec procedure1            /*执行存储过程 procedure1*/
go
```

执行结果如图 7-1 所示。

	学号	姓名	课程名称	成绩
1	2013001	陈艳	操作系统	78
2	2013001	陈艳	数据库	64
3	2013003	刘铁男	数据结构	90
4	2013003	刘铁男	操作系统	68
5	2013004	毕红霞	汇编语言	73
6	2013005	王维国	数据库	62
7	2013005	王维国	数据结构	76

图 7-1　执行结果

创建存储过程时应该注意下面几点：

(1) 存储过程最大只能为 128 MB。

(2) 用户定义的存储过程只能在当前数据库中创建(临时过程除外，临时过程总是在 tempdb 中创建)。

(3) 在单个批处理中，create procedure 语句不能与其他 Transact-SQL 语句组合使用。

(4) 存储过程可以嵌套使用，在一个存储过程中可以调用其他的存储过程。嵌套的最大深度不能超过 32 层。

(5) 存储过程如果创建了临时表，则该临时表只能用于该存储过程，而且当存储过程执行完毕后，临时表自动被删除。

(6) 创建存储过程时，“sq_statement”不能包含下面的 Transact-SQL 语句：set showplan_text、set showman_all、create view、create default、create rule、create procedure 和 create trigger。

SQL Server 允许创建的存储过程引用尚不存在的对象。在创建时，只进行语法检查。执行时，如果高速缓存中尚无有效的计划，则编译存储过程以生成执行计划。只有在编译过程中才解析存储过程中引用的所有对象。因此，如果语法正确的存储过程引用了不存在

的对象，则仍可以成功创建；但在运行时将失败，因为所引用的对象不存在。

2．使用企业管理器创建存储过程

使用企业管理器创建存储过程的操作步骤如下：

(1) 打开企业管理器，展开服务器组，并展开相应的服务器。

(2) 打开“数据库”文件夹，并打开要创建存储过程的数据库。

(3) 选择“存储过程”选项，右击鼠标，执行“新建存储过程”命令，打开创建存储过程对话框，如图 7-2 所示。

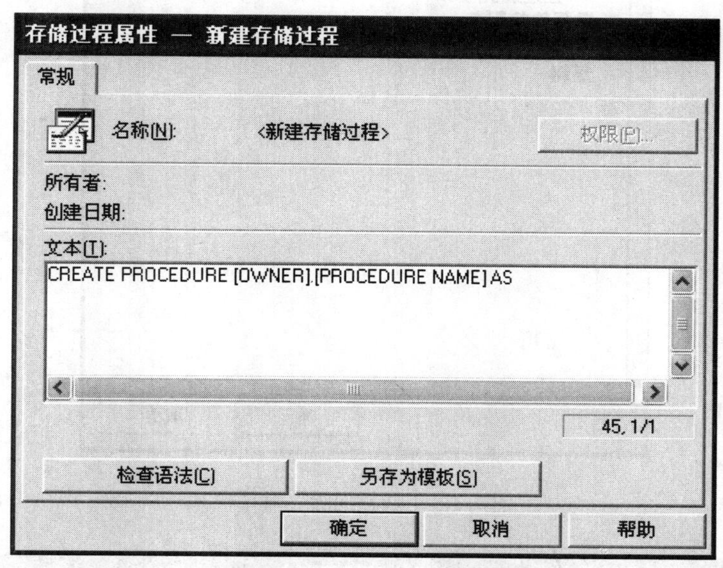

图 7-2　创建存储过程

(4) 在“文本”列表框中显示了 create procedure 语句的框架，可以修改要创建的存储过程的名称，然后加入存储过程所包含的 SQL 语句。

(5) 单击“检查语法”按钮可以检查创建存储过程的 SQL 语句的语法是否正确。

(6) 如果要将其设置为下次创建存储过程的模板，可单击“另存为模板”按钮。

(7) 完成后，单击“确定”按钮即可创建一个存储过程。

3．使用向导创建

SQL Server 2000 还提供了创建存储过程的向导。

【例 2】使用向导创建一个存储过程 procedure2，对应的操作步骤如下：

(1) 在企业管理器中，执行“工具”下拉菜单中的“向导”命令，打开“选择向导”对话框，如图 7-3 所示。

(2) 在“数据库”文件夹选择“创建存储过程”向导，单击“确定”按钮，出现“创建存储过程向导”对话框。

(3) 单击“下一步”按钮，出现“选择数据库”对话框，如图 7-4 所示。

(4) 选择数据库后，单击“下一步”按钮，出现“选择存储过程”对话框，如图 7-5 所示。

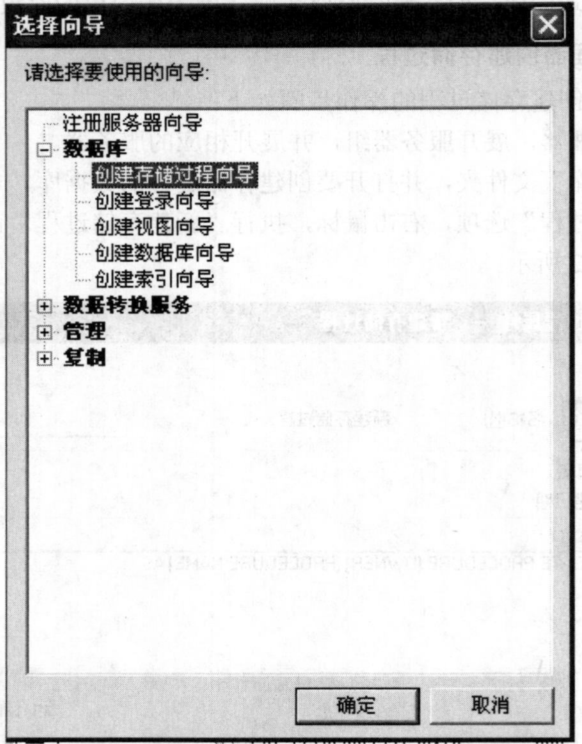

图 7-3　“选择向导”对话框

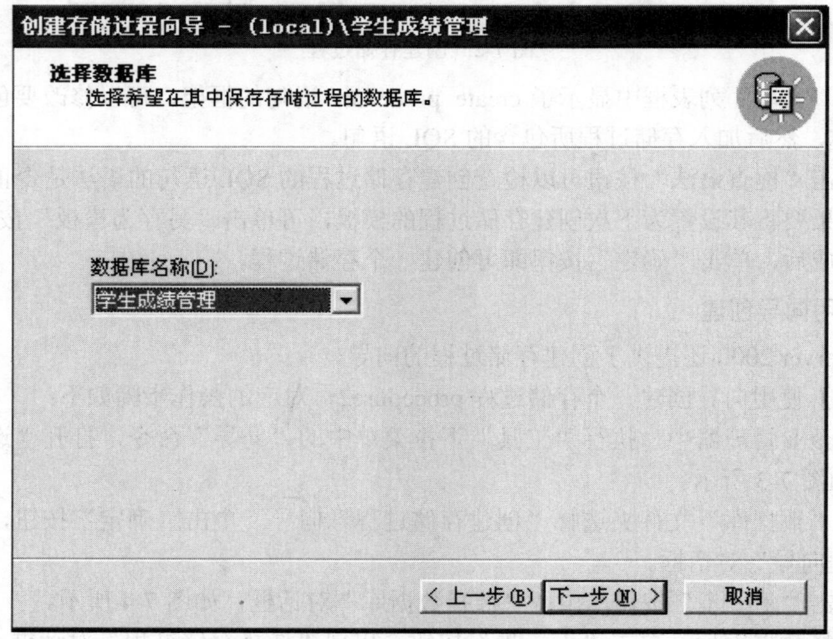

图 7-4　选择数据库

创建存储过程向导 – (local)\学生成绩管理

选择存储过程

为将要执行的存储过程选择一个或多个操作。对于每个表，您都可以创建用于插入、删除和更新行的存储过程。

表名	插入	删除	更新
成绩表	☐	☐	☐
课程表	☐	☐	☐
学生_c	☐	☐	☐
学生表	☐	☐	☐
学生表_a	☐	☐	☐
学生表_b	☐	☐	☐
学生表2	☑	☑	☑

< 上一步(B)　下一步(N) >　取消

图 7-5　选择存储过程

在此对话框中，列出了所有表，以及可以对表进行的插入、删除和更新操作。可以通过选中每个表对应的复选框来确定要对表进行的操作。例如，选择学生表 2 后面的“插入”栏中的复选框。

(5) 单击“下一步”按钮，出现“完成创建存储过程”对话框，如图 7-6 所示。若单击“完成”按钮，即可完成存储过程的创建。

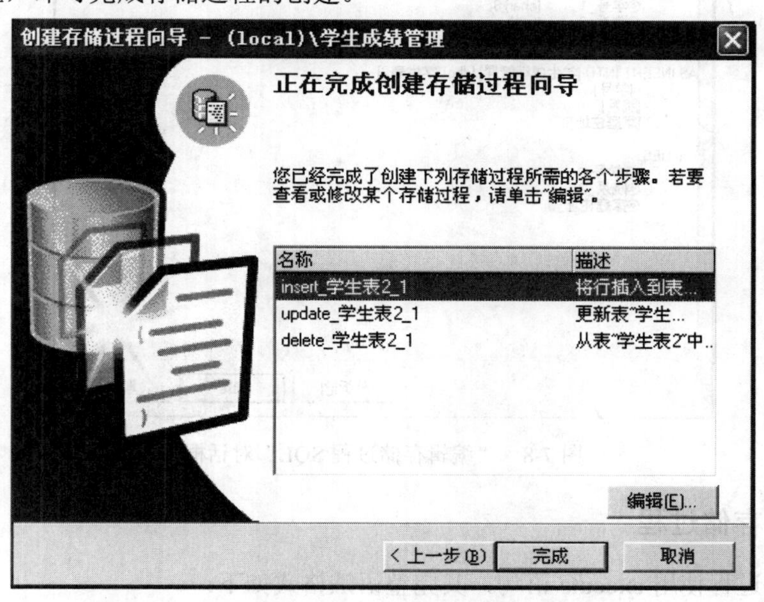

图 7-6　完成创建存储过程

(6) 单击“编辑”按钮，可编辑存储过程，如图 7-7 所示。

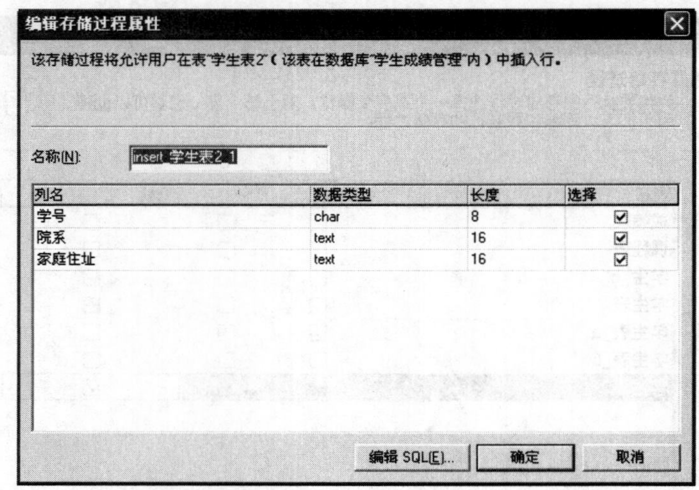

图 7-7　编辑存储过程

(7) 单击“编辑 SQL”按钮，即可打开“编辑存储过程 SQL”对话框，其中的列表框显示了创建该存储过程的 Transact-SQL 语句，如图 7-8 所示。可以在已有的 Transact-SQL 语句的基础上进行编辑，可以单击“分析”按钮来执行语法检查。

(8) 单击“确定”按钮，返回到图 7-6 所示的对话框。

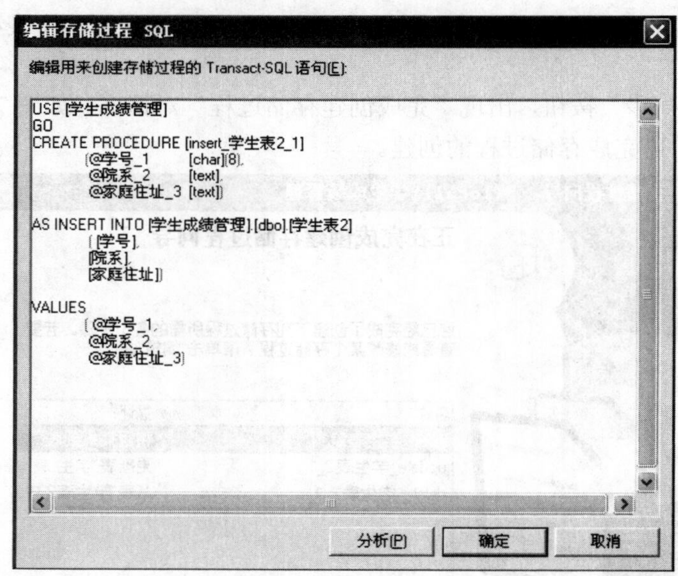

图 7-8　“编辑存储过程 SQL”对话框

7.1.3　执行存储过程

执行存储过程使用 execute 语句，其完整语法格式如下：

[exec[ute]]

[@return_status =]

{ procedure_name [;number]|@procedure_name_var}

```
[[ @parameter =] {value | @variable [output]|[default ]]
[ ,...n]
[with recompile]
```

各参数含义如下：

(1) @return_status　是一个可选的整型变量，用于保存存储过程的返回状态。这个变量在用于 execute 语句前，必须在批处理、存储过程或函数中声明过。

(2) procedure_name　是调用的存储过程的名称。过程名称必须符合标识符规则。无论服务器的代码页或排序方式如何，扩展存储过程的名称总是区分大小写。

(3) ;number　是可选的整数，用于将相同名称的过程进行组合，使得它们可以用一句 drop procedure 语句除去。该参数不能用于扩展存储过程。

(4) @procedure_name_var　是局部定义变量名，代表存储过程名称。

(5) @parameter　是过程参数，在 create procedure 语句中定义。参数名称前必须加上符号“@”。在以@parameter_name=value 格式使用时，参数名称和常量不一定按照 create procedure 语句中定义的顺序出现。但是，如果有一个参数使用@parameter_name = value 格式，则其他所有参数都必须使用这种格式。默认情况下，参数可为空。如果传递 null 参数值，且该参数用于 create 或 alter table 语句中不允许为 null 的列(例如，插入至不允许为 null 的列)，SQL Server 就会报错。为避免将 null 参数值传递给不允许为 null 的列，可以在过程中添加程序设计逻辑或采用默认值(使用 create 或 alter table 语句中的 default 关键字)。

(6) value　是过程中参数的值。如果参数名称没有指定，参数值必须以 create procedure 语句中定义的顺序给出。如果参数值是一个对象名称、字符串或通过数据库名称或所有者名称进行限制，则整个名称必须用单引号括起来。如果参数值是一个关键字，则该关键字必须用双引号括起来。

(7) @variable　是用来保存参数或者返回参数的变量。

(8) output　指定存储过程必须返回一个参数。该存储过程的匹配参数也必须由关键字 output 创建。使用游标变量作参数时应使用关键字 output。

(9) default　根据过程的定义，提供参数的默认值。如果过程需要的参数值没有事先定义好的默认值，或缺少参数，或指定了 default 关键字，就会出错。

(10) with recompile　强制编译新的计划。如果所提供的参数为非典型参数或者数据有很大的改变，使用该选项。在以后的程序执行中使用更改过的计划。该选项不能用于扩展存储过程。建议尽量少使用该选项，因为它消耗较多系统资源。

下面就是执行简单存储过程的例子：

```
exec procedure1                /*执行存储过程 procedure 1*/
```

7.1.4　存储过程的参数

在创建和使用存储过程时，其参数是非常重要的。下面详细讨论存储过程的参数传递和返回。

1．使用参数

在调用存储过程时，有两种传递参数的方法。第一种是在传递参数时，使传递的参数和定义时的参数顺序一致，对于使用默认值的参数可以用default代替。

例如，上面使用向导创建的procedure2的存储过程如下：

```
create procedure [insert_学生表2_1]
(@学号_1 [char],                /*@学号_1，@院系_2 和@家庭住址_3 是三个参数*/
@院系_2 [text],
@家庭住址_3 [text])
as insert into [学生成绩管理].[dbo].[学生表2]
( [学号],[院系],[家庭住址])
values (@学号_1,@院系_2,@家庭住址_3)
go
```

则可以使用下面的SQL语句调用该存储过程：

```
use 学生成绩管理
go
exec insert_学生表2_1 '2013006', '艺术', '辽宁'
go
```

另外一种传递参数的方法是采用“参数=值”的形式，此时，各个参数的顺序可以任意排列。例如，上面的例子可以这样执行：

```
exec insert_学生表2_1 @学号_1='2013007',@院系_2='计算机',@家庭住址_3='河北'
```

2. 使用默认参数

创建存储过程时，可以为参数提供一个默认值，默认值必须为常量或者null。

【例3】创建一个存储过程insert_学生表2_2，该存储过程中包含两个参数，其默认值分别为'2013008'，'外语'和'北京'。

```
use 学生成绩管理
delete 学生表2        /*删除表中全部记录*/
go
create procedure  insert_学生表2_2        /*创建存储过程insert_学生表2_2*/
(@学号_1 char(8)='2013008',
                /*@学号_1，@院系_2 和家庭住址_3 是两个参数，分别设置了默认值*/
@院系_2 text= '外语',
@家庭住址_3 text='北京')
as insert into 学生表2
(学号,院系,家庭住址) values ( @学号_1, @院系_2,@家庭住址_3)
go
exec insert_学生表2_2                              /*执行存储过程insert_学生表2_2*/
exec insert_学生表2_2 '2013009'                    /*执行存储过程insert_学生表2_2*/
exec insert_学生表2_2 '2013010','金融'             /*执行存储过程insert_学生表2_2*/
exec insert_学生表2_2 '2013011','计算机','吉林'    /*执行存储过程insert_学生表2_2*/
go
```

```
select * from 学生表 2
```

执行结果如图 7-9 所示。

	学号	院系	家庭住址
1	2013008	外语	北京
2	2013009	外语	北京
3	2013010	金融	北京
4	2013011	计算机	吉林

图 7-9　执行结果

可以看到，如果调用存储过程时没有指定参数值，就自动使用相应的默认值。

3. 使用返回参数

在创建存储过程时，可以定义返回参数。在执行存储过程时，可以将结果返回给返回参数。返回参数应用 output 进行说明。

【例 4】创建一个存储过程 average，它返回两个参数@st_name 和@st_avg，分别代表了姓名和平均分。

```
use 学生成绩管理
go
create procedure average
(
   @st_no int,
   @st_name char(8) output,
   @st_avg float output
)
as
select @st_name=学生表.姓名,@st_avg=avg(成绩表.成绩)
       from 学生表,成绩表
       where 学生表.学号=成绩表.学号
       group by 学生表.学号,学生表.姓名
       having 学生表.学号=@st_no
```

执行该存储过程，来查询学号为“2013001”的学生姓名和平均分：

```
declare @st_name char(8)
declare @st_avg float
exec average 2013001,@st_name output,@st_avg output
select '姓名'=@st_name,'平均分'=@st_avg
go
```

执行结果如图 7-10 所示。

	姓名	平均分
1	陈艳	71.0

图 7-10　执行结果

4．存储过程的返回值

存储过程在执行后都会返回一个整型值。如果执行成功，则返回 0；否则返回-1～-99 之间的数值。也可以使用 return 语句来指定一个返回值。

【例 5】创建的存储过程 test_ret 根据输入的参数来判断返回值。

```
use 学生成绩管理
go
create proc test_ret
(
    @input_int int = 0
)
as
    if @input_int=0
        return 0            /*如果输入的参数等于 0，则返回 0 */
    if @input_int>0
        return 1000         /*如果输入的参数大于 0，则返回 1000 */
    if @input_int<0
        return-1000         /*如果输入的参数小于 0，则返回-1000 */
```

执行该存储过程：

```
declare @ret_int int
exec @ret_int=test_ret 1
print '返回值'
print '-------'
print @ret_int
exec @ret_int=test_ret 0
print @ret_int
exec @ret_int=test_ret -1
print @ret_int
```

执行结果为：

```
返回值
-------
1000
0
-1000
```

7.1.5　存储过程的查看、修改和删除

可以使用 sp_helptext 存储过程来查看存储过程的定义信息。

【例 6】要查看前面的 test_ret 存储过程的定义信息，可以执行下面的 SQL 语句。

```
use 学生成绩管理
go
```

exec sp_helptext test_ret

go

执行结果如图 7-11 所示。

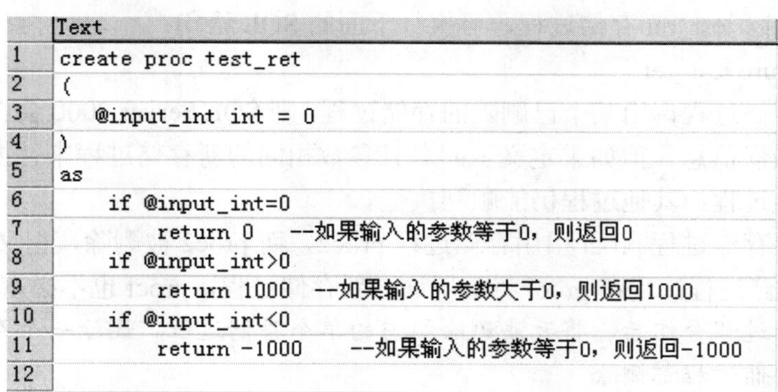

```
Text
create proc test_ret
(
  @input_int int = 0
)
as
    if @input_int=0
        return 0  --如果输入的参数等于0，则返回0
    if @input_int>0
        return 1000 --如果输入的参数大于0，则返回1000
    if @input_int<0
        return -1000    --如果输入的参数等于0，则返回-1000
```

图 7-11　执行结果

也可以使用企业管理器来查看存储过程的定义信息，操作步骤如下：

(1) 打开企业管理器，展开服务器组，并展开相应的服务器。

(2) 打开“数据库”文件夹，然后选择存储过程所在的服务器。

(3) 打开“存储过程”文件夹，在右侧详细信息窗格中右击存储过程，执行“属性”命令，打开“存储过程属性”对话框，如图 7-12 所示，是打开前面创建的 test_ret 存储过程的结果。中间的“文本”编辑框中显示存储过程的定义信息。

(4) 可以在此对话框中，直接修改存储过程的定义，也可以设置存储过程的权限。完成后，单击“确定”按钮即可。

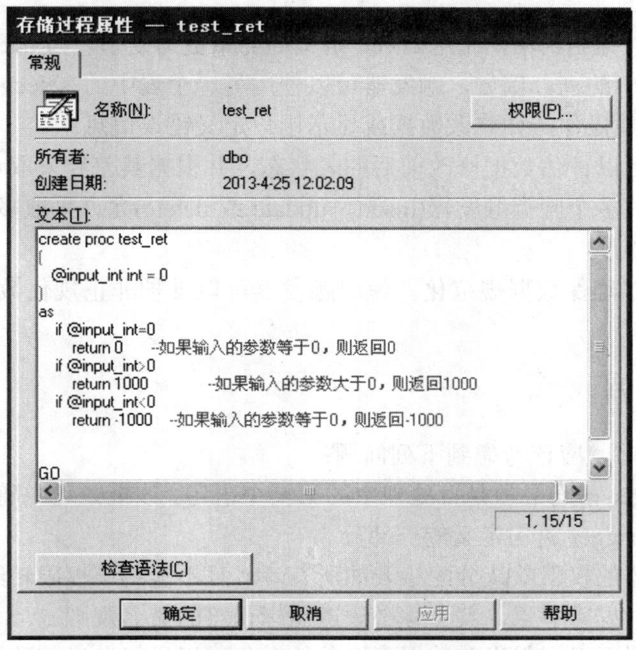

图 7-12　“存储过程属性”对话框

不再需要存储过程时可将其删除。这可以通过企业管理器来完成，在要删除的存储过程中右击鼠标，然后执行“删除”命令，在弹出的对话框中单击“全部除去”按钮即可。也可以通过 drop procedure 语句来完成。

例如，要删除 test_ret 存储过程，可执行下面的 SQL 语句：

drop procedure test_ret

如果一个存储过程调用某个已删除的存储过程，则 SQL Server 2000 会在执行该调用过程时显示一条错误信息。但如果定义了同名且参数相同的新存储过程来替换已删除存储过程，那么引用该过程的其他过程仍能顺利执行。

例如，如果存储过程 procl 引用存储过程 proc2，而 proc2 被删除，但又创建了另一个名为 proc2 的存储过程，现在 procl 将引用这一新存储过程，procl 也不必重新编译。

注意： 存储过程分组后，将无法删除组内的单个存储过程。删除一个存储过程会将同一组内的所有存储过程都删除。

7.2 触　发　器

7.2.1　触发器概述

触发器在 insert、update 或 delete 语句对表或视图进行修改时会被自动执行。触发器可以查询其他表，并可以包含复杂的 Transact-SQL 语句。一个表可以有多个触发器。

触发器具有如下优点：

(1) 触发器可通过数据库中的相关表实现级联更改。通过级联引用完整性约束可以更有效地执行这些更改。

(2) 触发器可以强制约束，比用 check 定义的约束更为复杂。与 check 约束不同，触发器可以引用其他表中的列。例如，触发器可以使用另一个表中的 select 比较插入或更新的数据，以及执行其他操作，如修改数据或显示用户定义错误信息。

(3) 触发器也可以评估数据修改前后的表状态，并根据其差异采取对策。

(4) 一个表中的多个同类触发器(insert、update 或 delete)允许采取多个不同的对策，以响应同一个修改语句。

(5) 触发器可以确保数据规范化。使用触发器可以维护非正规化数据库环境中的记录级数据的完整性。

7.2.2　创建触发器

在创建触发器前，应该考虑到下列问题：

(1) create trigger 语句必须是批处理中的第一个语句。该批处理中随后的其他所有语句将被解释为 create trigger 语句定义的一部分。

(2) 创建触发器的权限默认分配给表的所有者，且不能将该权限转给其他用户。

(3) 触发器为数据库对象，其名称必须遵循标识符的命名规则。

(4) 虽然触发器可以引用当前数据库以外的对象，但只能在当前数据库中创建触发器。

(5) 虽然不能在临时表或系统表上创建触发器，但是触发器可以引用临时表。触发器不应引用系统表，而应使用信息架构视图。

(6) 在含有用 delete 或 update 操作定义的外键的表中，不能定义 instead of 和 instead of update 触发器。

(7) 虽然 truncate table 语句没有类似 where 子句(用于删除行)的 delete 语句，但它并不会引发 delete 触发器，因为 truncate table 语句没有记录。

(8) writetext 语句不会引发 insert 或 update 触发器。

创建触发器时需要指定下面的选项：

(1) 触发器的名称，必须遵循标识符的命名规则。

(2) 需定义触发器的表。

(3) 触发器将何时激发。

(4) 激活触发器的数据修改语句。有效选项为 insert，update 或 delete。多个数据修改语句可激活同一个触发器。例如，触发器可由 insert 或 update 语句激活。

(5) 执行触发操作的编程语句。

触发器可以由 Transact-SQL 语句创建，也可以通过企业管理器来创建。

1．使用 Transact-SQL 语句创建触发器

创建触发器可以使用 create trigger 语句，其语法格式如下：

```
create trigger trigger_name on {table | view}
[with encryption]
{
{ {for | after | instead of} {[insert] [,] [update]}
[with append]
[not for replication]
As
[{ if update ( column )
[{ and | or } update ( column )]
[…n]
if (columns_updated() { bitwise_operator } updated_bitmask )
{ comparison_operator } column_bitmask […n]
} ]
sql_statement […n ]
}
}
```

各参数含义如下：

(1) trigger_name　是触发器的名称。

(2) table | view　是在其上执行触发器的表或视图，有时称为触发器表或触发器视图。

(3) with encryption　加密 syscomments 表中包含 create trigger 语句文本的条目。使用 with encryption 可防止将触发器作为 SQL Server 复制的一部分发布。

(4) after　指定触发器只有在触发 SQL 语句中指定的所有操作都已成功执行后才激发。所有的引用级联操作和约束检查也必须成功完成后，才能执行此触发器。如果仅指定 for 关键字，则 after 是默认设置。不能在视图上定义 after 触发器。

(5) instead of　指定执行触发器而不是执行触发 SQL 语句，从而替代触发语句的操作。在表或视图上，每个 insert、update 或 delete 语句最多可以定义一个 instead of 触发器。然而，可以在每个具有 instead of 触发器的视图上定义视图。

(6) { [delete] [,] [insert] [,] [update] }　是指定在表或视图上执行哪些数据修改语句时将激活触发器的关键字。必须至少指定一个选项。在触发器定义中可以以任意顺序组合使用这些关键字。如果指定的选项多于一个，需用逗号分隔这些选项。

(7) with append　指定应该添加的现有类型的其他触发器。只有当兼容级别是 65 或更低时，才需要使用该可选子句。如果兼容级别是 70 或更高，则不必使用 with append 子句添加现有类型的其他触发器(这是兼容级别设置为 70 或更高的 create trigger 的默认行为)。

(8) not for replication　表示当复制进程更改触发器所涉及的表时，不应执行该触发器。

(9) as　是触发器要执行的操作。

(10) sql_statement　是触发器的条件和操作。触发器条件指定其他准则，以确定 delete、insert 或 update 语句是否导致执行触发器操作。当尝试 delete、insert 或 update 操作时，Transact-SQL 语句中指定的触发器操作将生效。触发器中不允许以下 Transact-SQL 语句：alter database、create database、disk init、disk resize、drop database、load database、load log、reconfigure、restore database、restore log。

(11) if update (column)　测试在指定的列上进行的 insert 或 update 操作，不能用于 delete 操作，但可以指定多列。因为在 on 子句中指定了表名，所以在 if update 子句中的列名前不要包含表名。若要测试在多个列上进行的 insert 或 update 操作，请在第一个操作后指定单独的 update(column)子句。在 insert 操作中，if update 将返回 true 值，因为这些列插入了显式值或隐性 (null) 值。其中，“column”指出要测试 insert 或 update 操作的列名。该列可以是 SQL Server 支持的任何数据类型。但是，计算列不能用于该环境中。

(12) if (columns_updated())　测试是否插入或更新了提及的列，仅用于 insert 或 update 触发器中。columns_updated()返回 varbinary 位模式，表示插入或更新了表中的哪些列。columns_updated()函数以从左到右的顺序返回位，最左边的为最不重要的位。最左边的位表示表中的第一列；向右的下一位表示第二列，依此类推。如果在表上创建的触发器包含 8 列以上，则 columns_updated()返回多个字节，最左边的为最不重要的字节。在 insert 操作中 columns_updated()将对所有列返回 true 值，因为这些列插入了显式值或隐性(null)值。

(13) bitwise_operator　是用于比较运算的位运算符。

(14) updated_bitmask　是整型位掩码，表示实际更新或插入的列。例如，表 t1 包含列 c1、c2、c3、c4 和 c5。假定表 t1 上有 update 触发器，若要检查列 c2、c3 和 c4 是否都有更新，指定值 14；若要检查是否只有列 c2 有更新，指定值 2。

(15) comparison_operator　是比较运算符。使用等号(=)检查“updated_bitmask”中指定的所有列是否都实际进行了更新。使用大于号(>)检查“updated_bitmask”中指定的任一列或某些列是否已更新。

(16) column_bitmask　是要检查的列的整型位掩码，用来检查是否已更新或插入了这些列。

【例 7】创建一个触发器，在插入、修改和删除记录时，都会自动显示表中的内容。

```
use 学生成绩管理
go
/*创建表 table1*/
create table table1
(
    c1 int,
    c2 char(30)
)
go
/*创建触发器 trig1*/
create trigger trig1 on table1
for insert,update,delete
as
    select * from table1
go
```

在执行下面的语句时：

```
insert table1 values(1,'王小燕')
```

结果会显示出 table1 表中的记录：

```
c1          c2
--------- --------------------
1           王小燕
```

在执行下面的语句时：

```
update table1 set c2='李双双' where c1=1
```

结果会显示出 table1 表中的记录：

```
c1          c2
--------- ----------------------
1           李双双
```

2．使用企业管理器

使用企业管理器创建触发器的操作步骤如下：

(1) 打开企业管理器，展开服务器组，并展开相应的服务器。

(2) 打开“数据库”文件夹，选择要创建触发器的数据库。

(3) 选择“表”文件夹，然后在要创建触发器的表上右击鼠标，执行“所有任务”子菜单下的“管理触发器”命令，如图 7-13 所示，打开“触发器属性”对话框，如图 7-14 所示。

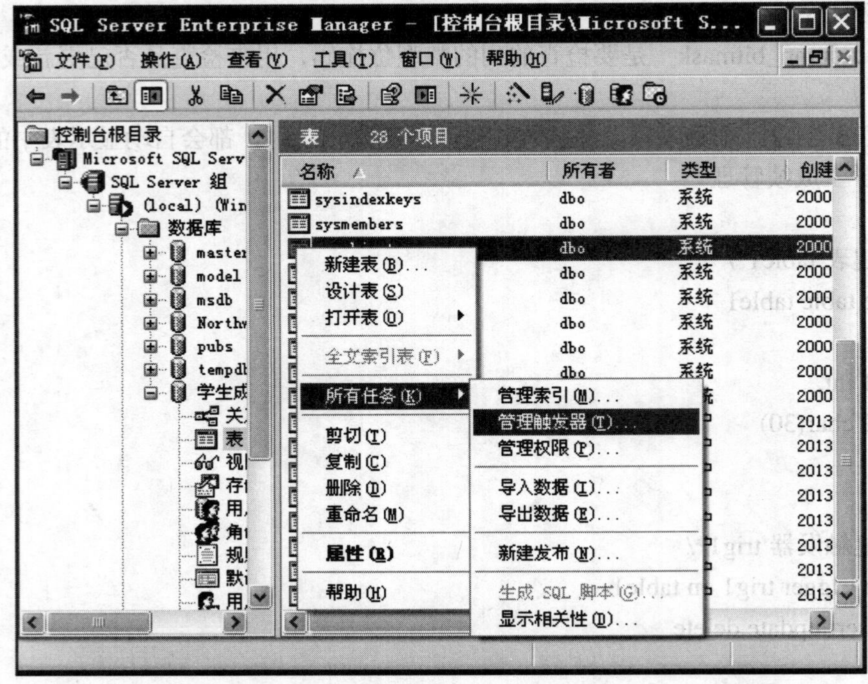

图 7-13　管理触发器快捷菜单

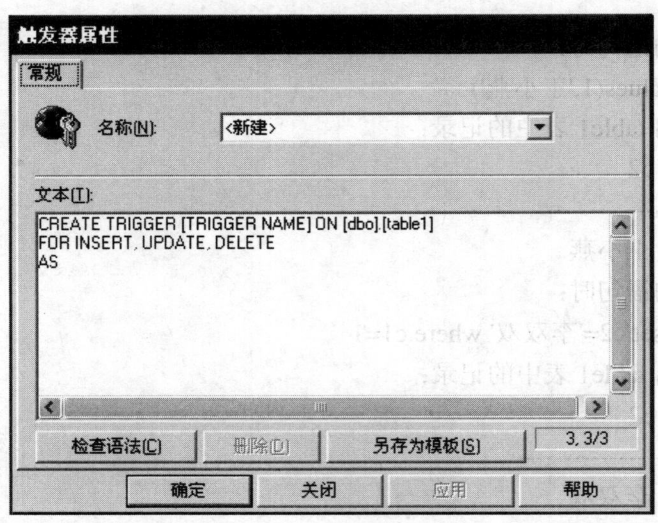

图 7-14　“触发器属性”对话框

在此对话框中，从“名称”下拉列表中选择已经创建的触发器，然后可以进行修改或者删除，在“文本”列表框中，输入用于创建触发器的 Transact-SQL 语句。单击“检查语法”按钮可以检查 SQL 语句的语法是否正确。

注意：如果在“名称”文本框中选择已经创建的触发器，则单击下面的“删除”按钮即可删除该触发器。

(4) 输入完成后，单击“确定”按钮，即可创建触发器。

7.2.3　inserted 表和 deleted 表

在触发器执行的时候，会产生两个临时表：inserted 表和 deleted 表。它们的结构和触发器所在的表的结构相同，SQL Server 2000 自动创建和管理这些表。可以使用这两个临时的驻留内存的表测试某些数据修改的效果及设置触发器操作的条件；然而，不能直接对表中的数据进行更改。

提示：SQL Server 2000 不允许 after 触发器引用 inserted 和 deleted 表中的 text、ntext 或 image 列；但是允许 instead of 触发器引用这些列。

deleted 表用于存储 delete 和 update 语句所影响的行的复本。在执行 delete 或 update 语句时，相关行从触发器表中删除，并传输到 deleted 表中。deleted 表和触发器表通常不含相同的行。

inserted 表用于存储 Insert 和 update 语句所影响的行的副本。在一个插入或更新事务处理中，新建行被同时添加到 inserted 表和触发器表中。inserted 表中的行是触发器表中新行的副本。

在对具有触发器的表(触发器表)进行操作时，其操作过程如下：

(1) 执行 insert 操作，插入到触发器表中的新行被插入到 inserted 表中。

(2) 执行 delete 操作，从触发器表中删除的行被插入到 deleted 表中。

(3) 执行 update 操作，先从触发器表中删除旧行，然后再插入新行。其中删除的旧行被插入到 deleted 表中，插入的新行被插入到 inserted 表中。

【例 8】下面的例子说明了 inserted 表和 deleted 表的作用。

```
use 学生成绩管理
go
/*如果触发器 trig1 存在，则删除*/
if exists (select name from sysobjects
              where name = 'trig1' and type = 'tr')
   drop trigger trig1
go
/*创建触发器 trig1*/
create trigger trig1
on table1
  for insert,update,delete
as
   print 'inserted 表:'
   select * from inserted
   print 'deleted 表:'
   select * from deleted
go
```

如果此时执行下面的 insert 语句：

```
insert table1 values(2,'蒋晶晶')
```

执行结果如下：

inserted 表:

```
c1        c2
-------- ------------------
2         蒋晶晶
```

(所影响的行数为 1 行)

deleted 表:

```
c1        c2
-------- ------------------
```

(所影响的行数为 0 行)

如果此时执行下面的 update 语句：

update table1 set c2='赵涣涣' where c1=2

执行结果如下：

inserted 表:

```
c1        c2
-------- ------------------
2         赵涣涣
```

(所影响的行数为 1 行)

deleted 表:

```
c1        c2
-------- ------------------
2         蒋晶晶
```

(所影响的行数为 1 行)

如果此时执行下面的 delete 语句：

delete table1 where c1=2

执行结果如下：

inserted 表:

```
c1        c2
-------- ------------------
```

(所影响的行数为 0 行)

deleted 表:

```
c1        c2
-------- ------------------
2         赵涣涣
```

(所影响的行数为 1 行)

7.2.4 使用触发器

在 SQL Server 2000 中，除了 insert、update 和 delete 三种触发器外，还提供了 instead of insert、instead of update 和 instead of delete 触发器。下面就具体的例子来介绍 insert、update

和 delete 等三种触发器的应用，而 instead of 触发器，限于篇幅，本书不做介绍。

1．insert 和 update 触发器

当向表中插入或者更新记录时，insert 或者 update 触发器被执行。一般情况下，这两种触发器常用来检查插入或者修改后的数据是否满足要求。

【例 9】下面创建的 trig2 触发器可用来检查插入的 c1 是否在 1～108 之间。

```
use 学生成绩管理
go
/*创建 table2*/
create table table2
(
    c1 int,
    c2 char(10)
)
go
/*在 table2 表上创建 trig2 触发器*/
create trigger trig2
on table2
    for insert,update
as
   declare @c1_1 int
   select @c1_1=c1 from inserted
   if @c1_1<1 or @c1_1>108
   begin
     rollback          /*回滚*/
     raiserror('c1 值必须在 1 到 108 之间！',16,1)
   end
go
```

如果此时插入一个记录：

```
insert table2 values(200,'李松')
```

则会出现下述提示信息：

服务器：消息 50000，级别 16，状态 1，过程 trig2，行 11
c1 值必须在 1 到 108 之间！

如果执行以下语句：

```
insert table2 values(15,'李松')
update table2 set c1=300 where c2='李松'
```

也会出现下述提示信息：

服务器：消息 50000，级别 16，状态 1，过程 trig2，行 11

c1 值必须在 1 到 108 之间！

上述提示信息是针对 update 语句的。

2. delete 触发器

delete 触发器通常用于下面的情况：

(1) 防止那些确实要删除，但是可能会引起数据一致性问题的情况，一般用在有外部键记录时。

(2) 用于级联删除操作。

【例 10】学生成绩管理数据库中，学生表包含学生基本数据，而成绩表包含学生的成绩，当删除学生表中的学生记录时，应该同时删除成绩表中对应的成绩记录。实现该功能的触发器如下。

```
use 学生成绩管理
go
insert 学生表 values('213006','王旭','男','1990-12-12','15845691230','群众')
/*向学生表中插入一个记录*/
insert 成绩表 values('213006','20001',88)        /*向成绩表中插入一个记录*/
insert 成绩表 values('213006','20003',76)        /*向成绩表中插入一个记录*/
go
create trigger trig3  /*创建触发器 trig3*/
on 学生表
for delete
as
  delete 成绩表
  where 成绩表.学号=
    (select 学号
     from deleted)
go
```

此时，要删除学生表中的记录：

```
delete 学生表 where 学号='213006'
```

则学生表中对应的记录也被删除。如果使用 select 语句来查询成绩表，将看到其中学号为'213006'的两个记录已经被删除。

7.2.5 修改触发器

修改触发器可以使用 alter trigger 语句，其语法格式如下：

```
alter trigger trigger_name on ( table | view )
[ with encryption ]
{
{ (for | after | instead of) { [delete] [,] [insert] [,] [update] }
[not for replication]
```

```
As
sql_statement […n]
}
{ (for | after | instead of) { [insert] [,] [update] }
[not for replication]
As
{if update ( column )
[ { and | or } update ( column ) ]
[…n]
if (columns_updated(){bitwise_operator}
updated_bitmask )
{ comparison_operator} column_bitmask […n]
}
sql_statement […n]
}
}
```

各参数含义和 create trigger 语句相同，这里不再介绍。

7.2.6　删除触发器

除了使用企业管理器删除触发器外，也可以使用 drop trigger 语句来删除触发器。其语法格式如下：

```
drop trigger {trigger} [,…n]
```

其中，“trigger”是要删除的触发器名称，而 n 是表示可以指定多个触发器的占位符。

【例 11】要删除 trig1 触发器，则可以执行下面的 SQL 语句。

```
drop trigger trig1
```

7.2.7　嵌套触发器

如果一个触发器在执行操作时引发了另一个触发器，而这个触发器又接着引发下一个触发器，如此等等。这些触发器就是嵌套触发器。触发器可嵌套至 32 层，可以通过“嵌套触发器”服务器配置选项进行触发器嵌套。

用企业管理器设置递归触发器的操作步骤如下：

(1) 打开企业管理器，展开服务器组，然后展开服务器。

(2) 展开“数据库”文件夹，右击要更改的数据库，然后单击“属性”命令。

(3) 单击“选项”标签，打开“选项”选项卡，如图 7-15 所示。如果允许递归触发器，则可以选择“设置”选项组中的“递归触发器”复选框，选中该复选框，则允许递归触发器。

提示：如果允许使用嵌套触发器，且链中的一个触发器开始一个无限循环，则超出嵌套级，而且触发器将终止。

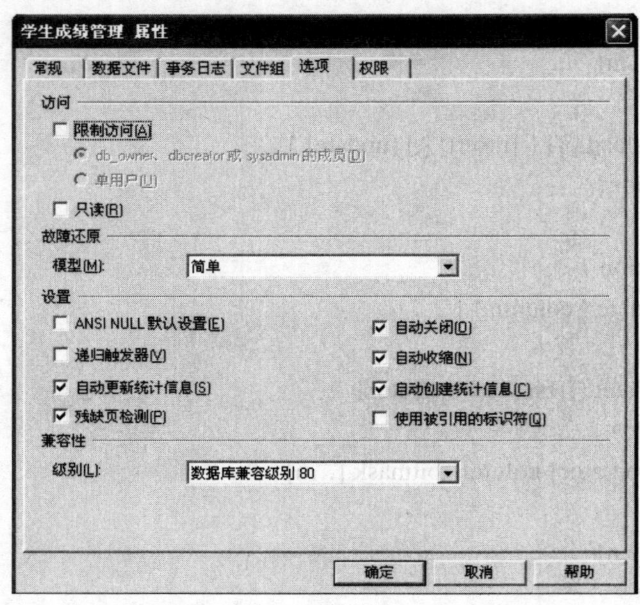

图 7-15　设置递归触发器数据库选项

7.3　本 章 小 结

本章介绍了存储过程的创建、查看、修改等操作，介绍了一种特殊类型的存储过程——触发器的概念以及触发器的创建、修改、删除等操作。触发器在 SQL Server 的应用中有着非常强大的功能和灵活的使用方法，需要用户在应用中掌握和利用这项工具，使自己的 SQL Server 系统管理能具有更好的统一性和更佳的性能。

习　题　7

1. 什么是存储过程？存储过程分为哪几类？使用存储过程有什么好处？

2. 什么是触发器？触发器分为哪几种？

3. 创建一个存储过程，能从学生情况表 xsqk 中查找性别为女的同学信息。

4. 创建一触发器，用来维护数据完整性，检查成绩表中插入或修改的成绩是否在 0 到 100 之间。

第8章 备份与恢复

对于计算机用户来说，对一些重要文件、资料定期进行备份是一种良好的习惯。同样地，对于数据库管理员和用户，对数据库备份与还原(或恢复)也是一项重要且不可缺少的工作。因为在一个复杂的大型数据库中，造成数据丢失的原因有很多。用户可能对数据库进行误操作或者恶意操作、物理磁盘的数据冲突、外界突发事件的影响等，这些都有可能造成数据损失甚至系统崩溃。这时，就需要根据以前的数据库备份采取符合需求的还原和重建工作。本章主要介绍常用 SQL Server 数据库备份和恢复的方法。

8.1 备份和恢复概述

备份和恢复组件是 SQL Server 的重要组成部分。备份就是指对 SQL Server 数据库或事务日志进行拷贝。数据库备份记录了在进行备份这一操作时数据库中所有数据的状态，如果数据库因意外而损坏，这些备份文件将在数据库恢复时被用来恢复数据库。

恢复就是把遭受破坏、丢失数据或出现错误的数据库恢复到原来的正常状态。这一状态是由备份决定的，但是为了维护数据库的一致性，在备份中未完成的事务并不进行恢复。进行备份和恢复的工作主要是由数据库管理员来完成的。实际上数据库管理员日常比较重要、比较频繁的工作之一就是对数据库进行备份和恢复。

注意：如果在备份或恢复过程中发生中断，则可以重新从中断点开始执行备份或恢复。这在备份一个大型数据库时极有价值。

8.1.1 数据库备份的基本概念

进行数据库备份的工作主要是由数据库管理员来完成的。数据库备份是指对数据库的完整备份，包括所有的数据以及数据对象。实际上备份数据库的过程就是首先将事务日志写到磁盘上，然后根据事务创建相同的数据库和数据库对象以及拷贝数据的过程。由于是对数据库的完整备份，所以备份过程中速度比较慢，而且要占用大量磁盘空间，因此，一般情况下，在晚上进行数据库备份，因为晚上数据库系统几乎不进行其他事务操作从而可以提高数据库备份的速度。

在对数据库进行完整备份时所有未完成的事物或者发生在备份过程中的事物都不会被备份。

8.1.2 数据库恢复的基本概念

一旦数据库出现问题，那么系统管理员就要使用数据库恢复技术使损坏的数据库恢复到备份时的那个状态。数据库恢复模式是指通过使用数据库备份和事务日志备份将数据库恢复到发生失败的时刻，因此几乎不造成任何数据丢失。这成为对付因存储介质损坏而数据丢失的最佳方法。

8.2　备份操作和备份命令

备份是指对 SQL Server 的数据库或事务日志进行的拷贝。数据库备份记录了在进行备份时数据库所有数据的状态，如果数据库因意外而损坏，这些备份文件将在数据库恢复时用来恢复数据库。

在备份过程中，不允许如下操作：

(1) 创建或删除数据库文件。

(2) 创建索引。

(3) 执行非日志操作。

(4) 自动或手工缩小数据库或数据库文件大小。

在 SQL Server 2000 中有四种备份类型，分别为：

(1) 数据库备份；

(2) 事务日志备份；

(3) 差异备份；

(4) 文件和文件组备份。

8.2.1　创建备份设备

在进行备份时首先应创建备份设备。备份设备是用来存储数据库、事务日志或文件和文件组备份的存储介质。备份设备可以是硬盘、磁带或管道。

创建备份设备的操作步骤如下：

(1) 打开企业管理器，依次展开服务器。

(2) 展开“管理”文件夹，右击“备份”，然后执行“新建备份设备”命令，打开“备份设置属性”对话框，如图 8-1 所示。

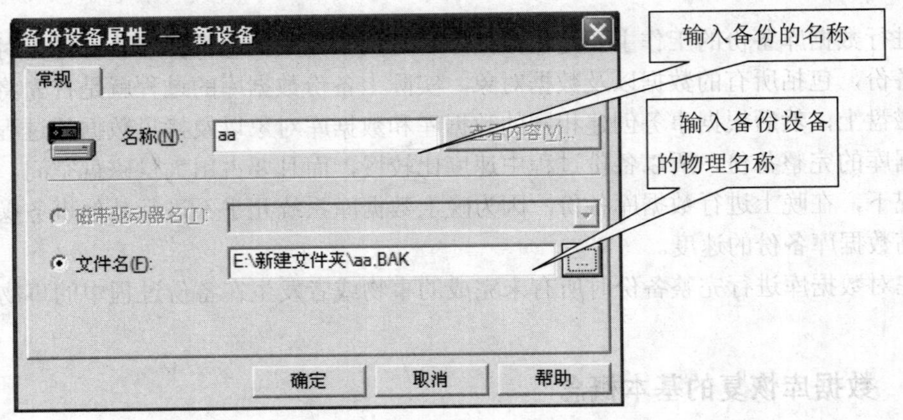

图 8-1　“备份设置属性”对话框

(3) 在“名称”文本框中输入该备份的名称，在下面选择磁带或者磁盘备份设备，并设置物理名称。完成后，单击“确定”按钮即可。

8.2.2 备份命令

数据库备份的方法有很多种，下面介绍在查询分析器中使用 backup 命令进行备份的方法。

使用备份命令的完整语法为：

```
backup database{database_name|@database_name_var}
to<backup_decvice>[,...n]
[with
[[,]password={password | @password_variable}]
[[,]{nounload|unload}]
[[,]restart]
   [[,]stats[=percentage]]
]
```

参数说明：

(1) database：指定一个完整的数据库备份。

(2) {database_name|@database_name_var}：指定了一个数据库，从该数据库中对事务日志、部分数据库或完整的数据库进行备份。如果作为变量(@database_name_var)提供，则可将该名称指定为字符串常量(@database_name_var=database name)或字符串数据类型(ntext 或 text 数据类型除外)的变量。

(3) <backup_device>：指定备份操作时要使用的逻辑或物理备份设备。

(4) password={password|@password_variable}：为备份集设置密码。password 是一个字符串，如果备份集定义了密码，则必须提供这个密码才能对该备份集执行任何还原操作。

(5) nounload：指定不在备份后从磁带驱动器中自动卸载磁带。设置始终为 nounload，直到指定 unload 为止，该选项只用于磁带设备。

(6) unload：指定在备份完成后自动倒带并卸载磁带。启动新用户会话时其默认设置为 unload。该设置保持到用户指定 nounload 时为止。该选项只适用于磁带设备。

(7) restart：指定 SQL Server 重新启动一个被中断的备份操作。因为 restart 选项在备份操作被中断处重新启动该操作，所以节省了时间。若要重新启动一个特定的备份操作，需要重复整个 backup 语句，并且加入 bestart 选项。不一定非要使用 restart 选项，但使用它可以节省时间。

【例 1】对学生成绩管理数据库进行备份。

(1) 启动 SQL Server 服务器。

(2) 单击“开始→所有程序→Microsoft SQL Server→查询分析器”命令，打开 SQL Server 查询分析器。

(3) 在 SQL 语句录入框中输入 SQL 语句。将学生成绩管理数据库备份到刚才添加的新设备中，如图 8-2 所示，备份已经成功。

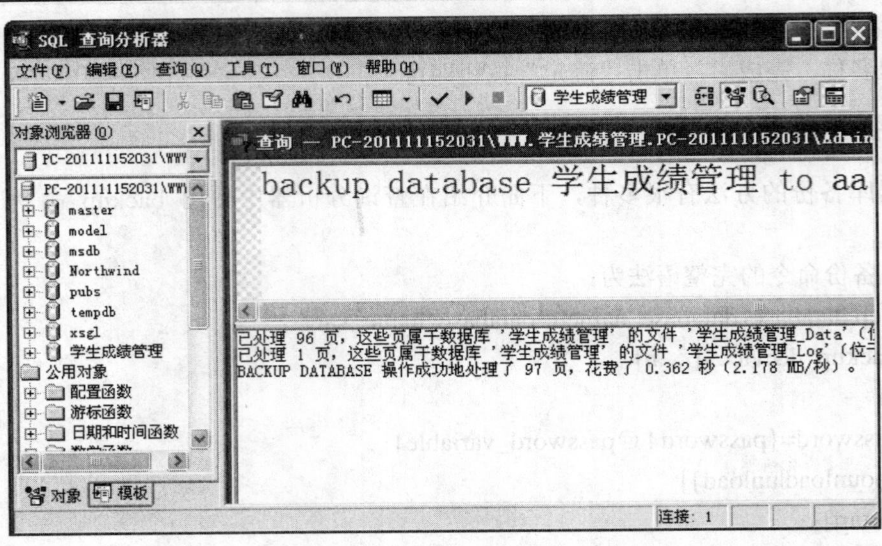

图 8-2 备份成功

8.2.3 使用企业管理器进行备份

在 SQL Server 中，无论是数据库备份，还是事务日志备份、差异备份、文件和文件组备份都执行相同的步骤。下面以备份学生成绩管理数据库为例，介绍使用企业管理器备份数据库的一般操作步骤：

(1) 打开企业管理器，依次展开服务器组，并展开要备份的数据库所在的服务器。

(2) 在“工具”下拉式菜单中，执行“备份数据库”命令，打开“SQL Server 备份”对话框，如图 8-3 所示。

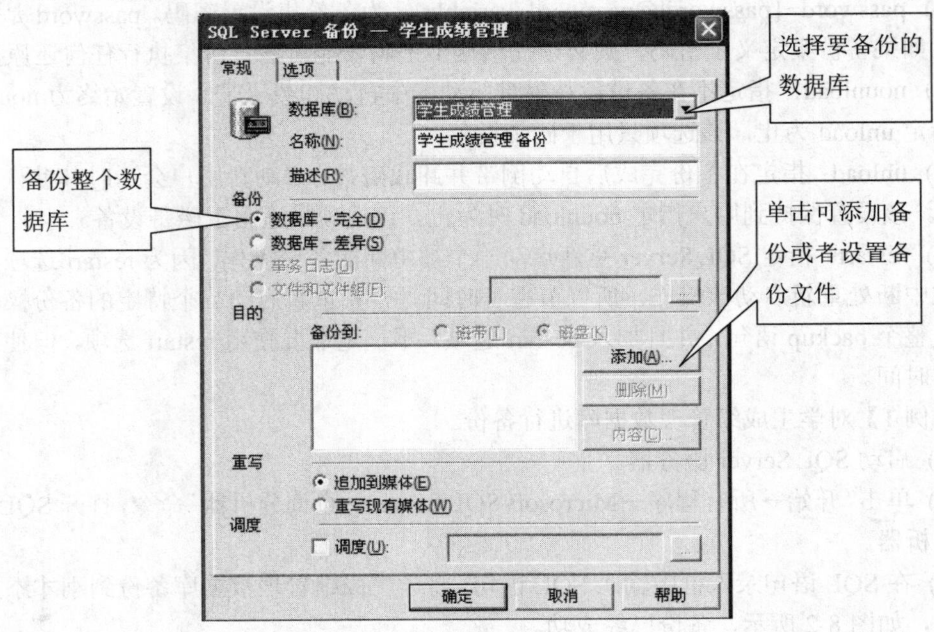

图 8-3 “SQL Server 备份”对话框

(3) 单击“目的”选项组中的“添加”按钮，打开“选择备份目的”对话框，如图8-4所示。在此对话框中可以选择备份设备，或者设置一个文件名称来备份数据库。

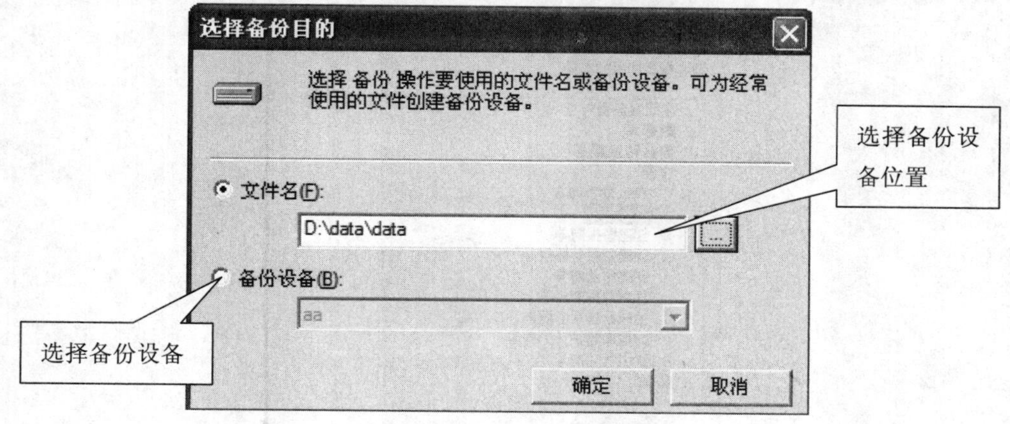

图8-4 “选择备份目的”对话框

(4) 单击“确定”按钮，返回到“选择备份目的”对话框。

(5) 设置完成后，单击“确定”按钮，返回到“SQL Server 备份”对话框。单击“确定”按钮，即可开始备份。

8.2.4 使用备份向导进行备份

初学者可以使用备份向导来备份数据库。使用备份向导的步骤如下：

(1) 启动 SQL Server，并登录到想要增加备份设备的服务器。

(2) 单击“开始→所有程序→Microsoft SQL Server→企业管理器”命令，打开企业管理器。

(3) 在菜单栏中，选择“向导”，如图8-5所示。

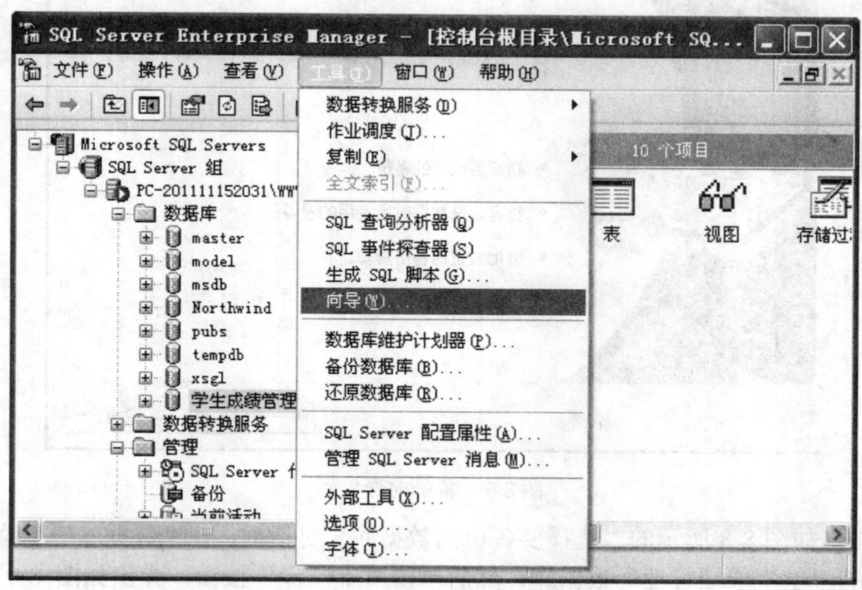

图8-5 选择向导

(4) 在弹出的“选择向导”对话框中，单击树状结构中的“管理”，然后选择“备份向导”，如图 8-6 所示。

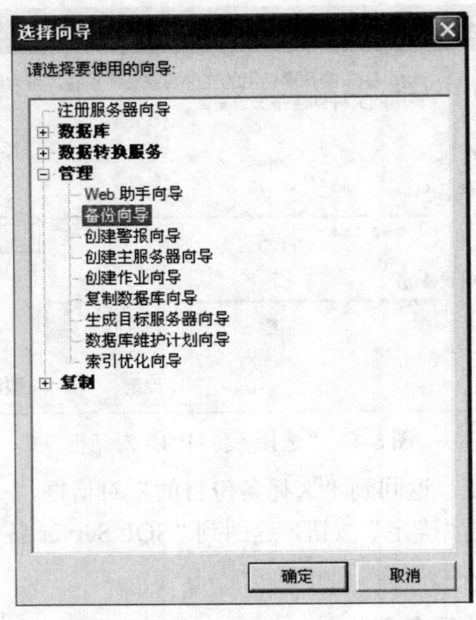

图 8-6　“选择向导”对话框

(5) 单击“确定”按钮，弹出如图 8-7 所示的界面，单击“下一步”按钮。

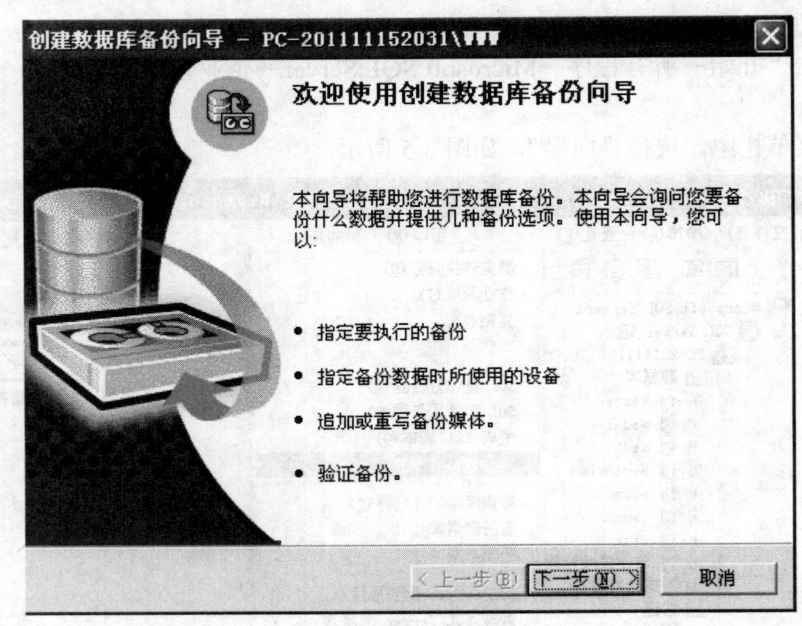

图 8-7　备份向导界面

(6) 弹出如图 8-8 所示的“选择要备份的数据库”对话框，在“数据库”下拉列表中选择要备份的“学生成绩管理”数据库，然后单击“下一步”按钮，弹出如图 8-9 所示的对话框。

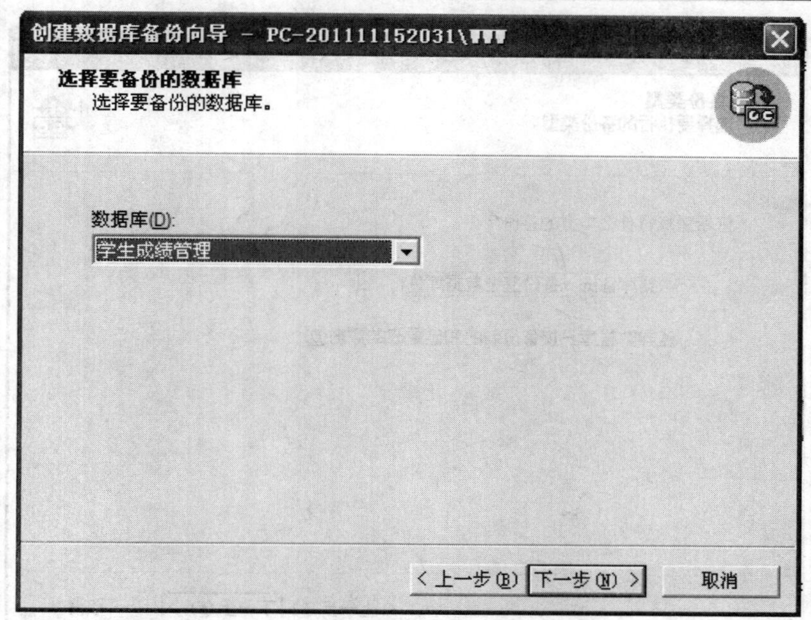

图 8-8　“选择要备份的数据库”对话框

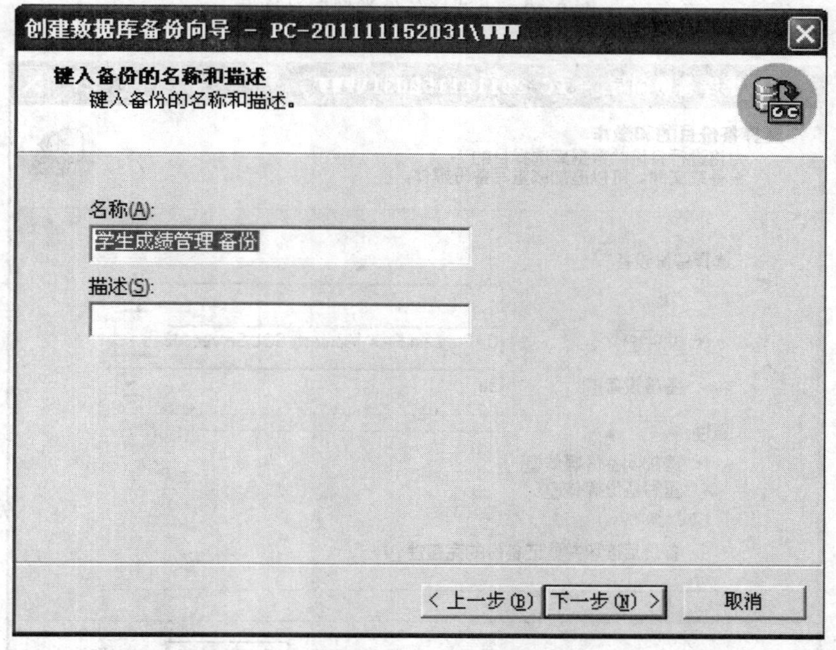

图 8-9　备份的名称和描述

(7) 在“名称”文本框中可以写入备份的名称，然后单击“下一步”按钮，弹出“选择备份类型”对话框，如图 8-10 所示。

(8) 在对话框中可以选择数据库备份或者差异数据库，然后单击“下一步”按钮，弹出“选择备份目的和操作”对话框，如图 8-11 所示。

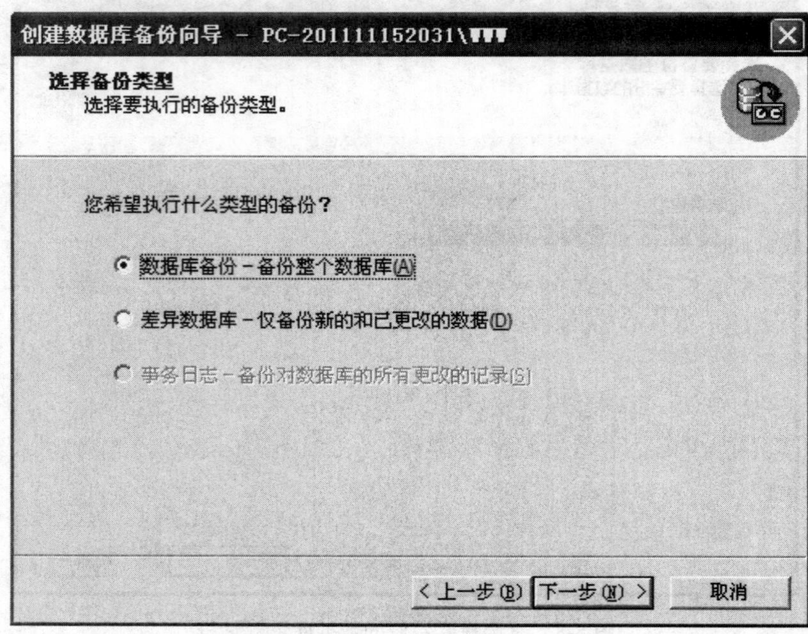

图 8-10　“选择备份类型”对话框

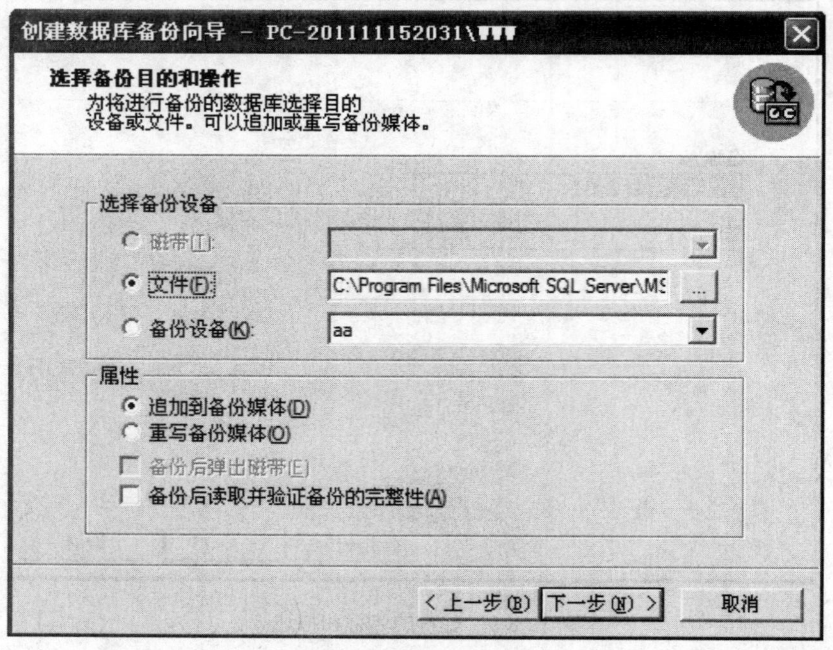

图 8-11　“选择备份目的和操作”对话框

(9) 选择文件位置和备份设备，还可以设置其属性，然后单击“下一步”按钮，弹出“备份验证和调度”对话框，如图 8-12 所示。

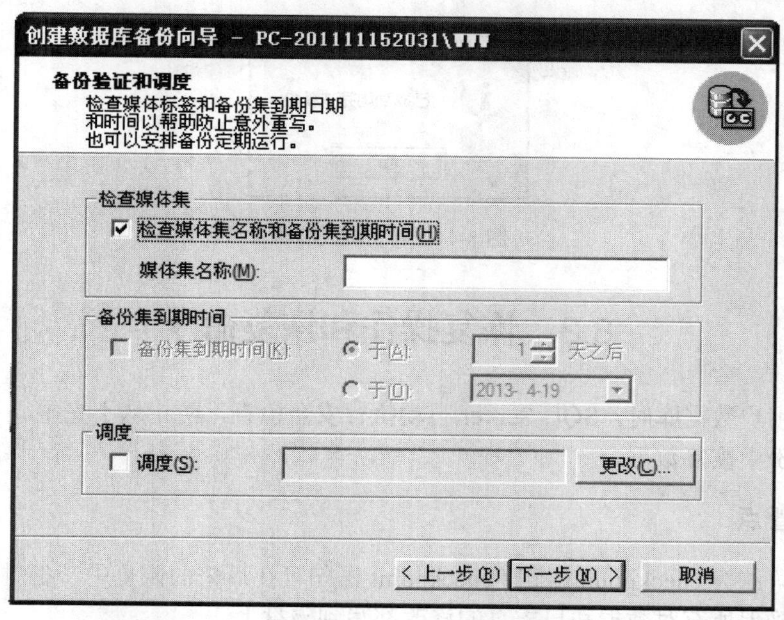

图 8-12 “备份验证和调度”对话框

(10) 此时可以检查媒体集名称和备份集到期时间，然后单击“下一步”按钮。

(11) 在弹出的如图 8-13 所示的“正在完成创建数据库备份向导”界面中，单击“完成”按钮。

图 8-13 完成创建数据库备份向导界面

(12) 在如图 8-14 所示的完成界面中单击“确定”按钮则备份成功。

图 8-14　备份成功界面

8.3　恢复操作和恢复命令

在恢复用户数据库时，SQL Server 自动执行安全检查，防止从不完整、不正确或者其他数据库备份中恢复数据。

8.3.1　检查点

检查点语法为 checkpoint 语句。checkpoint 语句可在后来的恢复中节省时间，方法是创建一个点以确保所有对数据和日志页的修改都写到磁盘上。

检查点也会在下列情况中出现：

(1) 当用 alter database 更改了某数据库选项时，检查点在更改选项的数据库中执行。

(2) 当服务器停止时，在服务器上的每个数据库中执行检查点。停止每个数据库 SQL Server 2000 检查点的方法如下：

① 使用 SQL Server 服务管理器；

② 使用 SQL Server 企业管理器；

③ 使用 shutdown 语句；

④ 在命令提示行使用 Windows NT 命令 net stop mssqlserver；

⑤ 使用 Windows NT 控制面板中的 services 图标，选择 mssqlserver 服务，并单击“停止”按钮。

SOL Server 2000 还在任何至少发生下面两种情况的数据库上自动执行检查点：

(1) 日志的活动部分超出了在 recovery interval 服务器配置选项中指定的时间总量中服务器可以恢复的大小。

(2) 如果数据库处于日志截断模式并且日志的 70%已满。

当下列条件都属实时，数据库就处于日志截断模式：

(1) 数据库使用的是简单恢复模式；

(2) 当最后一个引用数据库的 backup database 语句被执行后，下面事件中的某一个将会发生：

① 数据库的 backup log 语句将在带有 no_log 或 truncate_only 子句的情况下被执行；

② 数据库中执行一个无日志记录的操作，例如执行一个无日志记录的大容量复制操作或一个无日志记录的 writetext 语句；

③ 执行一个在数据库中添加或删除文件的 alter database 语句。

8.3.2　数据库的恢复命令

数据库恢复的方法有很多种，下面介绍在查询分析器中使用 restore 命令进行恢复的方法。

使用 restore 命令进行恢复的完整语法如下：

```
restore database{database-name|@database-name-var}
[from <backup-device>[,…n]]
[with
[[,]password={password|@password-variable}]
[[,]{norecovery|recovery|standby=undo-file-name}]
[[,]{nounload|unload}]
[[,]replace]
[[,]restart]
]
```

参数说明

(1) database：指定从备份还原整个数据库。如果指定了文件和文件组列表，则只还原指定的文件和文件组。

(2) {database-name|@database-name-var}：将日志或整个数据库还原到的数据库。如果将其作为变量(@database-name-var)提供，则可将该名称指定为字符串常量(@database-name-var=database name)或字符串数据类型(ntext 或 text 数据类型除外)的变量。

(3) from：指定从中还原备份的备份设备。如果没有指定 from 子句，则不会发生备份还原，而是恢复数据库。

(4) <backup-device>：指定还原操作要使用的逻辑或物理备份设备。

(5) n：表示可以指定多个备份设备和逻辑备份设备的占位符。备份设备或逻辑备份设备最多可以为 64 个。

(6) password={password|@password-variable}：提供备份集的密码。password 是一个字符串，如果在创建备份集时设置了密码，则从备份集执行还原操作时必须提供密码。

(7) norecovery：指定在还原操作中不回滚任何未提交的事务。如果需要应用另一个事务日志，则必须指定 norecovery 或 standby 选项。如果 norecovery、recovery 和 standby 均未指定，则默认为 recovery。

(8) unload：指定在还原完成后自动倒带并卸载磁带。启动新用户会话时其默认设置为 replace，指定即使存在另一个具有相同名称的数据库，SQL Server 也应该创建指定的数据库及其相关文件。

(9) restart：指定 SQL Server 应重新启动被中断的还原操作。restart 从中断点重新启动还原操作。

【例 2】对学生成绩管理数据库进行恢复。

(1) 启动 SOL Server 服务器。

(2) 单击“开始—所有程序—Microsoft SOL Server—查询分析器”命令，并打开 SQL 查询分析器。

(3) 在 SQL 语句录入框中输入 SQL 语句。将学生成绩管理数据库恢复到刚才备份的状态，如图 8-15 所示，恢复已经成功。

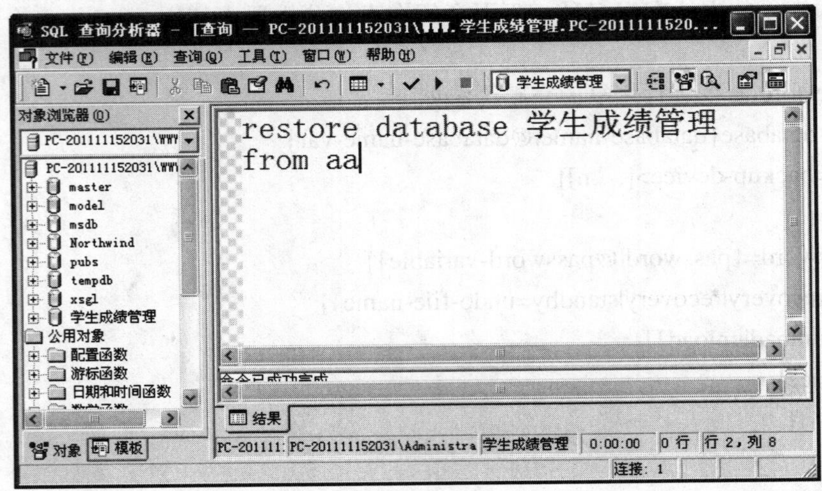

图 8-15　学生成绩管理数据库恢复

8.3.3　使用企业管理器恢复数据库

恢复数据库可以使用企业管理器，也可以使用 restore 语句。使用企业管理器恢复数据库的操作步骤如下：

(1) 打开企业管理器，依次展开服务器组，并展开要恢复的数据库所在的服务器。

(2) 在“工具”下拉式菜单中，执行“还原数据库”命令，打开“还原数据库”对话框，如图 8-16 所示。

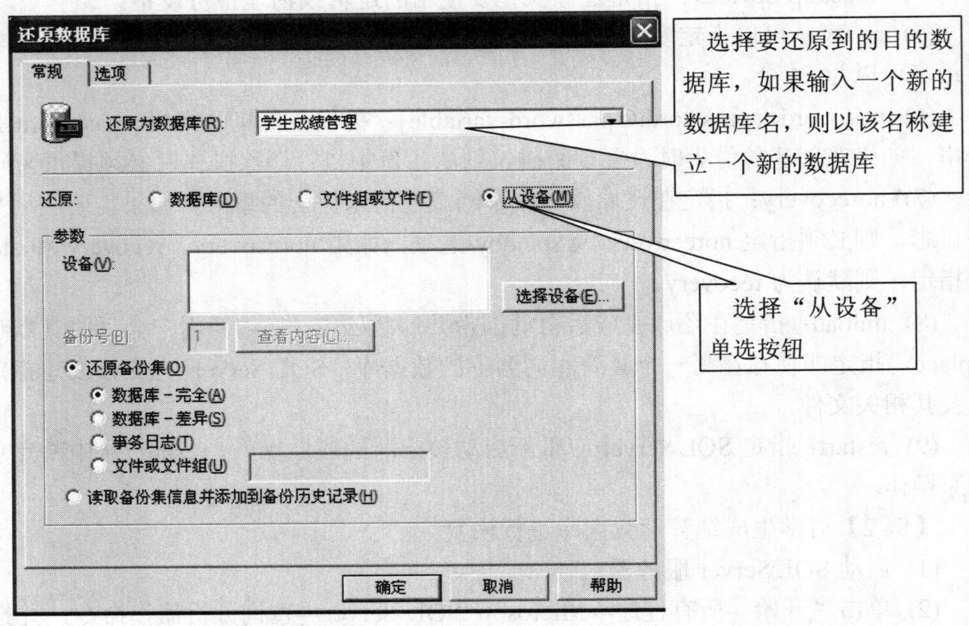

图 8-16　“还原数据库”对话框

(3) 选择“从设备”，然后单击“选择设备”按钮，打开“选择还原设备”对话框，如图 8-17 所示。

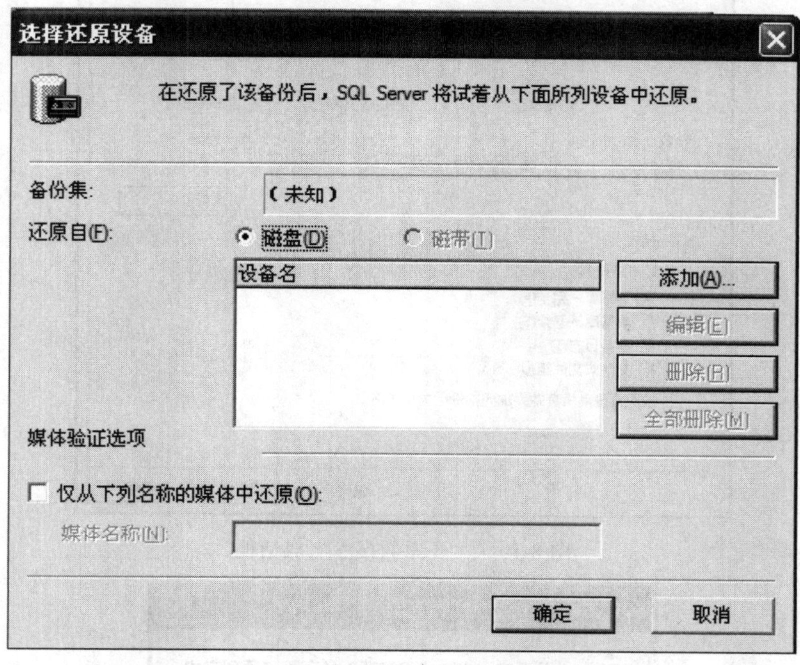

图 8-17　“选择还原设备”对话框

(4) 单击“添加”按钮，然后在弹出的“选择还原目的”对话框中选择备份设备，如图 8-18 所示。

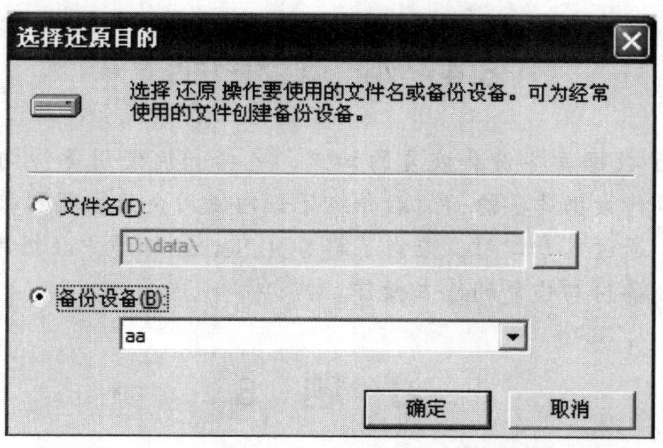

图 8-18　“选择还原目的”对话框

(5) 单击“确定”按钮，返回到“还原数据库”对话框，如图 8-19 所示。

(6) 单击“确定”按钮即可开始还原数据库，如图 8-20 所示。

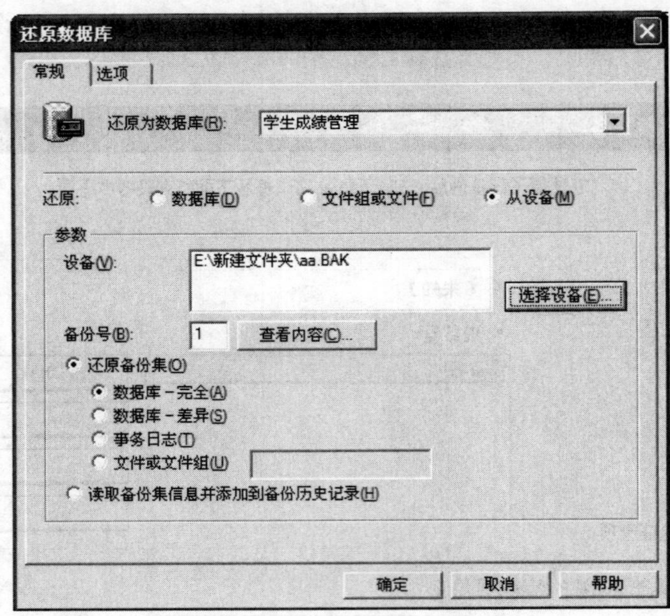

图 8-19　“还原数据库”对话框

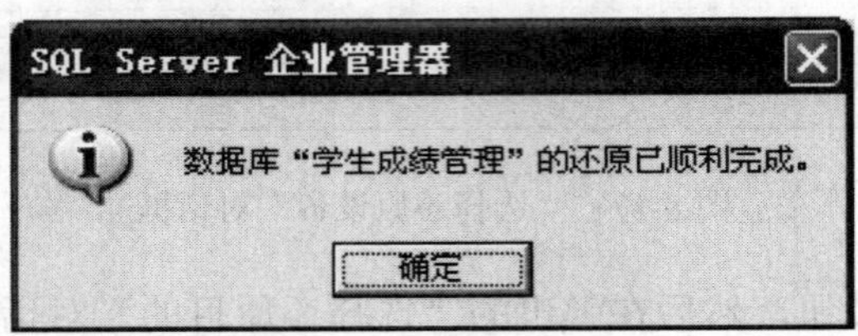

图 8-20　还原成功界面

8.4　本 章 小 结

本章主要介绍了数据库备份和恢复的知识，包括如何使用备份向导、企业管理器和 Transact-SQL 语句执行数据库备份，然后介绍了如何使用企业管理器和 Transact-SQL 语句执行数据库的恢复。通过本章学习，应当了解 SQL Server 环境中数据库备份和恢复的基本知识，并能独立完成备份与恢复的基本操作。

习　题　8

1．什么是备份？备份分为哪几种类型？

2．什么是恢复？恢复命令有哪些？

3．简述创建备份设备的步骤。

4．使用企业管理器对 xscj 数据库执行完全备份(备份到 E:\DBF\backup1 文件中)和还原操作。

第9章　数据库管理

9.1　数据库管理概述

数据库管理(Database Administration)是有关建立、存储、修改和存取数据库中信息的技术，是指为保证数据库系统的正常运行和服务质量，有关人员须进行的技术管理工作。负责这些技术管理工作的个人或集体称为数据库管理员(DBA)。数据库管理的主要内容有：数据库的建立、数据库的调整、数据库的重组、数据库的重构、数据库的安全控制、数据库的完整性控制和对用户提供技术支持。

在数据库系统正确有效运行的过程中，一个很重要的问题就是如何保障数据库的一致性。这就需要数据库管理系统(DBMS)对数据库的各种操作进行监控，因此引入一个在逻辑上“最小”的操作单位以便有效地完成这种监控是十分必要的，这就是引入事务概念的必要背景。有了事务概念，对数据库操作的监控就是对数据库事务的管理。数据库事务管理的目标是保证数据一致性。事务的并发操作会引起修改丢失、读“脏”数据和不可重复读等基本问题；数据库故障会引起数据的破坏与损失等严重后果。所有这些都将破坏数据库的一致性，因此，事务并发控制和数据库故障恢复就是数据库事务管理中两项基本课题。

数据库的安全性和完整性也属于数据库管理的范畴。一般而言，数据库安全性是保护数据库以防止非法用户恶意造成的破坏，数据库完整性则是保护数据库以防止合法用户无意中造成的破坏。也就是说，安全性是确保用户被限制在其想做的事情的范围之内，完整性则是确保用户所做的事情是正确的。安全性措施的防范对象是非法用户的进入和合法用户的非法操作，完整性措施的防范对象是不合语义的数据进入数据库。

在本章，我们先讨论事务概念和基本性质，然后研究数据库的并发控制与数据库故障恢复，最后讨论数据库的安全性和完整性。

9.2　数据库恢复技术

本节讲解数据库恢复技术，包括数据库运行中可能发生的故障类型，数据库恢复中最经常使用的技术——数据转储和登记日志文件。讲解日志文件的内容及作用，登记日志文件所要遵循的原则，针对事务故障、系统故障和介质故障等不同故障的恢复策略和恢复方法，具有检查点的恢复技术及数据库镜像功能。

在讨论数据库恢复技术之前先讲解事务的基本概念和事务的性质。

1. 事务(Transaction)的概念

1) 事务的基本概念

事务是用户定义的一个操作序列，这些操作要么全做，要么全不做，是一个不可分割的工作单位。数据库事务是指作为单个逻辑工作单元执行的一系列操作。

设想网上购物的一次交易，其付款过程至少包括以下几步数据库操作：

(1) 更新客户所购商品的库存信息；

(2) 保存客户付款信息，可能包括与银行系统的交互；

(3) 生成订单并且保存到数据库中；

(4) 更新用户相关信息，例如购物数量等等。

正常的情况下，这些操作将顺利进行，最终交易成功，与交易相关的所有数据库信息也成功地更新。但是，如果在这一系列过程中任何一个环节出了差错，例如在更新商品库存信息时发生异常、该顾客银行账户存款不足等，都将导致交易失败。一旦交易失败，数据库中所有信息都必须保持交易前的状态不变，比如最后一步更新用户信息时失败而导致交易失败，那么必须保证这笔失败的交易不影响数据库的状态——库存信息没有被更新、用户也没有付款，订单也没有生成。否则，数据库的信息将会一片混乱而不可预测。

数据库事务正是用来保证这种情况下交易的平稳性和可预测性的技术。下面再看一个例子：某公司银行转账，事务 T 从 A 账户过户到 B 账户 100 元。

Read(A)；

A：=A-100；

Write(A)；

Read(B)；

B：=B+100；

Write(B)；

Read(X)：从数据库传递数据项 X 到事务的工作区中。

Write(X)：从事务的工作区中将数据项 X 写回数据库。

按照事务的定义，这两个操作要么都执行成功，要么都不执行。

2) SQL 中事务的定义

在 SQL 语言中，定义事务的语句有以下三条：

Begin Transaction

Commit

Rollback

事务通常是以 Begin Transaction 开始，以 Commit 或 Rollback 结束。

Commit 表示提交，即提交事务的所有操作。具体地说就是将事务中所有对数据库的更新写回到磁盘上的物理数据库中去，事务正常结束。

Rollback 表示回滚，即在事务运行的过程中发生了某种故障，事务不能继续执行，系统将事务中对数据库的所有已完成的操作全部撤消，滚回到事务开始时的状态。这里的操作指对数据库的更新操作。

例如：定义一个简单的事务。

```
Begin Transaction
Use 商品表
Go
Update 商品表 Set 商品价格=商品价格*1.1 Where 商品类型编码="01"
Go
Delete From 商品表 Where 商品编号="9787040084894"
Commit Transaction
Go
```

从 Begin Transaction 到 Commit Transaction 只有两个操作，按照事务的定义，这两个操作要么都执行成功，要么都不执行。

2．事务的特性

事务处理可以确保除非事务性单元内的所有操作都成功完成，否则不会永久更新面向数据的资源。通过将一组相关操作组合为一个要么全部成功要么全部失败的单元，可以简化错误恢复并使应用程序更加可靠。一个逻辑工作单元要成为事务，必须满足所谓的事务的四个特性，即原子性(Atomicity)、一致性(Consistency)、隔离性(Isolation)和持续性(Durability)。这个四个特性也简称为 ACID 特性。

1) 原子性

事务必须是原子工作单元，对于其数据修改，要么全都执行，要么全都不执行。通常，与某个事务关联的操作具有共同的目标，并且是相互依赖的。如果系统只执行这些操作的一个子集，则可能会破坏事务的总体目标。原子性消除了系统处理操作子集的可能性。

2) 一致性

事务执行的结果必须是使数据库从一个一致性状态变到另一个一致性状态。因此当数据库只包含成功事务提交的结果时，就说数据库处于一致性状态。如果数据库系统运行中发生故障，有些事务尚未完成就被迫中断，系统将事务中对数据库的所有已完成的操作全部撤消，滚回到事务开始时的一致状态。例如上面提到的某公司银行中有 A，B 两个账号，现在公司想从账号 A 中取出 100 元，存入账号 B。那么就可以定义一个事务，该事务包括两个操作，第一个操作是从账号 A 中减去 100 元，第二个操作是向账号 B 中加入 100 元。这两个操作要么全做，要么全不做。全做或者全不做，数据库都处于一致性状态。如果只做一个操作则用户逻辑上就会发生错误，少了 100 元，这时数据库处于不一致状态。可见一致性与原子性是密切相关的。

3) 隔离性

一个事务的执行不能被其他事务干扰。例如，对任何一对事务 T1 和 T2，在 T1 看来，T2 要么在 T1 开始之前已经结束，要么在 T1 完成之后再开始执行。即一个事务内部的操作及使用的数据对其他并发事务是隔离的，并发执行的各个事务之间不能互相干扰。

4) 持续性

持续性也称永久性(Permanence)。一个事务一旦提交之后，不管 DBMS 发生什么故障，该事务对数据库的所有更新操作都会永远保留在数据库中，不会丢失。

事务是恢复和并发控制的基本单位，保证事务 ACID 特性是事务处理的重要任务。事务 ACID 特性可能遭到破坏的因素有：

(1) 多个事务并行运行时，不同事务的操作交叉执行。

(2) 事务在运行过程中被强行停止。

在第一种情况下，数据库管理系统必须保证多个事务的交叉运行不影响这些事务的原子性。在第二种情况下，数据库管理系统必须保证被强行终止的事务对数据库和其他事务没有任何影响。

这些就是数据库管理系统中恢复机制和并发机制的责任。

9.2.1 数据库恢复基本概念

当前计算机硬、软件技术已经发展到相当高的水平，人们采取了各种保护措施来防止数据库的安全性和完整性被破坏，保证并行事务的正确执行。但计算机系统中硬件的故障、系统软件和应用软件的错误、操作员的失误以及恶意的破坏仍然是不可避免的。这些故障轻则造成运行事务非正常中断，影响数据库中数据的正确性，重则破坏数据库，使数据库中全部或部分数据丢失。因此数据库管理系统必须具有把数据全部从错误状态恢复到某一已知的正确状态(亦称为完整状态或一致状态)的功能，这就是数据库的恢复。恢复子系统是数据库管理系统的一个重要组成部分，而且还相当庞大，常常占整个系统代码的百分之十以上。故障恢复是否考虑周到和行之有效，是数据库系统性能的一个重要指标。

事务是数据库的基本工作单位。一个事务中包含的操作要么全部完成，要么全部不做，二者必居其一。如果数据库中只包含成功事务提交的结果，就说此数据库处于一致性状态。保证数据一致性是对数据库的最基本要求。如果数据库系统运行中发生故障，有些事务尚未完成就被迫中断，这些未完成事务对数据库所做的修改有一部分已写入物理数据库。这时数据库就处于一种不正确的状态，或者说是不一致状态，就需要 DBMS 的恢复子系统根据故障类型采取相应的措施，将数据库恢复到某种一致状态。

数据库系统中可能发生各种各样的故障，大致可以分为以下几类。

1．事务故障(Task Crash)

事务故障有些是预期性的，可通过事务程序本身发现，并让事务回滚，撤消错误的修改，恢复数据库到正确状态。但更多的故障是非预期的，如输入数据的错误、运算溢出、违反了某些完整性限制、某些应用程序的错误以及并行事务发生死锁等，使事务未运行至正常终点就夭折了，这类故障称事务故障。

事务故障意味着事务没有达到预期的终点(Commit 或者显示 Rollback)，因此数据库可能处于不正确状态，系统就要强行回滚此事务，即撤消该事务已经做出的任何对数据库的修改，使得该事务好像根本没有启动一样。

2．系统故障(软故障，Soft Crash)

系统在运行过程中，由于某种原因，如操作系统或 DBMS 代码错误、操作员操作失误、特定类型的硬件错误(如 CPU 故障)、突然停电等造成系统停止运行，致使所有正在运行的事务都以非正常方式终止。这时内存中数据库缓冲区的信息全部丢失，但存储在外部存储设备上的数据未受影响，此类型为系统故障。

发生系统故障时，一些尚未完成的事务的结果可能已送入物理数据库，为保证数据的一致性，需要清除这些事务对数据库的所有修改。但由于无法确定究竟哪些事务已更新过数据库，因此系统重新启动后，恢复程序要强行撤销(Undo)所有未完成事务，使这些事务像没有运行过一样。另一方面，发生系统故障时，有些已完成事务提交的结果可能还有一部分甚至全部留在缓冲区，尚未写回到磁盘上的物理数据库中，系统故障使得这些事务对数据库中的修改部分或全部丢失，这也会使数据库处于不一致状态，因此应将这些事务已提交的结果重新写入数据库。同样，由于无法确定哪些事务的提交结果尚未写入物理数据库，所以系统重新启动后，恢复程序除需要撤销所有未完成事务外，还需要重做(Redo)所有已提交的事务，以将数据库真正恢复到一致状态。

3．介质故障(硬故障，Hard Crash)

硬故障指外存故障，如磁盘损坏、磁头碰撞或操作系统的某种潜在错误，瞬时强磁场干扰等，使存储在外存中的数据部分丢失或全部丢失。这类故障比前两类故障的可能性小得多，但破坏性最大。发生介质故障后，这时需要装入数据库发生介质故障前某个时刻的数据副本，并重做自此时始的所有成功事务，将这些事务已提交的结果重新记入数据库。

4．计算机病毒

计算机病毒已成为计算机系统的主要威胁，自然也是数据库系统的主要威胁。为此，计算机安全工作者已研制了许多预防病毒的“疫苗”，检查、诊断、消灭计算机病毒的软件也在不断发展，但至今还没有一种使得计算机“终生”免疫的疫苗，因此数据库一旦被破坏仍要用恢复技术把数据库加以恢复。

总结各类故障，对数据库的影响存在两种可能：一是数据库本身被破坏，二是数据库没有被破坏，但数据可能不正确，这是因为事务的运行被中止而造成的。恢复的基本原理十分简单，可用一个词来概括，即冗余。这就是说，数据库中的任何一部分的数据都可以根据存储在别处的冗余数据来重建。尽管恢复的基本原理很简单，但实现技术的细节却相当复杂。

9.2.2 恢复实现技术

恢复就是利用存储在系统其他地方的冗余数据来重建数据库中被破坏的或不正确的数据。因此恢复机制涉及的两个关键问题是：第一，如何建立冗余数据；第二，如何利用这些冗余数据实施数据库恢复。在实现恢复功能时，主要有以下方面技术。

1．数据转储

转储是数据库恢复中采用的基本技术，即数据库管理员(DBA)定期地将整个数据库复制到磁带或另一个磁盘上保存起来的过程。这些备用的数据文本称为后备副本或后援副本。当数据库遭到破坏后就可以利用后备副本把数据库恢复。这时，数据库只能恢复到转储时的状态，从那以后的所有更新事务必须重新运行才能恢复到故障时的状态。如图9-1所示。

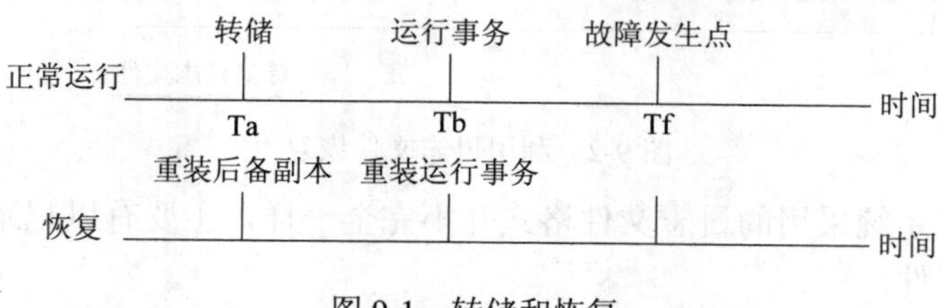

图9-1 转储和恢复

数据转储按操作可分为静态转储和动态转储，按方式可分为海量转储和增量转储。其定义、优点、缺点分别如表 9-1 所示。

表 9-1　数据转储分类

类别	定　义	优　点	缺　点
静态转储	在系统中无运行事务时的操作，在转储期间不允许(或不存在)对数据库的任何存取、修改活动	简单	转储必须等待用户事务结束才能进行，而新的事务必须等待转储结束才能执行，因此会降低数据库的可用性
动态转储	转储操作与用户事务并发进行，转储期间允许对数据库进行存取或修改	克服静态转储的缺点，不用等待正在运行的用户事务结束，也不影响新事务的运行	不能保证副本中的数据正确有效
海量转储	每次转储全部数据库	恢复时方便简单	大数据库及频繁的事务处理费时、复杂
增量转储	只转储上次转储后更新过的数据	对于大数据库及频繁的事务处理快速有效	不能保证所有的数据正确有效

直观地看，后备副本越接近故障发生点，恢复起来越方便、越省时。也就是说，从恢复方便角度看，应经常进行数据转储，制作后备副本。但另一方面，转储又是十分耗费时间和资源的，不能频繁进行。所以 DBA 应该根据数据库使用情况确定适当的转储周期和转储方法。例如，每晚进行动态增量转储，每周进行一次动态海量转储，每月进行一次静态海量转储。

2．登记日志文件

日志文件是用来记录对数据库每一次更新活动的文件。在动态转储方式中必须建立日志文件，后援副本和日志文件综合起来才能有效地恢复数据库。在静态转储方式中，也可以建立日志文件，当数据库毁坏后可重新装入后援副本，把数据库恢复到转储结束时刻的正确状态，然后利用日志文件，把已完成的事务进行重做(Redo)处理，对故障发生时尚未完成的事务进行撤消(Undo)处理，这样不必重新运行那些已完成的事务程序，就可把数据库恢复到故障前某一时刻的正确状态，如图 9-2 所示。

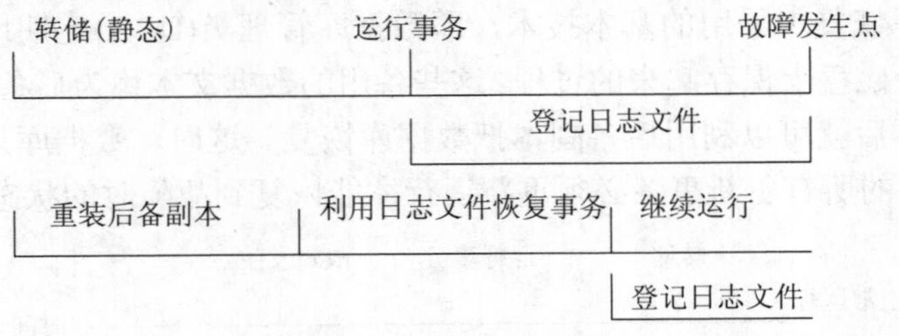

图 9-2　利用日志文件恢复

不同的数据库系统采用的日志文件格式并不完全一样，主要有以记录为单位和以数据块为单位的日志文件。

对于以记录为单位的日志文件，日志文件中需登记内容包括：

(1) 事务标识；

(2) 事务开始标记(Begin Transaction)和结束标记(Commit 或 Rollback)；

(3) 操作的类型(插入、删除或修改)；

(4) 操作对象；

(5) 更新前数据的旧值(对插入操作，此项为空值)；

(6) 更新后数据的新值(对删除操作而言，此项为空值)。

为保证数据库是可恢复的，登记日志文件必须遵循两条原则：

(1) 登记的次序严格按并行事务执行的时间次序。

(2) 必须先写日志文件，后写数据库。

利用日志文件恢复事务的过程分为两步：

第一步：从头扫描日志文件，找出哪些事务在故障发生时已经结束(这些事务有 Begin Transaction 和 Commit 记录)，哪些事务尚未结束(这些事务只有 Begin Transaction 记录，无 Commit 记录)。

第二步：对尚未结束的事务进行撤消(Undo)处理，即反向扫描日志文件，对每个 Undo 事务的更新操作执行反操作。对已经插入的新记录进行删除操作，对已删除的记录重新插入，对修改的数据恢复旧值(用旧值代替新值)，对已经结束的事务进行重做(Redo)处理，即正向扫描文件，重新执行登记操作。

9.2.3 恢复策略

利用后备副本、日志以及事务的 Undo 和 Redo 可以对不同的数据实行不同的恢复策略。

1．事务级故障恢复

事务故障是指事务在运行至正常终止点前被中止，这时恢复子系统应利用日志文件撤销(Undo)此事务已对数据库进行的修改。事务故障的恢复是由系统自动完成的，对用户是透明的。小型故障属于事务内部故障，恢复方法是利用事务的 Undo 操作，将事务在非正常终止时利用 Undo 恢复到事务起点。具体有下面两种情况。

(1) 可以预料的事务故障，即在程序中可以预先估计到的错误。例如，银行存款余额透支、商品库存量达到最低量等，此时继续取款或者发货就会出现问题。因此，可以在事务的代码中加入判断和回滚语句 Rollback，当事务执行到 Rollback 语句时，由系统对事务进行回滚操作，即执行 Undo 操作。

(2) 不可预料的事务故障，即在程序中发生的未估计到的错误。例如，运算溢出，数据错误，由并发事务发生死锁而被选中撤销该事务等。此时由系统直接对事务执行 Undo 处理。

2．系统级故障恢复

系统故障造成数据库不一致状态的原因有两个，一是未完成事务对数据库的更新可能已写入数据库，二是已提交事务对数据库的更新可能还留在缓冲区没来得及写入数据库。因此恢复操作就是要撤消故障发生时未完成的事务，重做已完成的事务。

系统故障的恢复是由系统在重新启动时自动完成的，不需要用户干预。系统的恢复步骤是：

(1) 正向扫描日志文件(即从头扫描日志文件)，找出在故障发生前已经提交的事务(这些事务既有 Begin Transaction 记录，也有 Commit 记录)，将其事务标识记入重做(Redo)队列。同时找出故障发生时尚未完成的事务(这些事务只有 Begin Transaction 记录，无相应的 Commit 记录)，将其事务标识记入撤消队列。

(2) 对撤消队列中的各个事务进行撤消(Undo)处理。

进行 Undo 处理的方法是：反向扫描日志文件，对每个 Undo 事务的更新操作执行逆操作，即将日志记录中“更新前的值”写入数据库。

(3) 对重做队列中的各个事务进行重做(Redo)处理。

进行 Redo 处理的方法是：正向扫描日志文件，对每个 Redo 事务重新执行日志文件登记的操作，即将日志记录中“更新后的值”写入数据库。

3．介质级故障恢复

发生介质故障后，磁盘上的物理数据和日志文件被破坏，这是最严重的一种故障，恢复方法是重装数据库，然后重做已完成的事务。具体地说就是：

(1) 装入最新的数据库后备副本(离故障发生时刻最近的转储副本)，使数据库恢复到最近一次转储时的一致性状态。对于动态转储的数据库副本，还须同时装入转储开始时刻的日志文件副本，利用恢复系统故障的方法(即 Redo+Undo)，才能将数据库恢复到一致性状态。

(2) 装入相应的日志文件副本(转储结束时刻的日志文件副本)，重做已完成的事务。首先扫描日志文件，找出故障发生时已提交的事务的标识，将其记入重做队列。然后正向扫描日志文件，对重做队列中的所有事务进行重做处理。即将日志记录中“更新后的值”写入数据库。这样就可以将数据库恢复至故障前某一时刻的一致状态了。

对于事务级和系统级故障恢复都是由系统重新启动后系统自动完成，不需要用户的涉入；而介质级故障恢复需要 DBA 介入，但 DBA 的基本工作只是需要重新装入最近存储的数据后备副本和有关日志文件副本，然后执行系统提供的恢复命令，而具体恢复操作实施仍由 DBMS 完成。

9.2.4　数据库镜像

1．概述

数据库镜像是 SQL Server 2005 用于提高数据库可用性的新技术。数据库镜像将事务日志记录直接从一台服务器传输到另一台服务器，并且能够在出现故障时快速转移到备用服务器。可以编写客户端程序自动重定向连接信息，这样一旦出现故障转移就可以自动连接到备用服务器和数据库。通常，自动进行故障转移并且使数据损失最小需要昂贵的硬件和复杂的软件。但是，数据库镜像可以在不丢失已提交数据的前提下进行快速故障转移，无须专门的硬件，并且易于配置和管理。

2．数据库镜像介绍

在数据库镜像中，一台 SQL Server 2005 实例连续不断的将数据库事务日志发送到另一台备用 SQL Server 2005 实例的数据库副本中。发送方的数据库和服务器担当主角色，而接收方的数据库和服务器担当镜像角色。主服务器和镜像服务器必须是独立的 SQL Server 2005 实例。

在所有 SQL Server 数据库中，在对真正的数据页面进行修改之前，数据改变首先都记录在事务日志中。事务日志记录先被放置在内存中的数据库日志缓冲区中，然后尽快地输出到磁盘(或者被硬化)。在数据库镜像中，当主服务器将主数据库的日志缓冲区写入磁盘时，也同时将这些日志记录块发送到镜像实例。

当镜像服务器接收到日志记录块后，首先将日志记录放入镜像数据库的日志缓冲区，然后尽快地将它们硬化到磁盘，稍后镜像服务器会重新执行那些日志记录。由于镜像数据库重新应用了主数据库的事务日志记录，因此复制了发生在主数据库上的数据改变。

主服务器和镜像服务器将对方视为数据库镜像会话中的伙伴，数据库镜像会话包含了镜像伙伴服务器之间的关系。一台给定的伙伴服务器可以同时承担某个数据库的主角色和另一个数据库的镜像角色。

除了两台伙伴服务器(主服务器和镜像服务器)，一个数据库会话中可能还包含第三台可选服务器，叫做见证服务器。见证服务器的角色就是启动自动故障转移。当数据库镜像用于高可用性时，如果主服务器突然失败了，而镜像服务器通过见证服务器确认了主服务器的失败，那么它就自动承担主服务器角色，并且在几秒钟之内就可以向用户提供数据库服务。

数据库镜像中需要注意的一些重要事项：

(1) 主数据库必须为 Full 还原模型。由于 Bulk-logged 操作而导致的日志记录无法发送到镜像数据库。

(2) 初始化镜像数据库必须首先使用 Norecovery(完全恢复)还原主数据库，然后再按顺序还原诸数据库事务日志备份。

(3) 镜像数据库和主数据库名称必须一致。

(4) 由于镜像数据库处于 Recovering 状态，因此不能直接访问。通过在镜像数据库上创建数据库快照可以间接读取某一个时刻点的镜像数据库。

9.2.5 SQL Server 数据恢复技术

SQL Server 利用事务日志、设置检查点、磁盘镜像等机制进行故障恢复。

在 SQL 数据库中，有关数据库的所有修改都被自动地记录在名为 SYSLOGS(事务日志)的统计表中，每个数据库都有自己专用的 SYSLOGS，当发生故障时系统能利用 SYSLOGS 自动恢复。SQL Server 采用提前写日志的方法实现系统的自动恢复。对数据库进行任何修改时，SQL Server 首先把这种修改记入日志，需要恢复时，系统通过 SYSLOGS 回滚到数据修改前的状态。

SQL Server 的检查点机制强制地把在 Cache(高速缓冲)中修改过的页面(无论是数据页还是日志页)写入磁盘，使 Cache 和磁盘保持同步。SQL Server 支持两类检查点：一种是 SQL Server 按固定周期自动设置的检查点，这个周期取决于 SA(系统管理员)设定的最大可恢复间隔；另一种是由 DBO(数据库拥有者)或 SA 利用 Checkpoint 命令设置的检查点。一个检查点的操作包括：首先冻结所有对该数据库进行更新的事务，然后一次写入事务日志页及实际被修改的数据页并在事务日志中登记一个检查点操作，最后把已冻结的事务解冻。系统在执行 Commit 时，仅把 Cache 中的日志页写盘，但在执行 Checkpoint 时，则把日志页及数据页都写入磁盘。

SQL Server 磁盘镜像是通过建立数据库镜像设备实现数据库设备的动态复制，即把所有写到主设备的内容也同时写到另一个独立的镜像设备上。对系统数据库 Master、用户数据库、用户数据库事务日志建立镜像，如果其中一个设备发生故障，另一个设备仍能正常工作，保证了数据库事务逻辑的完整性。

设有一个事务 T，要在某数据库中插入 3 行数据 A、B、C，则：

第 1 步：Begin Transaction

第 2 步：Insert A

第 3 步：Insert B

第 4 步：Checkpoint

第 5 步：Insert C

第 6 步：Commit

在上述的第 4 步中 Checkpoint 是系统自动产生的。当系统执行 Commit 后，磁盘上的 Database 和 Log 并不同步，这是因为 Log 上虽然已记下插入了 C，但由于尚未把数据页写回，故在 Database 中尚未增加 C 行。此时如果发生故障，系统会把 Checkpoint 与 Commit 之间的修改过程即 Insert C 全部写入数据库，这个过程就是前滚(Rollforword)。如果在 Commit 之前出现系统故障，则根据 Log 中自 Begin Transaction 到 Checkpoint 之间的修改过程即 Insert A 和 Insert B 全部从数据库中撤销，亦即回滚(Rollback)。

SQL Server 提供了自动恢复和人工恢复两种恢复机制。SQL Server 每次被重新启动时都自动开始执行系统恢复进程。该进程首先为每个数据库连接其事务日志(SYSLOGS 表)，然后检查每个数据库的 SYSLOGS 以确定应对哪些事务进行回滚和前滚操作，并负责把所有未完成的事务回滚，把所有已提交的事务还未记入数据库的修改重做(Redo)，最后在 SYSLOGS 中记下一个检查点登记项，保证数据的正确性。当数据库的物理存储介质发生故障，并且已经做了数据库及事务日志的后援副本时，要进行人工恢复。利用 Load Database 和 Load Transaction 命令来实现。

在实践中，应做好 Master 数据库和用户数据库的备份，利用 Dump Database 和 Dump Transaction 命令可以将数据库和事务日志转储，实现动态备份。当用户数据库发生介质故障时，利用数据库和事务日志的备份来重构该数据库，进行数据库恢复(Restore)。Load Database 命令用来实现从备份设备恢复数据库，这一命令只允许 DBO 使用，执行此命令的全过程都作为一个事务来对待。在数据库装入期间，任何未提交的事务都被回滚且不准任何用户对该数据库进行存取。当完成最后一次的数据库备份装入之后，就可以利用 Load Transaction 命令把事务日志的备份再添加到数据库上，使数据库恢复到事务转储时的状态。

Master 数据库是主数据库，它的恢复与用户数据库的恢复不同。当它的存储介质发生故障时，不能使用人工恢复的办法。它的崩溃将导致 Server 不能启动，因而无法使用 Load 命令，此时必须重建、重载 Master 数据库，利用 SQL Setup 安装程序进行恢复。首先启动

SQL Server Setup 使用程序，选择 Rebuild Master Database 复选框，创建新的 Master 数据库。此时创建的 Master 库与初装 SQL Server 时的 Master 库一样。然后以单用户方式启动 Server，并用 Load Database 装载 Master 库的备份。最后对每个数据库执行数据库一致性检查程序，进行一致性检查，待一切正常后，则可在多用户方式下重新启动 Server。

9.3 并发控制

数据库系统一个明显的特点是多个用户共享数据库资源，尤其是多个用户可以同时存取相同数据。并发控制指的是当多个用户同时更新行时，用于保护数据库完整性的各种技术。并发机制不正确可能导致脏读、幻读和不可重复读等问题。并发控制的目的是保证一个用户的工作不会对另一个用户的工作产生不合理的影响。在某些情况下，这些措施保证了当用户和其他用户一起操作时，所得的结果和它单独操作时的结果是一样的。在另一些情况下，这表示用户的工作按预定的方式受其他用户的影响。

9.3.1 并发控制概述

事务是并发控制的基本单位，保证事务 ACID 的特性是事务处理的重要任务，而并发操作有可能会破坏其 ACID 特性。

如果事务是顺序执行的，即一个事务完成之后，再开始另一个事务，这种执行方式称为串行执行或串行访问。如果 DBMS 可以同时接受多个事务，并且这些事务在时间上可以重叠执行，这种执行方式称为并发执行或并行访问。

DBMS 并发控制机制的责任是对并发操作进行正确调度，确保数据库的一致性。

以下的实例说明并发操作带来的数据不一致的问题，考虑订某一大酒店标准房的一个活动序列(同一时刻读取)。

步骤 1：甲地点(甲事务)读取这一酒店剩余标准房数量为 A，A=20

步骤 2：乙地点(乙事务)读取这一酒店剩余标准房数量为 A，A=20

步骤 3：甲地点订出一间标准房，修改 A=A−1，即 A=19，写入数据库

步骤 4：乙地点订出一间标准房，修改 A=A−1，即 A=19，写入数据库

结果：订出两间标准房，数据库中标准房的数量只减少 1。

造成数据库的不一致性是由并发操作引起的。在并发操作情况下，对甲、乙事务的操作序列是随机的。若按上面的调度序列执行，甲事务的修改被丢失，因为步骤 4 中乙事务修改 A 并写回后覆盖了甲事务的修改。

如果没有锁定且多个用户同时访问一个数据库，则当他们的事务同时使用相同的数据时可能会发生问题。由于并发操作带来的数据不一致性包括：丢失数据修改、读“脏”数据(脏读)和不可重复读。

1. 丢失数据修改

当两个或多个事务选择同一行，然后基于最初选定的值更新该行时，会发生丢失更新问题。每个事务都不知道其他事务的存在，最后的更新将重写由其他事务所做的更新，这将导致数据丢失，如表 9-2 所示。

表 9-2　丢失数据修改

T1	T2
① 读 A=20	
②	读 A=20
③ A=A−1	
写回 A=19	
④	A=A−1 写回 A=19

2．读“脏”数据(脏读)

读“脏”数据是指事务 T1 修改某一数据，并将其写回磁盘，事务 T2 读取同一数据后，T1 由于某种原因被撤消，而此时 T1 把已修改过的数据又恢复原值，T2 读到的数据与数据库的数据不一致，则 T2 读到的数据就为“脏”数据，即不正确的数据。如表 9-3 所示，T1 将 B 值修改为 400，T2 读到 B 为 400，而 T1 由于某种原因撤销，其修改作废，B 恢复原值 200，这时 T2 读到的 B 为 400，与数据库内容不一致，就是“脏”数据。

表 9-3　读“脏”数据

T1	T2
① 读 B=200	
B=B*2	
写回 B	
②	读 B=400
③ Rollback	
B 恢复 200	

3．不可重复读

指事务 T1 读取数据后，事务 T2 执行更新操作，使 T1 无法读取前一次结果。不可重复读包括三种情况：

(1) 事务 T1 读取某一数据后，T2 对其做了修改，当 T1 再次读该数据后，得到与前一次不同的值。如表 9-4 所示，T1 读取 D=100 进行运算，T2 读取同一数据 D，对其修改后将 D=200 写回数据库。T1 为了与读取值校对重读 D，此时 D 为 200，与第 1 次读取值不一致。

(2) 事务 T1 按一定条件从数据库中读取了某些记录后，T2 删除了其中部分记录，当 T1 再次按相同条件读取数据时，发现某些记录消失。

(3) 事务 T1 按一定条件从数据库中读取某些数据记录后，T2 插入了一些记录，当 T1 再次按相同条件读取数据时，发现多了一些记录。

表 9-4　不可重复读

T1	T2
① 读 C=50	
读 D=100	
求和=150	
	② 读 D=100
	D=D*2
	写回 D=200
③ 读 C=50	
读 D=200	
求和=250	
(验算不对)	

后两种不可重复读有时也称为产生幽灵数据。

事务的并发调度过程中所产生的上述 3 种问题都是因为并发操作调度不当，致使一个事务在运行过程中受到其他并发事务的干扰，破坏了事务的隔离性。下面要介绍的封锁方法就是 DBMS 采用的进行并发控制、保证并发事务正确执行的主要技术。例如在订某一大酒店标准房例子中，甲事务要修改 A，若在读出 A 前先封锁住 A，其他事务就不能再读取和修改 A 了，直到甲修改并写回 A 后解除了对 A 的封锁为止，这样，就不会丢失甲的修改。

9.3.2　封锁协议

1. 封锁

所谓封锁是指事务 T 在对某个数据对象如表、记录等操作之前，先向系统发出请求，对其加锁。加锁后 T 对数据对象有一定的控制(具体的控制由封锁类型决定)，在事务 T 释放前，其他事务不能更新此数据对象。

按事务对数据对象的封锁程度来分，封锁有两种基本类型：排他锁(Exclusive Locks，简称 X 锁)和共享锁(Share Locks，简称 S 锁)。

排他锁又称为写锁。若事务 T 对数据对象 A 加上 X 锁，则只允许 T 读取和修改 A，其他任何事务不能对 A 加任何类型的锁，直到 T 释放 A 上的锁。从而保证其他事务在 T 释放 A 上的锁前不能再读取和修改 A。

共享锁又称为读锁。若事务 T 对数据对象 A 加上 S 锁，则 T 可以读 A 但不能修改 A，其他事务只能再对 A 加 S 锁，而不能加 X 锁，直到 T 释放 A 上的 S 锁。保证了在 T 对 A 加 S 锁过程中其他事务对 A 只能读，不能修改。

在给数据对象加排他锁或共享锁时应遵循表 9-5 所示的锁相容性。如果一个事务对某一个数据对象加上了共享锁，则其他任何事务只能对该数据对象加共享锁，而不能加排他锁，直到相应的锁被释放为止。如果一个事务对某一个数据加上了排他锁，则其他任何事务不可以再对该数据对象加任何类型的锁，直到相应的锁被释放为止。

表 9-5　锁相容矩阵

T2 \ T1	S	X
S	True	False
X	False	False

2．封锁协议

所谓封锁协议就是在数据对象加锁、持锁和放锁时所约定的一些规则。不同的封锁规则形成了不同的封锁协议，下面分别介绍三级封锁协议。

(1) 一级封锁协议

事务T在修改数据A之前必须先对其加X锁，直到事务结束(即通过Commit和Rollback结束)才释放。

作用：防止丢失修改，保证事务T可恢复。如图 9-3 所示。

时刻	T1	T2
t1	Xlock A	
t2	读 A=20	
t3		Xlock A
t4	A=A-1	Wait
t5	写回A=19	Wait
t6	Commit	Wait
t7	Unlock A	Wait
t8		Xlock A
t9		读 A=19
t10		A=A-1
t11		写回A=18
t12		Commit
t13		Unlock A

- T1 读A，在修改之前先对 A 加 X 锁。
- 当 T2 再请求对 A 加 X 锁时被拒绝，T2 等待 T1 释放 A 上的锁。
- T2 获得对 A 的 X 锁，此时 T2 读到 A 是 T1 更新过的值。

图 9-3　使用一级封锁协议防止丢失更新问题

(2) 二级封锁协议

二级封锁协议规定事务 T 在更新数据对象以前必须对数据对象加 X 锁，且直到事务 T 结束时才可以释放该锁。另外，还规定事务 T 在读取数据对象以前必须先对其加 S 锁，读完后即可释放 S 锁。

作用：防止丢失修改及读“脏”数据。如图 9-4 所示。

(3) 三级封锁协议

三级封锁协议规定事务 T 在更新数据对象以前，必须对数据对象加 X 锁，且直到事务 T 结束时才可以释放该锁。另外，还规定事务 T 在读取数据对象以前必须先对其加 S 锁，该 S 锁也必须在事务 T 结束时才可释放。

作用：防止丢失修改，防止读“脏”数据以及防止不可重复读。如图 9-5 所示。

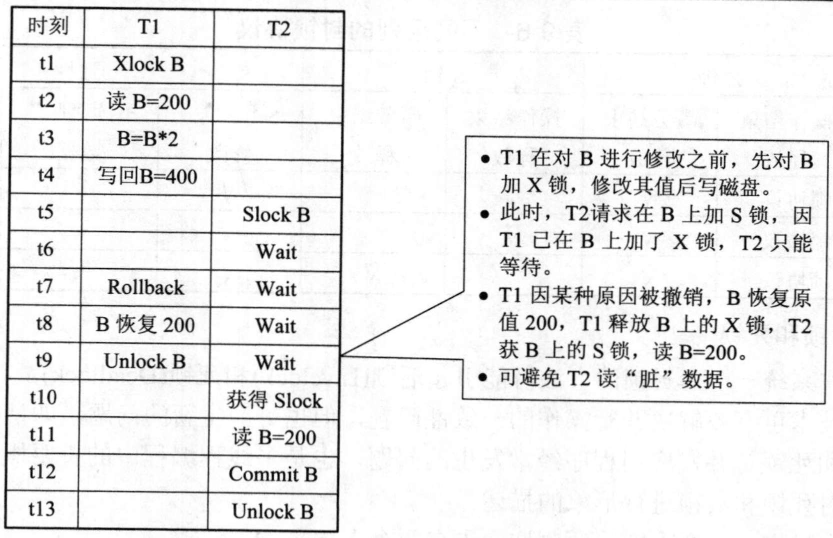

时刻	T1	T2
t1	Xlock B	
t2	读 B=200	
t3	B=B*2	
t4	写回B=400	
t5		Slock B
t6		Wait
t7	Rollback	Wait
t8	B 恢复 200	Wait
t9	Unlock B	Wait
t10		获得 Slock
t11		读 B=200
t12		Commit B
t13		Unlock B

图 9-4　使用二级封锁协议防止丢失修改及读“脏”数据

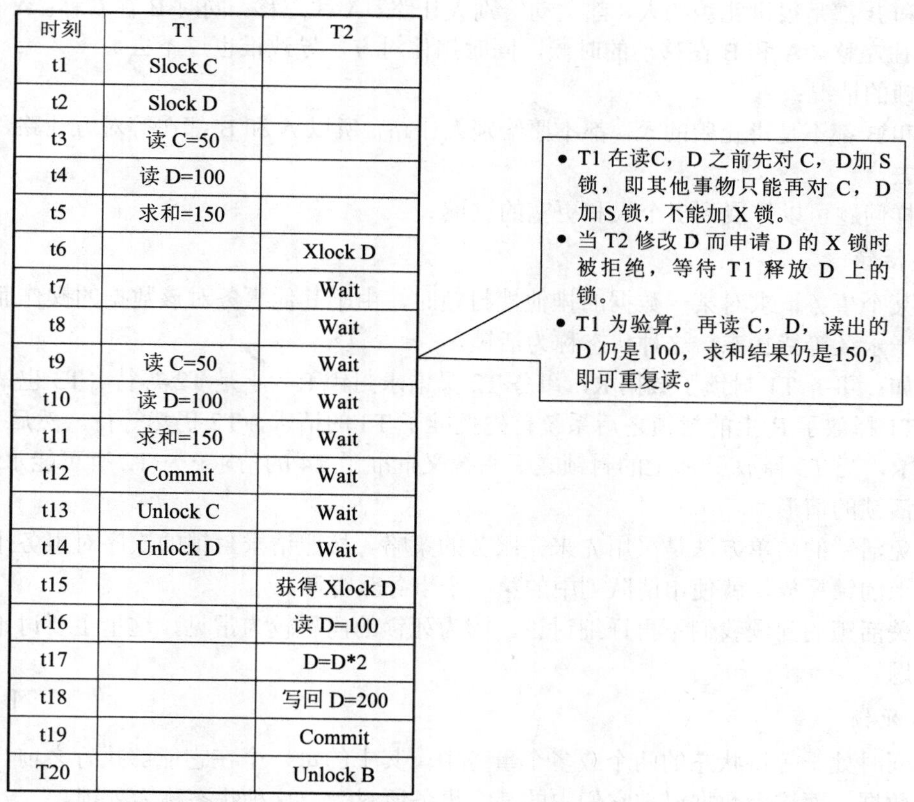

时刻	T1	T2
t1	Slock C	
t2	Slock D	
t3	读 C=50	
t4	读 D=100	
t5	求和=150	
t6		Xlock D
t7		Wait
t8		Wait
t9	读 C=50	Wait
t10	读 D=100	Wait
t11	求和=150	Wait
t12	Commit	Wait
t13	Unlock C	Wait
t14	Unlock D	Wait
t15		获得 Xlock D
t16		读 D=100
t17		D=D*2
t18		写回 D=200
t19		Commit
T20		Unlock B

图 9-5　使用三级封锁协议防止丢失修改、防止读“脏”数据以及防止不可重复读

三个级别的封锁协议的主要区别在于何种操作需要申请封锁，以及何时释放锁(即持锁时间)。三个级别的封锁协议可以总结为表 9-6 所示。

表 9-6　不同级别的封锁协议

	X 锁		S 锁		一致性		
	操作结束释放	事务结束释放	操作结束释放	事务结束释放	不丢失修改	不读“脏”数据	可重复读
一级封锁协议		√			√		
二级封锁协议		√	√		√	√	
三级封锁协议		√		√	√	√	√

3. 活锁和死锁

和操作系统一样，封锁的方法可能引起活锁(Livelock)和死锁(Deadlock)。

封锁技术可有效解决并行操作的一致性问题，但也可产生新的问题，即活锁和死锁问题。活锁和死锁是并发应用程序经常发生的问题，也是多线程编程中的重要概念，下面举一个实例对死锁和活锁进行形象的描述：

有一个过道，两个人宽，两侧迎面走来两个人 A 和 B。

活锁的情况：

A 和 B 都是很讲礼貌的人，都主动给别人让路。A 往左移，同时 B 往右移；A 往右移，同时 B 往左移。A 和 B 在移动的时候，同时挡住对方，导致谁也过不去。

死锁的情况：

A 和 B 都不是讲礼貌的人，都不愿给别人让路，所以 A 和 B 都在等对方让路，导致谁也过不去。

同样问题可以扩展到多个人和更宽的过道。

1) *活锁*

当某个事务请求对某一数据的排他性封锁时，由于其他事务对该数据的操作而使这个事务处于永久等待状态，这种状态称为活锁。

例如：事务 T1 封锁了数据 R，事务 T2 又请求封锁 R，于是 T2 等待。T3 也请求封锁 R，当 T1 释放了 R 上的封锁之后系统首先批准了 T3 的请求，T2 仍然等待。然后 T4 又请求封锁 R，当 T3 释放了 R 上的封锁之后系统又批准了 T4 的请求……T2 有可能永远等待，这就是活锁的情形。

避免活锁的简单方法是采用先来先服务的策略。按照请求封锁的次序对事务排队，一旦记录上的锁释放，就使申请队列中的第一个事务获得锁。

有关活锁的问题我们不再详细讨论。因为死锁的问题较为常见，这里主要讨论有关死锁的问题。

2) *死锁*

在同时处于等待状态的两个或多个事务中，其中的每一个在它能够执行之前，都等待着某个数据，而这个数据已被它们中的某个事务所封锁，这种状态称为死锁。

例如：事务 T1 封锁了数据 R1，T2 封锁了数据 R2，然后 T1 又请求封锁 R2，因 T2 已封锁了 R2，于是 T1 等待 T2 释放 R2 上的锁。接着 T2 又申请封锁 R1，因 T1 已封锁了 R1，T2 也只能等待 T1 释放 R1 上的锁。这样就出现了 T1 在等待 T2，而 T2 又在等待 T1 的局面，T1 和 T2 两个事务永远不能结束，形成死锁。

死锁问题在操作系统和一般并行处理中已做了深入研究，但数据库系统有其自己的特点，操作系统中解决死锁的方法并不一定适合数据库系统。

目前在数据库中解决死锁问题主要有两类方法：一类方法是采取一定措施来预防死锁的发生；另一类方法是允许发生死锁，采用一定手段定期诊断系统中有无死锁，若有则解除之。

(1) 死锁的预防。在数据库系统中，产生死锁的原因是两个或多个事务都已封锁了一些数据对象，然后又都请求对已被其他事务封锁的数据对象加锁，从而出现死锁等待。防止死锁的发生其实就是要破坏产生死锁的条件。预防死锁通常有两种方法。

① 一次封锁法。一次封锁法要求每个事务必须一次将所有要使用的数据全部加锁，否则就不能继续执行。例如，在上面的例子中，如果事务 T1 将数据对象 A 和 B 一次加锁，T1 就可以执行下去，而 T2 等待。T1 执行完后释放 A 和 B 上的锁，T2 继续执行。这样就不会发生死锁。

一次封锁法虽然可以有效地防止死锁的发生，但也存在问题。首先，一次就将以后要用到的全部数据加锁，势必扩大了封锁的范围，从而降低了系统的并发度。其次，数据库中数据是不断变化的，原来不要求封锁的数据，在执行过程中可能会变成封锁对象，所以很难实现精确地确定每个事务所要封锁的数据对象，只能采取扩大封锁范围，将事务在执行过程中可能要封锁的数据对象全部加锁，这就进一步降低了并发度。

② 顺序封锁法。顺序封锁法是预先对数据对象规定一个封锁顺序，所有事务都按这个顺序执行封锁。在上例中，我们规定封锁顺序是先 A 后 B，T1 和 T2 都按此顺序封锁，即 T2 也必须先封锁 A。当 T2 请求 A 的封锁时，由于 T1 已经封锁住 A，T2 就只能等待。T1 释放 A、B 上的锁后，T2 继续运行。这样就不会发生死锁。

顺序封锁法同样可以有效地防止死锁，但也同样存在问题。首先，数据库系统中可封锁的数据对象众多，并且随数据的插入、删除等操作而不断地变化，要维护这样极多而且变化的资源的封锁顺序非常困难，成本很高。其次，事务的封锁请求可以随着事务的执行而动态地决定，很难事先确定每一个事务要封锁哪些对象，因此也就很难按规定的顺序去施加封锁。例如，规定数据对象的封锁顺序为 A、B、C、D、E。事务 T3 起初要求封锁数据对象 B、C、E，但当它封锁 B、C 后，才发现还需要封锁 A，这样就破坏了封锁顺序。

可见，在操作系统中广为采用的预防死锁的策略并不很适合数据库的特点，因此 DBMS 在解决死锁的问题上更普遍采用的是诊断并解除死锁的方法。

(2) 死锁的诊断与解除。

① 超时法。如果一个事务的等待时间超过了规定的时限，就认为发生了死锁。超时法实现简单，但其不足也很明显。一是有可能误判死锁，事务因为其他原因使等待时间超过时限，系统会误认为发生了死锁。二是时限若设置得太长，死锁发生后不能及时发现。

② 等待图法。事务等待图是一个有向图 G=(T,U)，T 为结点的集合，每个结点表示正运行的事务；U 为边的集合，每条边表示事务等待的情况。若 T1 等待 T2，则 T1、T2 之间划一条有向边，从 T1 指向 T2。事务等待图动态地反映了所有事务的等待情况。并发控制子系统周期性地(比如每隔 1 分钟)检测事务等待图，如果发现图中存在回路，则表示系统中出现了死锁。

DBMS 的并发控制子系统一旦检测到系统中存在死锁，就要设法解除。通常采用的方法是选择一个处理死锁代价最小的事务，将其撤消，释放此事务持有的所有的锁，使其他事务得以继续运行下去。当然，对撤消的事务所执行的数据修改操作必须加以恢复。

9.3.3 并发调度的可串行性

计算机系统对并发事务中并发操作的调度是随机的，而不同的调度可能会产生不同的结果，那么哪个结果是正确的，哪个结果是不正确的呢？

如果一个事务运行过程中没有其他事务同时运行，也就是说它没有受到其他事务的干扰，那么就可以认为该事务的运行结果是正常的或者预想的。因此将所有事务串行起来的调度策略一定是正确的调度策略。虽然以不同的顺序串行执行事务可能会产生不同的结果，但由于不会将数据库置于不一致状态，所以都是正确的。

并发调度的可串行性是指多个事务的并发执行是正确的，当且仅当其结果与按某一次序串行地执行它们时的结果相同。我们称这种调度策略为可串行化(Serializable)的调度。

可串行性(Serializability)是并发事务正确性的准则。按这个准则规定，一个给定的并发调度，当且仅当它是可串行化的，才认为是正确调度。

下面给出串行执行、并发执行(不正确)以及并发执行可以串行化(正确)的例子。

以银行转账为例，事务 T1 从账号 A(初值为 200 元)转 100 元到账号 B(初值为 200 元)，事务 T2 从账号 A 转 10%的款项到账号 B，T1 和 T2 具体执行过程如下。

T1：
Read(A)
A=A−100
Write(A)
Read(B)
B=B+100
Write(B)

T2：
Read(A)
Temp=A*0.1
A=A−Temp
Write(A)
Read(B)
B=B+Temp
Write(B)

事务 T1 和事务 T2 串行化调度的方案如表 9-7 所示。

表 9-7 可串行化调度

(a) 串行可执行之一

时刻	T1	T2
t1	Read(A)	
t2	A=A−100	
t3	Write(A)	
t4	Read(B)	
t5	B=B+100	
t6	Write(B)	
t7		Read(A)
t8		Temp=A*0.1
t9		A=A−Temp
t10		Write(A)
t11		Read(B)
t12		B=B+Temp
t13		Write(B)

(b) 串行可执行之二

时刻	T1	T2
t1	Read(A)	
t2	Temp=A*0.1	
t3	A=A−Temp	
t4	Write(A)	
t5	Read(B)	
t6	B=B+Temp	
t7	Write(B)	
t8		Read(A)
t9		A=A−100
t10		Write(A)
t11		Read(B)
t12		B=B+100
t13		Write(B)

(c) 并发执行(正确)

时刻	T1	T2
t1	Read(A)	
t2	A=A-100	
t3	Write(A)	
t4		Read(A)
t5		Temp=A*0.1
t6		A=A-Temp
t7		Write(A)
t8	Read(B)	
t9	B=B+100	
t10	Write(B)	
t11		Read(B)
t12		B=B+Temp
t13		Write(B)

(d) 并发执行(不正确)

时刻	T1	T2
t1	Read(A)	
t2	A=A-100	
t3		Read(A)
t4		Temp=A*0.1
t5		A=A-Temp
t6		Write(A)
t7		Read(B)
t8	Write(A)	
t9	Read(B)	
t10	B=B+100	
t11	Write(B)	
t12		B=B+Temp
t13		Write(B)

为了保证并发操作的正确性，DBMS 的并发控制机制必须提供一定的手段来保证调度是可串行化的。

从理论上讲，在某一事务执行时禁止其他事务执行的调度策略一定是可串行化的调度，这也是最简单的调度策略，但这种方法实际上是不可取的，这使用户不能充分共享数据库资源。目前 DBMS 普遍采用封锁方法实现并发操作调度的可串行性，从而保证调度的正确性。

两段锁(Two-Phase Locking，2PL)协议就是保证并发调度可串行性的封锁协议。

除此之外还有其他一些方法，如时标方法、乐观方法等来保证调度的正确性。

9.3.4　两段锁协议

所谓两段锁协议是指所有事务必须分两个阶段对数据项加锁和解锁。

(1) 在对任何数据进行读、写操作之前，首先要申请并获得对该数据的封锁。

(2) 在释放一个封锁之后，事务不再申请和获得任何其他封锁。

所谓“两段”锁的含义是，事务分为两个阶段。第一阶段是获得封锁，也称为扩展阶段。在这阶段，事务可以申请获得任何数据项上的任何类型的锁，但是不能释放任何锁。第二阶段是释放封锁，也称为收缩阶段。在这阶段，事务可以释放任何数据项上的任何类型的锁，但是不能再申请任何锁。

例如事务 T1 遵守两段锁协议，其封锁序列如图 9-6 所示。

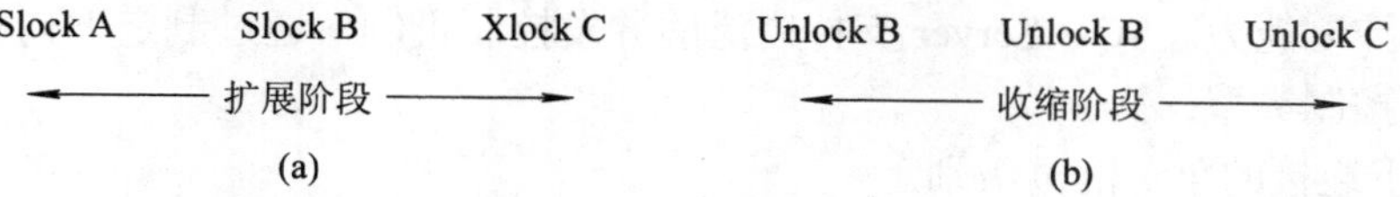

图 9-6　事务 T_1 封锁序列

又如事务 T2 不遵守两段锁协议，其封锁序列是：

Slock A … Unlock A … Slock B … Xlock C … Unlock C … Unlock B

可以证明，若并发执行的所有事务均遵守两段锁协议，则对这些事务的任何并发调度策略都是可串行化的。

需要说明的是，事务遵循两段锁协议是可串行化调度的充分条件，而不是必要条件。也就是说，若并发事务都遵循两段锁协议，则对这些事务的任何并发调度策略都是可串行行化的；若对并发事务的一个调度是可串行化的，不一定所有事务都符合两段锁协议。

在表 9-8 可串行化调度中，(a)和(b)都是可串行化的调度，但(a)中 T1 和 T2 都遵守两段锁协议，(b)中 T1 和 T2 不遵守两段锁协议。

表 9-8 可串行化调度

(a) 遵循两段锁协议

时刻	T1	T2
t1	Slock A	
t2	读 A=5	
t3	X=A	
t4	Xlock B	
t5		Slock B
t6		Wait
t7	B=X+1	Wait
t8	写回B=6	Wait
t9	Unlock A	Wait
t10	Unlock B	Wait
t11		Slock B
t12		读 B=6
t13		Y=B
t14		Xlock A
t15		A=Y+1
t16		写回 A=7
t17		Unlock A
t18		Unlock B

(b) 不遵循两段锁协议

时刻	T1	T2
t1	Slock A	
t2	读 A=5	
t3	X=A	
t4	Unlock A	
t5	Xlock B	
t6		Slock B
t7		Wait
t8	B=X+1	Wait
t9	写回B=6	Wait
t10	Unlock B	Wait
t11		Slock B
t12		读 B=6
t13		Y=B
t14		Unlock B
t15		Xlock A
t16		A=Y+1
t17		写回 A=7
t18		Unlock A

9.3.5 SQL Server 的并发控制

上面介绍了并发控制的一般原则与方法，下面简单介绍 SQL Server 数据库系统中的并发控制机制。

SQL Server 提供了一套安全保护机制，具有高的安全性、完整性以及并发控制和故障恢复的数据控制能力。SQL Server 支持广泛的并发控制机制，通过制定下列各项，用户可以指定并发控制类型：

(1) 用于连接的事务隔离级别。

(2) 游标上的并发选项。

这些特性可以通过 Transact-SQL 语句或数据库 API(如 ADO、OLE DB 和 ODBC)的属性和特性定义。

SQL Server 的锁模式包括：共享锁、更新锁、排他锁、意向锁和架构锁。锁模式表明联接与锁定对象所具有的相关性等级。SQL Server 控制锁模式的交互方式。例如，如果其他联接对资源具有共享锁，则不能获得排他锁。

SQL Server 锁保持的时间长度为保护所请求级别上的资源所需的时间长度。

(1) 用于保护读取操作的共享锁的保持时间取决于事务隔离级别。采用 Read Committed 的默认事务隔离级别时，只在读取页的期间内控制共享锁。在扫描中，直到在扫描内的下一页上获取锁时才释放锁。如果指定 Holdlock 提示或者将事务隔离级别设置为 Repeatable Read 或 Serializable，则直到事务结束才释放锁。

(2) 根据为游标设置的并发控制，游标可以获取共享模式的滚动锁以保护提取。当需要滚动锁时，直到下一次提取或关闭游标(以先发生者为准)时才释放滚动锁。但是，如果指定 Holdlock，则直到事务结束才释放滚动锁。

(3) 用于保护更新的排他锁将直到事务结束才释放。

在 SQL Server 中，如果一个连接试图获取一个锁，而该锁与另一个连接所控制的锁冲突，则试图获取锁的连接将一直阻塞到：

(1) 将冲突锁释放而且连接获取了所请求的锁。

(2) 连接的超时间隔已到期。默认情况下没有超时间隔，但是一些应用程序设置超时间隔以防止无限期等待。

如果几个连接因在某个单独的资源上等待冲突的锁而被阻塞，那么在前面的连接释放锁时将按先来先服务的方式授予锁。

SQL Server 有一个算法可以检测死锁，即两个连接互相阻塞的情况。如果 SQL Server 实例检测到死锁，将终止一个事务，以使另一个事务继续。

9.4 安 全 性

9.4.1 安全性概述

数据库是一个共享的资源，其中存放了组织、企业和个人的各种信息，有的是比较一般的、可以公开的数据，而有的可能是非常关键的或机密的数据，例如国家军事秘密、银行储蓄数据、证券投资信息、个人 Internet 账户信息等。如果对数据库控制不严，就有可能使重要的数据被泄露出去，甚至会受到不法分子的破坏。因此，必须严格控制用户对数据库的使用，这是由数据库的安全性控制来完成的。

所谓数据库的安全性就是指保护数据，以防止不合法的使用所造成的数据泄漏、更改或破坏。

随着计算机资源共享和网络技术的应用日益广泛和深入，特别是 Internet 技术的发展，计算机安全性问题越来越得到人们的重视。网络环境下数据库应用系统需要考虑的安全问题主要包括以下五个层面的问题：

(1) 硬件平台的安全问题：确保支持数据库系统运行的硬件设施的安全。

(2) 网络系统的安全问题：对于可以远程访问数据库的系统来说，网络软件内部的安全性也非常重要。

(3) 操作系统安全问题：安全的操作系统是安全的数据库的重要前提。操作系统应能保证数据库中的数据必须经由 DBMS 方可访问，不容许用户超越 DBMS 直接通过操作系统进入数据库。也就是说，数据库必须时刻处在 DBMS 监控之下，即使通过操作系统要访问数据库，也必须在 DBMS 中办理注册手续。这就是操作系统中安全性保护基本要点。

(4) 数据库系统的安全问题：进行用户标识和鉴定、数据库存取控制，只允许合法用户进入系统并进行合法的数据存取操作。

(5) 应用系统的安全问题：防止对应用系统的不合法使用所造成的数据泄密、更改或破坏。

在上述五层安全体系中，任何一个环节出现安全漏洞，都可能导致整个安全体系的崩溃。本节将介绍数据库系统的安全问题。

9.4.2 安全性控制

在一般计算机安全系统中，安全措施是一级一级层层设置的。例如，用户要求进入计算机系统时，系统首先根据输入的用户标识进行身份鉴定，只有合法的用户才获准进入计算机系统。对已进入系统的用户，DBMS 还要进行存取控制，只允许用户执行合法操作。操作系统一级也会有自己的保护措施。数据最后还可以以密码形式存储到数据库中。这里只讨论与数据库有关的用户标识与鉴别、存取控制、数据库审计等安全技术。

1. 用户标识与鉴别

用户标识与鉴别是系统提供的最外层安全保护措施。其方法是由系统提供一定的方式让用户标识自己的名字和身份。每次用户要求进入系统时，由系统进行核对，通过鉴定后才提供机器使用权。

对于获得上机权的用户若要使用数据库时，DBMS 还要进行用户标识和鉴别。用户标识和鉴别的方法有很多种，而且在一个系统中一般是许多方法并存，以获得更强的安全性。用户标识和鉴别的方法很多，常用的方法有：

(1) 身份认证。用户的身份，是系统管理员为用户定义的用户名(也称为用户标识、用户账号、用户 ID)，并记录在计算机系统或 DBMS 中。身份认证，是指系统对输入的用户名与合法用户名对照，鉴别此用户是否为合法用户。若是，则可以进入下一步的核实；否则，不能使用系统。例如，在网上书店系统的设计中，设置了用户的账户。

(2) 密码认证。用户的密码，是合法用户自己定义的密码。为保密起见，密码由合法用户自己定义并可以随时变更。密码认证是为了进一步对用户核实。通常系统要求用户输入密码，只有密码正确才能进入系统。例如，在网上书店系统的设计中，设置了用户的密码。

(3) 随机数运算认证。随机数认证实际上是非固定密码的认证，即用户的密码每次都是不同的。鉴别时系统提供一个随机数，用户根据预先约定的计算过程或计算函数进行计算，并将计算结果输送到计算机，系统根据用户计算结果判定用户是否合法。例如算法为："密码=随机数平方的后 2 位"，出现的随机数是 32，则密码是 24。

2. 存取控制

作为共享资源的数据库有很多用户，其中有些人有权更新数据库的数据，有些人却只能查询数据，有些人仅有权操作数据中的某几个表或视图，而有些人却可以操作数据库中的全部数据。例如，在网上书店系统的设计中，有的用户只可以察看广告、留言或订货，同时用户还分为 VIP 用户和普通用户，不同身份的用户享受的商品价格不一样；员工根据需求有不同的权限，比如，送货的员工不能对数据库中的数据进行修改，他只可以查看等等。因此，DBMS 必须提供一种有效的机制，以确保数据库中的数据仅被那些有权存取数据的用户存取。

(1) DBMS 的存取控制机制。DBMS 的存取控制包括 3 个方面的内容：

① DBMS 规定，用户想要操作数据库中的数据，必须拥有相应的权限。

例如，为了建立数据库中的基本表，必须拥有 Create Table 的权限，该权限属于 DBA。如果数据库中的基本表有很多，为减轻工作强度，DBA 也可以将 Create Table 的权限授予普通用户，拥有此权限的普通用户就可以建立基本表。又如，为将数据插入到数据库则必须拥有对基本表的 Insert 权限，有时可能还需要其他权限。

考虑某个想执行下面语句的用户需要拥有哪些权限。

```
Insert Into 学生表(学号)
Select 学号
From  成绩表
Where  成绩>80
```

首先，因为要将数据插入到“学生表”中，所以需要拥有对“学生表”的 Insert 权限。其次，由于上面的 Insert 语句包含一个子查询，因此还需要拥有对“成绩表”的 Select 权限。

在前面中讨论了 SQL 语言的安全性控制功能，这里简单回顾一下。例如，“学生表”的创建者自动获得对该表的 Select，Insert，Update，和 Delete 等权限，这些权限可以通过 Grant 语句转授给其他用户。例如：

```
Grant Select，Insert On Table 学生表
To 李林
With Grant Option;
```

就将“学生表”的 Select 和 Insert 权限授予了用户李林，后面的“With Grant Option”子句表示用户李林同时也获得了“授权”的权限，即可以把得到的权限继续授予其他用户。

当用户将某些权限授给其他用户后，他可以使用 Revoke 语句将权限收回，例如：

```
Revoke Insert On Table 学生表
From  李林
Cascade;
```

就将“学生表”的 Insert 权限从用户李林处收回，选项 Cascade 表示，如果用户李林将“学生表”的 Insert 权限又转授给了其他用户，那么这些权限也将从其他用户处收回。

使用这些语句，具有授权资格的 DBA 和数据库对象的所有者就可以定义用户的权限，但一个用户所拥有的权限不一定是永久的，因为如果授权者认为被授权者变得不可靠，或由于工作调动被授权者不再适合拥有相应的权限时，就可以将权限从被授权者处收回。

② DBMS 将授权结果存放于数据字典。

③ 当用户提出操作请求时，DBMS 会根据数据字典中保存的授权信息，判断用户是否有权对相应的对象进行操作，若无权则拒绝执行操作。

(2) DBMS 的存取控制方法。DBMS 的存取控制主要分为自主存取控制(Discretionary Access Control，DAC)，强制存取控制(Mandatory Access Control，MAC)和基于角色的存取控制(Role Based Access Control，RBAC)。

① 自主存取控制

自主存取控制基于用户的身份和访问控制规则。首先检查用户的访问请求，若存在授权，则允许访问，否则拒绝。在自主存取控制方法中，用户对于不同的数据对象可以有不同的存取权限，不同的用户对同一数据对象的存取权限也可以各不相同，用户还可以将自己拥有的存取权限转授给其他用户。

用户自主存取控制的主要缺点是较难控制已被赋予的访问权限，这使得自主访问控制策略易遭受木马程序的恶意攻击。

② 强制存取控制

强制型存取控制系统主要通过对主体和客体已分配的安全属性进行匹配判断，决定主体是否有权对客体进行进一步的访问操作。在强制存取控制方法中，每一个数据对象被标以一定的安全级别；每一个用户也被授予某一个级别的安全许可。对于任意一个对象，只有具有合法许可的用户才可以存取。而且一般情况下不能改变该授权状态，这也是强制型存取控制模型与自主型存取控制模型实质性的区别。为了保证数据库系统的安全性能，只有具有特定系统权限的管理员才能根据系统实际需要来修改系统的授权状态，而一般用户或程序不能修改。

③ 基于角色存取控制

RBAC 是由美国 George Mason 大学 Ravi Sandhu 于 1994 年提出的，它解决了具有大量用户、数据库客体和各种访问权限的系统中的授权管理问题。其中主要涉及用户、角色、访问权限、会话等概念。角色是访问权的集合，当用户被赋予一个角色时，用户具有这个角色所包含的所有访问权。用户、角色、访问权限三者之间是多对多的关系。

数据库安全性的重点是 DBMS 的存取控制机制。数据库安全主要通过数据库系统的存取控制机制来确保只授权给有资格的用户访问数据库的权限，同时令所有未被授权的人员无法接近数据。

3. 数据库审计

审计功能就是把用户对数据库的所有操作自动记录下来放入审计日志(Audit Log)中，一旦发生数据被非法存取，DBA 可以利用审计跟踪的信息，重现导致数据库现有状况的一系列事件，找出非法存取数据的人、时间和内容等。

由于任何系统的安全保护措施都不可能无懈可击，蓄意盗取、破坏数据的人总是想方设法打破控制，因此审计功能在维护数据安全、打击犯罪方面是非常有效的。审计通常是很费时间和空间的，因此 DBA 要根据应用对安全性的要求，灵活打开或关闭审计功能。审计功能一般主要用于安全性较高的部门。

4. 视图机制

进行存取权限控制时我们可以为不同的用户定义不同的视图，把数据对象限制在一定的范围内，也就是说，通过视图机制把要保密的数据对无权存取的用户隐藏起来，从而自动地对数据提供一定程度的安全保护。

视图机制间接地实现了支持存取谓词的用户权限定义。在不直接支持存取谓词的系统中，我们可以先建立视图，然后在视图上进一步定义存取权限。

5. 数据加密

对于高度敏感性数据，例如财务数据、军事数据、国家机密，除以上安全性措施外，还可以采用数据加密技术。数据加密是防止数据库中数据在存储和传输中失密的有效手段。加密的基本思想是根据一定的算法将原始数据(术语为明文，Plain text)变换为不可直接识别的格式(术语为密文，Cipher text)，从而使得不知道解密算法的人无法获知数据的内容。

加密方法主要有两种，一种是替换方法，该方法使用密钥(Encryption Key)将明文中的每一个字符转换为密文中的一个字符。另一种是置换方法，该方法仅将明文的字符按不同的顺序重新排列。单独使用这两种方法的任意一种都是不够安全的。但是将这两种方法结合起来就能提供相当高的安全程度。采用这种结合算法的例子是美国1977年制定的官方加密标准，数据加密标准(Data Encryption Standard，DES)。

有关DES密钥加密技术及密钥管理问题等，这里不再讨论。

9.4.3 统计数据库安全性

一般地，统计数据库允许用户查询聚集类型的信息(例如合计、平均值等)，但是不允许查询单个记录信息。例如，查询“工程师的平均工资是多少？”是合法的，但是查询“工程师王兵的工资是多少？”就不允许。

在统计数据库中存在着特殊的安全性问题，即可能存在着隐蔽的信息通道，使得可以从合法的查询中推导出不合法的信息。例如下面两个查询都是合法的：

本公司共有多少女高级工程师？

本公司女高级工程师的工资总额是多少？

如果第一个查询的结果是“1”，那么第二个查询的结果显然就是这个工程师的工资数。这样统计数据库的安全性机制就失效了。为了解决这个问题，我们可以规定任何查询至少要涉及N(N足够大)个以上的记录。但是即使这样，还是存在另外的泄密途径，例如下面的例子：

某个用户X想知道另一用户Y的工资数额，他可以通过下列两个合法查询获取：

用户X和其他N个工程师的工资总额是多少？

用户Y和其他N个工程师的工资总额是多少？

假设第一个查询的结果是A，第二个查询的结果是B，由于用户X知道自己的工资是C，那么他可以计算出用户Y的工资＝B−(A−C)。

无论采用什么安全性机制，都仍然会存在绕过这些机制的途径。好的安全性措施应该使得那些试图破坏安全的人所花费的代价远远超过他们所得到的利益，这也是整个数据库安全机制设计的目标。

9.4.4 SQL Server 的安全性管理

SQL Server 为一个网络数据库管理系统，具有完备的安全机制，能够确保数据库中的信息不被非法盗用或破坏。SQL Server 的安全机制可分为以下 3 个等级：

(1) SQL Server 的登录安全性。

(2) 数据库的访问安全性。

(3) 数据库对象的使用安全性。

这三个等级如同三道闸门，有效地抵御任何非法侵入，保卫着数据库中数据的安全。

SQL Server 的安全机制要比 Windows 系统复杂，这是因为服务器中的数据库多种多样，为了数据的安全，必须考虑对不同的用户分别给予不同的权限。比如，对教学数据库而言，一般学生允许访问课程表和选课表，进行查询，但不得修改或删除这两个表中的数据，只有有关教学管理人员用户才有权添加、修改或删除数据，这样将保证数据库的正常有效使用。另外，如果在教师表中存有一些关于教师的私人信息(如工资、家庭住址等)时，一般学生也不应具备访问教师表的权限。

1. SQL Server 的身份验证模式

用户想操作 SQL Server 中某一数据库中的数据，必须满足以下 3 个条件：

(1) 首先，登录 SQL Server 服务器时必须通过身份验证；

(2) 其次，必须是该数据库的用户或者是某一数据库角色的成员；

(3) 最后，必须有执行该操作的权限。

从上面三个条件可以看出 SQL Server 数据库的安全性检查是通过登录名、用户、权限来完成的。

1) Windows 身份验证模式

当用户通过 Windows NT/2000 用户账户进行连接时，SQL Server 通过回叫 Windows NT/2000 以获得信息，重新验证账户名和密码，并在 Syslogins 表中查找该账户，以确定该账户是否有权限登录。在这种方式下，用户不必提供密码或登录名让 SQL Server 验证。

2) 混合验证模式

混合模式使用户能够通过 Windows 身份验证或 SQL Server 身份验证与 SQL Server 实例连接。

在 SQL Server 验证模式下，SQL Server 在 Syslogins 表中检测输入的登录名和密码。如果在 Syslogins 表中存在该登录名，并且密码也是匹配的，那么该登录名可以登录到 SQL Server。否则，登录失败。在这种方式下，用户必须提供登录名和密码，让 SQL Server 验证。

3) 设置验证模式

可以使用 SQL Server 企业管理器来设置或改变验证模式。

(1) 打开企业管理器，展开服务器组，右击需要修改验证模式的服务器，在单击“属性”选项，出现 SQL Server 属性对话框。如图 9-7 所示。

(2) 在 SQL Server 属性对话框单击“安全性”选项卡，如图 9-8 所示。

(3) 如果要使用 Windows 身份验证，选择“仅 Windows”，如图 9-8 所示；如果想使用混合认证模式，选择“SQL Server 和 Windows”。

(4) 在“审核级别”中选择在 SQL Server 错误日志中记录的用户访问 SQL Server 的级别。如果选择该选项，则必须停止并重新启动服务器审核才生效。SQL Server 默认的是“仅 Windows”即 Windows 身份验证，身份验证模式修改后需要重新启动 SQL Server 服务才能生效。

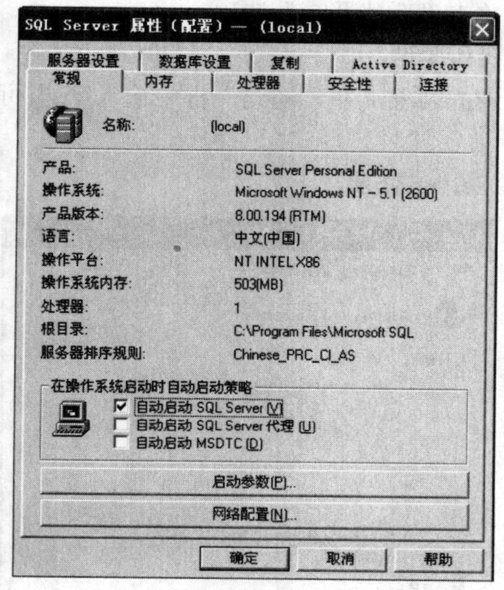

图 9-7　SQL Server 属性对话框

图 9-8　安全性选项卡

2. 登录管理

1) 系统安装时创建的登录账户

SQL Server 安装好之后，系统会自动产生两个登录账户。

(1) 本地管理员组：默认属于 sysadmin 角色中的成员，因此具有管理员权限。

(2) 系统管理员：默认情况下，它指派给固定服务器角色 sysadmin，并不能进行更改。

2) 添加 Windows 登录

在 Windows NT/2000 的用户或组可以访问数据库之前，必须给其授予连接到 SQL Server 实例的权限。

(1) 使用企业管理器添加 Windows 登录账户。

① 打开企业管理器，展开服务器组，然后展开服务器。

② 展开“安全性”，右击“登录”，然后单击“新建登录”选项。

③ 在“名称”框中，输入要被授权访问 SQL Server 的 Windows NT/2000 账户(以计算机名(域名)\用户名(组名)的形式)，如图 9-9 所示。

④ 在“身份验证”下，单击“Windows 身份验证”。

⑤ 在“数据库”中，单击用户在登录到 SQL Server 实例后所连接的默认数据库。在“语言”中，单击显示给用户的信息所用的默认语言。

⑥ 单击“确定”按钮。

(2) 使用系统存储过程 sp_grantlogin 添加 Windows 登录。

3) 添加 SQL Server 登录

如果用户没有 Windows 账号，SQL Server 配置为在混合模式下运行，或 SQL Server 实例正在 Windows XP 上运行，则可以创建 SQL Server 登录账户。

(1) 使用企业管理器添加 SQL Server 登录账户。

① 打开企业管理器，展开服务器组，然后展开服务器。

② 展开“安全性”，右击“登录”，然后单击“新建登录”选项。

③ 在“身份验证”下，单击“SQL Server 身份验证”。

④ 在“名称”框中，输入 SQL Server 登录的名称，在“密码”框中输入密码(可选)如图 9-10 所示。

(2) 用系统存储过程 sp_addlogion 添加 SQL Server 登录。

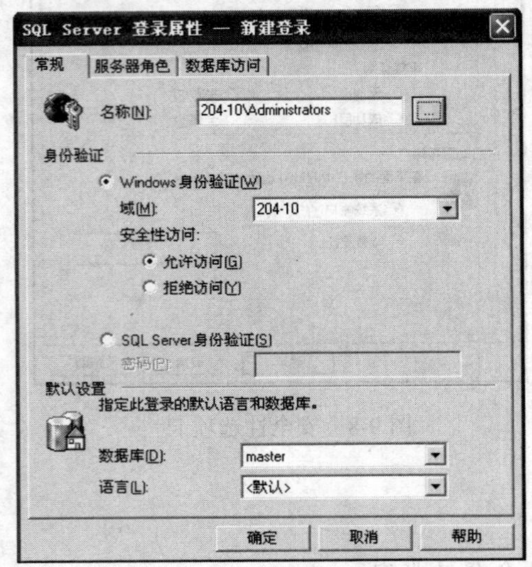

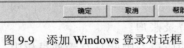

图 9-9　添加 Windows 登录对话框

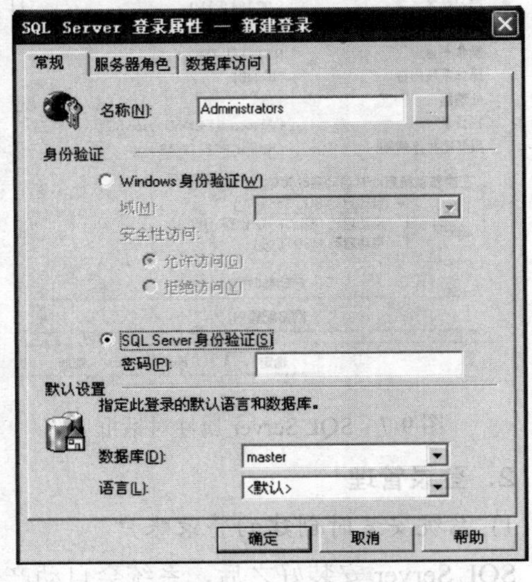

图 9-10　添加 SQL Server 登录对话框

3. 数据库用户管理

1) 默认数据库用户

(1) 数据库所有者(Database Owner，DBO)。

① DBO 是数据库的拥有者，拥有数据库中的所有对象，每个数据库都有 DBO，sysadmin 服务器角色的成员自动映射成 DBO，无法删除 DBO 用户，且此用户始终出现在每个数据库中。

② 通常，登录名 sa 映射为库中的用户 DBO。另外，由固定服务器角色 sysadmin 的任何成员创建的任何对象都自动属于 DBO。

(2) Guest 用户。

① Guest 用户账户允许没有用户账户的登录访问数据库。

② 当登录名没有被映射到一个用户名上时，如果在数据库中存在 Guest 用户，登录名将自动映射成 Guest，并获得对应的数据库访问权限。

③ Guest 用户可以和其他用户一样设置权限，也可以增加和删除，但 master 和 tempdb 数据库中的 Guest 不能被删除。

④ 默认情况下，新建的数据库中没有Guest用户账户。

2) 创建数据库用户

使用企业管理器添加数据库用户。

① 打开企业管理器，展开服务器组，然后展开服务器。

② 展开“数据库”文件夹，然后展开将授权用户或组访问的数据库。

③ 右击“用户”，然后单击“新建数据库用户”命令。弹出“数据库用户属性”对话框，如图9-11所示。

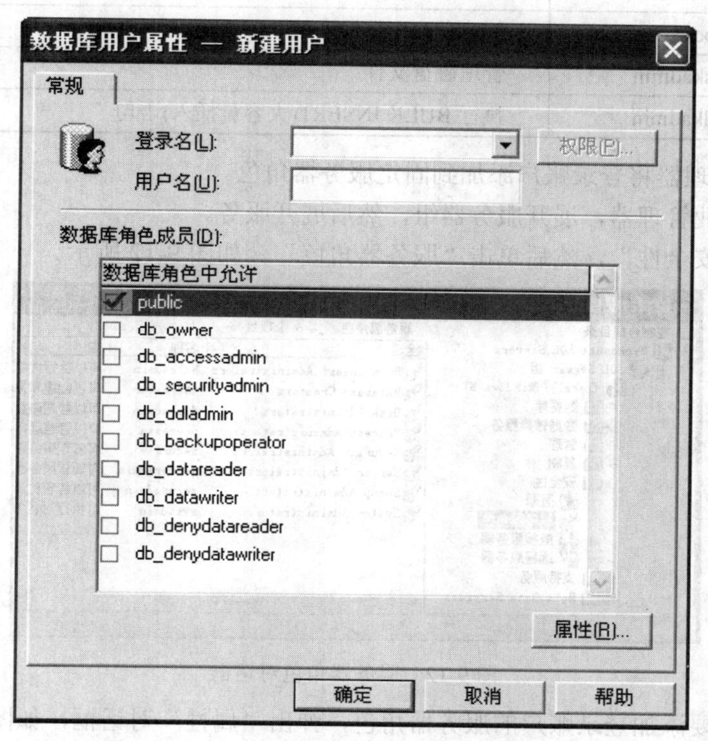

图9-11 数据库用户属性对话框

④ 在“数据库用户属性”对话框的“登录名”框中键入或选择将被授权访问数据库的Windows或SQL Server登录名。在“用户名”中，输入在数据库中识别登录所用的用户名，在默认的情况下，设置为登录名。

⑤ 单击“确定”按钮，完成数据库用户的创建。

4. 角色管理

角色是为了易于管理而按相似的工作属性对用户进行分组的一种方式。SQL Server中分组是通过角色来实现的。

在SQL Server中角色分为服务器角色和数据库角色两种。服务器角色是服务器级的一个对象，只能包含登录名。数据库角色是数据库级的一个对象，只能包含数据库用户名。

1) 固定服务器角色

固定服务器角色描述如表9-9所示。

表 9-9　固定服务器角色描述

固定服务器角色	描　述
Sysadmin	在 SQL Server 中执行任何活动
Serveradmin	配置服务器范围的设置
Setupadmin	添加和删除链接服务器，并执行某些系统存储过程
Securityadmin	管理服务器登录
Processadmin	管理在 SQL Server 实例中运行的进程
Dbcreator	创建和改变数据库
Diskadmin	管理磁盘文件
Bulkadmin	执行 BULK INSERT(大容量插入)语句

使用企业管理器将登录账户添加到固定服务器角色。

(1) 打开企业管理器，展开服务器组，然后展开服务。

(2) 展开“安全性”，然后单击“服务器角色”。如图 9-12 所示。

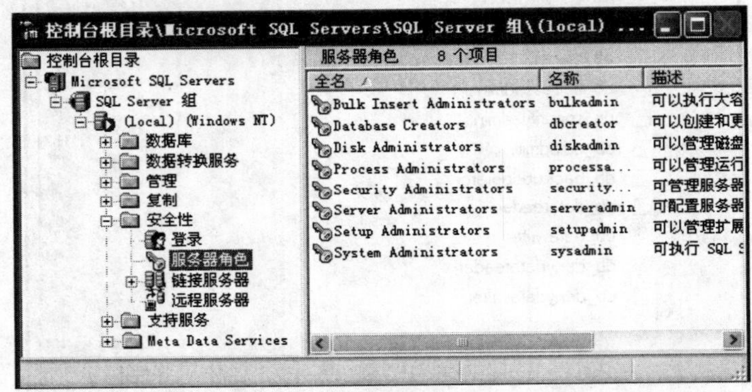

图 9-12　服务器角色对话框

(3) 双击需要添加登录账户的服务器角色，弹出“属性”对话框，如图 9-13 所示。

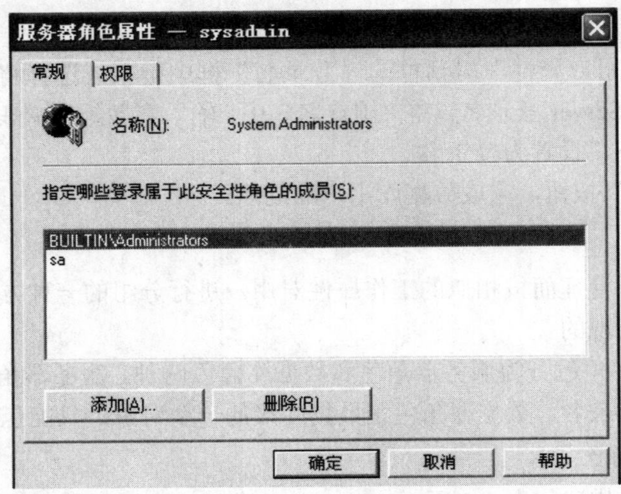

图 9-13　服务器角色属性对话框

(4) 在“常规”选项卡中单击“添加”按钮，然后单击要添加的登录。

(5) 单击“确定”按钮，完成操作。

2) 固定数据库角色

固定数据库角色描述如表9-10所示。

表9-10 固定数据库角色描述

固定数据库角色	描述
db_owner	数据库拥有者，可以执行所有数据库角色的活动，以及数据库中的其他维护和匹配活动
db_accessadmin	在数据库中添加或删除 Windows NT 4.0 或 Windows 2000 组和用户以及 SQL Server 用户
db_datareader	查看来自数据库中所有用户表的全部数据
db_datawriter	添加、更改或删除来自数据库中所有用户表的数据
db_ddladmin	添加、修改或除去数据库中的对象(运行所有 DDL)
db_securityadmin	管理 SQL Server 数据库角色的角色和成员，并管理数据库中的语句和对象权限
db_backupoperator	有备份数据库的权限
db_denydatareader	不允许查看数据库数据的权限
db_denydatawriter	不允许更改数据库数据的权限
Public	数据库中用户的所有用户权限

使用企业管理器将用户添加到固定数据库角色。

(1) 打开企业管理器，展开服务器组，然后展开服务器。

(2) 展开“数据库”文件夹，然后展开角色所在的数据库。

(3) 单击“角色”，如图9-14所示。

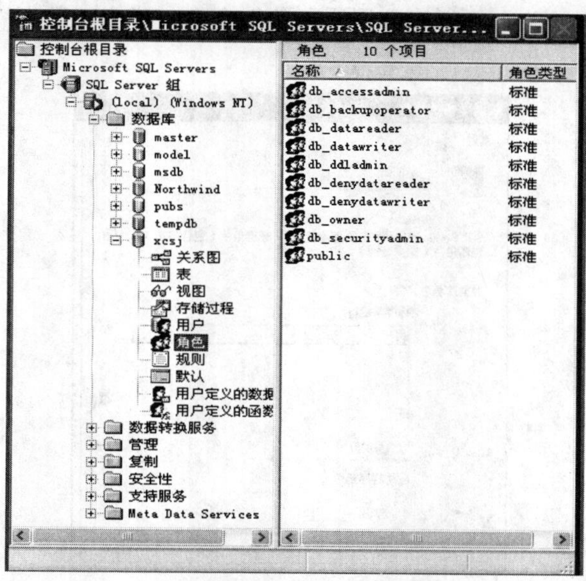

图9-14 数据库角色对话框

(4) 双击需要添加用户的数据库角色，弹出“属性”对话框，如图 9-15 所示。

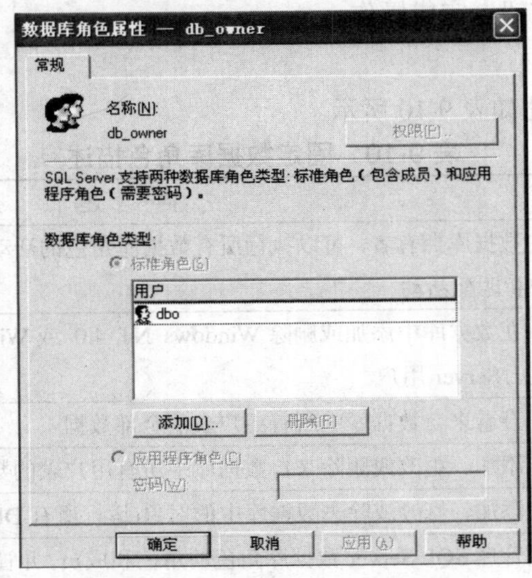

图 9-15 数据库角色属性对话框

(5) 在“常规”选项卡中单击“添加按钮”，然后单击要添加的用户。

(6) 单击“确定”按钮，完成操作。

3) 自定义数据库角色

当一组用户需要在 SQL Server 中执行一组指定的活动时，为了方便管理，可以创建数据库角色。用户自定义数据库角色有两种：标准角色和应用程序角色。

(1) 使用企业管理器创建用户自定义数据库角色。

① 打开企业管理器，展开服务器组，然后展开服务器。

② 展开“数据库”文件夹，然后展开要在其中创建角色的数据库。

③ 右击“角色”，单击“新建数据库角色”命令，弹出“数据库角色属性”对话框。如图 9-16 所示。

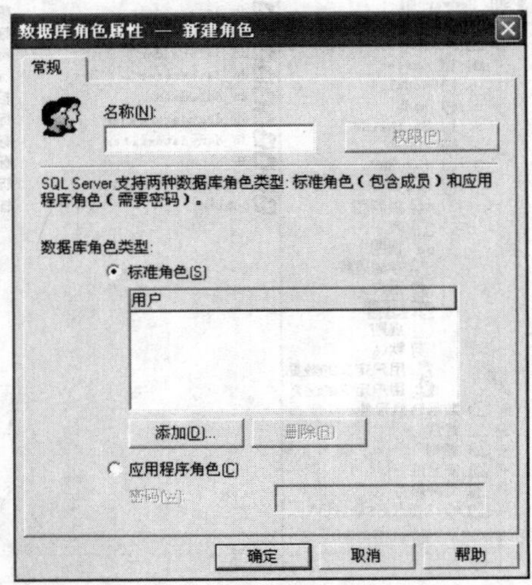

图 9-16 数据库角色属性对话框

④ 在“名称”框中输入新角色的名称，选择“标准角色”。单击“添加”按钮将成员添加到“标准角色”列表中，然后单击要添加的一个或多个用户。

⑤ 单击“确定”按钮，完成操作。

(2) 应用程序角色。当要求对数据库的某些操作不允许用户用任何工具来进行操作，而只能用特定的应用程序来处理时，就可以建立应用程序角色。应用程序角色不包含成员；默认情况下，应用程序角色是非活动的，需要用密码激活。在激活应用程序角色以后，当前用户原来的所有权限会自动消失，而获得了该应用程序角色的权限。

5. 权限管理

1) 权限类型

权限用来控制用户如何访问数据库对象。一个用户可以直接分配到权限，也可以作为一个角色的成员来间接得到权限。一个用户可以同时属于具有不同权限的多个角色。权限分为：对象权限、语句权限、暗示性权限。

(1) 对象权限。对象权限是指用户访问和操作数据库中表、视图、存储过程等对象的权限。有五个不同的权限：

① 查询(Select)。

② 插入(Insert)。

③ 更新(Update)。

④ 删除(Delete)。

⑤ 执行(Execute)。

前四个权限用于表和视图，执行只用于存储过程。

(2) 语句权限。语句权限是指用户创建数据库或在数据库中创建或修改对象、执行数据库或事务日志备份的权限。语句权限有：

① Backup Database。

② Backup Log。

③ Create Database。

④ Default。

⑤ Create Function。

⑥ Create Procedure。

⑦ Create Rule。

⑧ Create Table。

⑨ Create View。

(3) 暗示性权限。暗示性权限是指系统预定义角色的成员或数据库对象所有者拥有的权限。例如，sysadmin固定服务器角色成员自动继承在SQL Server安装中进行操作或查看的全部权限。数据库对象所有者有暗示性权限，可以对所拥有的对象执行一切活动。

2) 权限管理操作

一个用户或角色的权限可以有三种存在的形式：授予(Granted)是赋予用户某权限；拒绝(Denied)是禁止用户的某权限；废除(Revoked)是撤销以前授予或拒绝的权限。

(1) 使用企业管理器管理权限。对象权限可以从用户/角色的角度管理，即管理一个用户能对哪些对象执行哪些操作；也可以从对象的角度管理，即设置一个数据库对象能被哪些用户执行哪些操作。

(2) 用 Transact_SQL 语句管理权限。

① Grant 授予权限。

② Deny 拒绝权限。

③ Revoke 废除权限。

语句权限：

```
Grant/Deny/Revoke
{All|statement[，...n]}
To security_account[，...n]
```

例如，给用户 use1 创建表的权限：

```
Use 学生成绩管理
Go
Grant Create Table
To use1
```

对象权限：

```
Grant/Deny/Revoke
{All[Privileges]|permission[，...n]}
{[(column[，...n])]On{table|view}
  |On{table|view}[(column[...n])]
  |On{stored_procedure|extended_procedure}
```

例如，授予用户 use1 在学生表上的 Select、Update 和 Insert 权限。

```
Use 学生成绩管理
Go
Grant Select，Update，Insert
On 学生表
To use1
```

例如，把用户 use2 修改学生表学号的权限收回

```
Use 学生成绩管理
Go
Revoke Update(学号)
On Table 学生表
From use2
```

9.5 完 整 性

数据库的完整性是指保护数据库中数据的正确性、有效性和相容性，其主要目的是防止错误的数据进入数据库。正确性是指数据的合法性，例如，数值型数据中只能含有数字

而不能含有字母。有效性是指数据是否属于所定义域的有效范围，例如，月份只能用 1～12 之间的正整数表示。相容性是指表示同一事实的两个数据应当一致，不一致即是不相容，例如，一个人不能有两个学号。显然，维护数据库的完整性非常重要，数据库中的数据是否具备完整性关系到数据能否真实地反映现实世界。

数据库的完整性和安全性是数据库保护的两个不同的方面。前面刚刚讲到的数据库的安全性是指保护数据库以防止非法使用所造成数据的泄露、更改或破坏。安全性措施的防范对象是非法用户和非法操作，而数据库的完整性是指防止合法用户使用数据库时向数据库中加入不符合语义的数据。完整性措施的防范对象是不合语义的数据。但从数据库的安全保护角度来讲，安全性和完整性又是密切相关的。

9.5.1　完整性约束条件

为维护数据库的完整性，DBMS 必须提供一种机制来检查数据库中的数据，看其是否满足语义规定的条件。这些加在数据库数据之上的语义约束条件称为数据库完整性约束条件，也称为完整性规则。

数据库系统的整个完整性控制都是围绕着完整性约束条件进行的，从这个角度来看，完整性约束条件是完整性控制机制的核心。

完整性约束条件涉及 3 类作用对象，即属性级、元组级和关系级。这 3 类对象的状态可以是静态的，也可以是动态的。所谓静态约束是指对数据库每一个确定状态所应满足的约束条件，是反映数据库状态合理性的约束，这是最重要的一类完整性约束。所谓动态约束是指数据库从一种状态转变为另一种状态时，新、旧值之间所应满足的约束条件，动态约束反映的是数据库状态变迁的约束。结合这两种状态，一般将这些约束条件分为下面 6 种类型。

1．静态列级约束

静态列级约束是对一个列的取值域的说明，这是最常用也最容易实现的一类完整性约束，包括以下几个方面：

(1) 对数据类型的约束，包括数据的类型、长度、单位和精度等。例如，规定学生姓名的数据类型应为字符型，长度为 8。

(2) 对数据格式的约束。例如，规定出生日期的数据格式为 YY.MM.DD。

(3) 对取值范围的约束。例如，月份的取值范围为 1～12，日期的取值范围为 1～31。

(4) 对空值的约束。空值表示未定义或未知的值，它与零值和空格不同。有的列值允许空值，有的则不允许。例如，学号和课程号不可以为空值，但成绩可以为空值。

2．静态元组约束

一个元组是由若干个列值组成的，静态元组约束就是规定元组的各个列之间的约束关系。例如课程表中包含课程号、课程名称等列，规定一个课程号对应一个课程名；又如教师基本信息表中包含职称、工资等列，规定讲师的工资不低于 2000 元。

3．静态关系约束

在一个关系的各个元组之间或者若干关系之间常常存在各种联系或约束。常见的静态关系约束有：

(1) 实体完整性约束：说明了关系键的属性列必须唯一，其值不能为空或部分为空。

(2) 参照完整性约束：说明了不同关系的属性之间的约束条件，即外部键的值应能够在参照关系的主键值中找到或取空值。

(3) 函数依赖约束：说明了同一关系中不同属性之间应满足的约束条件。如：2NF、3NF、BCNF 这些不同的范式应满足不同的约束条件。大部分函数依赖约束都是隐含在关系模式结构中的，特别是对于规范化程度较高的关系模式，都是由模式来保持函数依赖。

(4) 统计约束，规定某个属性值与一个关系多个元组的统计值之间必须满足某种约束条件。例如，规定系主任的奖金不得高于该系的平均奖金的 40%，不得低于该系的平均奖金的 20%。这里该系平均奖金的值就是一个统计计算值。

其中，实体完整性约束和参照完整性约束是关系模型的两个极其重要的约束，被称为关系的两个不变性。统计约束实现起来开销很大。

4．动态列级约束

动态列级约束是修改列定义或列值时应满足的约束条件，包括下面两方面：

(1) 修改列定义时的约束。例如，将允许空值的列改为不允许空值时，如果该列目前已存在空值，则拒绝这种修改。

(2) 修改列值时的约束。修改列值有时需要参照其旧值，并且新、旧值之间需要满足某种约束条件。例如，教师工资调整不得低于其原来工资，学生年龄只能增长等。

5．动态元组约束

动态元组约束是指修改元组的值时元组中各个字段间需要满足某种约束条件。例如教师工资调整时新工资不得低于原工资 + 工龄*2 等。

6．动态关系约束

动态关系约束是加在关系变化前后状态上的限制条件，例如事务一致性、原子性等约束条件。

以上六类完整性约束条件的含义可用表 9-11 完整性约束条件进行概括。

表 9-11　完整性约束条件

粒度 / 状态	列级	元组级	关系级
静态	列定义 ● 类型 ● 格式 ● 值域 ● 空值	元组值应满足的条件	实体完整性约束 参照完整性约束 函数依赖约束 统计约束
动态	改变列定义或列值	元组新、旧值之间应满足的约束条件	关系新、旧状态间应满足的约束条件

9.5.2　完整性控制

DBMS 的完整性控制机制应具有三个方面的功能：

(1) 定义功能，提供定义完整性约束条件的机制。

(2) 检查功能，检查用户发出的操作请求是否违背了完整性约束条件。

(3) 如果发现用户的操作请求使数据违背了完整性约束条件，则采取一定的动作来保证数据的完整性。

在关系系统中，最重要的完整性约束是实体完整性和参照完整性，其他完整性约束条件则可以归入用户定义的完整性。

目前许多关系数据库管理系统都提供了定义和检查实体完整性、参照完整性和用户定义的完整性的功能。对于违反实体完整性和用户定义的完整性的操作一般都采用拒绝执行的方式进行处理。而对于违反参照完整性的操作，并不都是简单地拒绝执行，有时要根据应用语义执行一些附加的操作，以保证数据库的正确性。例如，对“成绩表(学号，课程号，成绩)”来说，属性列“学号”是其外键，该外键对应了“学生表(学号，姓名，性别，出生日期，联系方式，备注)”的主键“学号”，则称“成绩表”为参照关系，“学生表”为被参照关系。当用户对被参照关系“学生表”进行删除操作或修改其中主键“学号”的值时，就有可能对“成绩表”产生影响，从而违背参照完整性。是要求系统拒绝执行，还是采取一些补救措施来保证参照完整性不被破坏，应根据应用环境而定。另外，是否允许外键为空值也应根据实际情况而定。下面详细讨论实施参照完整性时需要考虑的问题。

1．外键的空值问题

在实现参照完整性时，系统除了应该提供定义外键的机制，还应提供定义外键列是否允许空值的机制。在“成绩表”中，“学号”是其外键，要求“学号”不允许为空，因此“成绩表”的外键不允许为空。

2．在参照关系中删除元组的问题

当删除被参照关系的某个元组时，如果参照关系中有若干个元组的外键值与被参照关系删除元组的主键值相同，则可以采用级联删除、受限删除和置空删除 3 种策略。

例如，要删除“学生表”中“学号”为“2013001”的元组，而在“成绩表”中也有一个“学号”为“2013001”的元组，这时就有 3 种策略可供选择：

1) 级联方式(Cascades)

级联方式允许删除被参照关系的元组，但要将参照关系中所有外键值与被参照关系中要删除元组主键值相同的元组一起删除。即在删除“学生表”中元组的同时，将“成绩表”中“学号”为“2013001”的元组也一起删除。如果参照关系同时又是另一个关系的被参照关系，则这种操作会继续级联下去。

2) 受限方式(Restricted)

当参照关系中没有任何元组的外键值与被参照关系中要删除元组的主键值相同时，系统才进行删除操作，否则拒绝删除操作。因此，上面的“学生表”的删除操作将被拒绝。但如果一定要删除“学生表”中的元组，可以由用户先用 Delete 语句将“成绩表”中相应的元组删除，再删除“学生表”的元组。

3) 置空方式(Set Null)

允许删除被参照关系的元组，但参照关系中相应元组的外键值应置为空。即在删除“学生表”中元组的同时，将“成绩表”中“学号”为“2013001”的元组的“学号”置为空。

对上述 3 种策略，到底采用哪一种比较合适？根据实际情况，对“学生表”中的“学号”删除操作来说，显然第一种和第二种方式都是可以采用的，但第三种策略是行不通的，因为“成绩表”中的“学号”的值是不允许为空的。

3．在参照关系中插入元组时的问题

例如向“成绩表”中插入(学号，课程号，成绩)的值为(2013009，20005，82)元组，而“学生表”中尚没有学号=2013009 的学生，一般地，当参照关系插入某个元组，而被参照关系不存在相应的元组，其主码值与参照关系插入元组的外码值相同，这时可有以下策略：

1) *受限插入*

仅当被参照关系中存在相应的元组，其主码值与参照关系插入元组的外码值相同时，系统才执行插入操作，否则拒绝此操作。例如对于上面的情况，系统将拒绝向“成绩表”中插入(学号，课程号，成绩)的值为(2013009，20005，82)元组。

2) *递归插入*

首先向被参照关系中插入相应的元组，其主码值等于参照关系插入元组的外码值，然后向参照关系插入元组。例如对于上面的情况，系统将首先向“学生表”插入学号=2013009 的元组，然后向“成绩表”中插入(2013009，20005，82)元组。

4．修改关系中主键值的问题

在有些关系数据库系统中，主键是不允许修改的，如果要修改主键值，只能先删除要修改主键的元组，然后再插入具有新主键值的元组。例如，为了将“学生表”中的某一元组“学号”的值从“2013002”改为“2013012”，可以先用 Delete 语句将“学号”为“2013002”的元组删除，再插入“学号”为“2013012”的元组。在删除元组时，可以采用上面介绍的策略保证参照完整性。而对被参照关系的插入操作则不会影响参照完整性。

有些关系数据库系统是允许修改主键的。对于修改被参照关系主键的操作，系统也可采用下列 3 种策略之一。

1) *级联方式*(Cascades)

级联方式允许修改被参照关系的主键，但需要参照关系中所有与被参照关系中要修改元组主键值相同的外键值一起修改为新值。即若要将“学生表”中主键“学号”为“2013003”的元组的“学号”改为“2013013”，则需同时将“成绩表”中外键“学号”为“2013003”的元组的“学号”也改为“2013013”。

2) *受限方式*(Restricted)

当参照关系中没有任何元组的外键值与被参照关系中要修改元组的主键值相同时，系统才进行修改操作，否则拒绝修改操作。因此，上面对“成绩表”的修改操作将被拒绝。

3) *置空方式*(Set Null)

允许修改被参照关系的元组，但参照关系中相应元组的外键值应置为空。即在修改“学生表”中元组的同时，将“成绩表”中“学号”为“2013003”的元组的“学号”置为空。

从上面的讨论看到 DBMS 在实现参照完整性时，除了要提供定义主键、外键的机制外，还需要提供不同的策略供用户选择。选择哪种策略，都要根据应用环境的要求确定。

9.5.3 SQL Server 的完整性策略

数据完整性控制策略包括触发器、规则、默认值、验证、约束等部分，下面分别介绍。

1. 默认约束

默认约束使用户能够定义一个值，每当用户没有在某一列中输入值时，则将所定义的值提供给这一列。例如，在“学生表”中的“备注”这一列中，可以让数据库服务器在用户没有输入时填上某个值，例如“群众”或者随意指定的其他值。

在数据库关系图中，可以将默认约束定义为表的一个列属性。通过在标准视图下的表内指定默认值，为列定义这种类型的约束。一定要指定带有正确分隔符的约束。例如，字符串必须用单引号括起来。

默认约束可以在 Create Table 时使用 Default 选项建立，例如建立一个学生表，设置“备注”的默认值为群众。

```
Create Table  学生表(学号      Char (8),
                    姓名      Char (8),
                    性别      Char (4),
                    出生日期  Datetime,
                    联系方式  Char (13),
                    备注      Char (16) Default '群众');
```

可以使用 Drop 语句删除默认值，此外，也可以使用企业管理器完成这些操作。

2. 主键约束

主键约束确保在特定的列中不会输入重复的值，并且在这些列中也不允许输入 NULL 值。可以使用主键约束强制唯一性和引用完整性。例如上面的例子给“学号”建立主键约束，可以使用 Primary Key 指定。

```
Create Table   学生表(学号      Char (8),
                     姓名      Char (8),
                     性别      Char (4),
                     出生日期  Datetime,
                     联系方式  Char (13),
                     备注      Char (16) Default '群众',
                     Primary Key(学号));
```

也可以使用 Alter table 语句在已有的表中修改主键约束。

3. 唯一约束

对于一个表中非主键列的指定列，唯一约束确保不会输入重复的值。但是，唯一约束允许存在空值。创建唯一约束来确保不参与主键的特定列的值不重复。尽管唯一约束和主键都强制唯一性，但在下列情况下，应该为表附加唯一约束以取代主键约束：

(1) 如果要对列或列的组合强制唯一性，可以为表附加多个唯一约束，但只能附加一个主键约束。

(2) 如果要对允许空值的列强制唯一性，可以为允许空值的列附加唯一约束，但只能将主键约束附加到不允许空值的列。当将唯一约束附加到允许空值的列时，确保在约束列中最多有一行含有空值。例如，在“学生表”中给“联系方式”建立唯一约束，可以使用 Unique 指定。

```
Create Table   学生表(学号      Char (8),
                     姓名      Char (8),
                     性别      Char (4),
                     出生日期  Datetime,
                     联系方式  Char (13),
                     备注      Char (16) Default ‘群众’,
                     Primary Key(学号),
                     Unique(联系方式));
```

4．Check 约束

Check 约束指定可由表中一列或多列接受的数据值或格式。可以为一个表定义许多 Check 约束，可以使用“表”属性页创建、修改或删除每一个 Check 约束。例如，在“学生表”中给“出生日期”建立 Check 约束。

```
Create Table   学生表(学号      Char (8),
                     姓名      Char (8),
                     性别      Char (4),
                     出生日期  Datetime,
                     联系方式  Char (13),
                     备注      Char (16) Default ‘群众’,
                     Primary Key(学号),
                     Unique(联系方式),
                     Check(出生日期 Between ‘1989-01-01’ And ‘1999-01-01’));
```

5．外键约束

外键约束与主键约束或唯一约束一起在指定表中强制引用完整性。我们已经知道，作为外键的关系表称为被参照表，作为主键的关系表称为参照表。

外键也是由一列或多列构成的，它用来建立和强制两个表间的关联。这种关联是通过将一个表中的组成主键的列或组合列加入到另一个表中形成的，这个列或组合列就成了第二个表中的外键。

外键定义基本形式为：

Foreign Key〈列名序列〉

References 表名〈目标表名〉|〈列名序列〉

“Foreign Key〈列名序列〉”中的“〈列名序列〉”是被参照表的外键。

“References 表名<目标表名>|<列名序列>”中的“<目标表名>”是参照表的名称，而“<列名序列>”是参照表的主键或候选键。

9.6 本章小结

本章的内容为数据库恢复技术、事务操作并发控制、数据库的安全性和完整性四大模块。

从数据库一致性要求角度考虑，在数据库实际运行当中，应当有一个在逻辑上不可再分的工作单位，这就是数据库中的事务概念。事务作为数据库的逻辑工作单元是数据库管理中的一个基本概念。如果数据库只包含成功事务提交的结果，就称数据库处于一致状态。保证数据的一致性是数据库的最基本要求。只要能够保证数据库系统一切事务的 ACID 性质，就可以保证数据库处于一致性状态。为了保证事务的隔离性和一致性，DBMS 需要对事务的并发操作进行控制；为了保证事务的原子性、持久性，DBMS 必须对事务故障、系统故障和介质故障进行恢复。事务既是并发控制的基本单位，也是数据库恢复的基本单位，因此数据库事务管理的主要内容就是事务操作的并发控制和数据库的故障恢复。

事务并发控制的出发点是处理并发操作中出现的三类基本问题：丢失修改、读“脏”数据和不可重复读。并发控制的基本技术是实行事务封锁。为了解决三类基本问题，需要采用“三级封锁协议”；为了达到可串行化调度的要求需要采用“两段封锁协议”。

数据库恢复的基本原理是使用适当存储在其他地方的后备副本和日志文件中的“冗余”数据重建数据库，数据库恢复的最常用技术是数据库转储和登记日志文件。

随着计算机特别是计算机网络技术的发展，数据的共享性日益加强，数据的安全性问题也日益突出。DBMS 作为数据库系统的数据管理核心，自身必须具有一套完整而有效的安全机制。实现数据库安全性的技术和方法有多种，其中最重要的是存取控制技术和审计技术。

数据库的完整性是为了保护数据库中存储的数据是正确的，而“正确”的含义是指符合现实世界语义。关于完整性的基本要点是 DBMS 关于完整性实现的机制，其中包括完整性约束机制、完整性检查机制以及违背完整性约束条件时 DBMS 应当采取的措施等。需要指出的是，完整性机制的实施会极大影响系统性能。但随着计算机硬件性能和存储容量的提高以及数据库技术的发展，各种商品数据库系统对完整性支持越来越好。

在本章的学习中，一定要弄清楚数据库安全性和数据库完整性两个基本概念的联系与区别。

习　题　9

1．什么是事务？事务有哪些重要属性？

2．什么是数据库的恢复？数据库恢复的基本技术有哪些？

3．什么是数据库的转储？试比较各种转储方法。

4．什么是日志文件？登记日志文件必须遵循的两条原则是什么？

5．并发操作可能会产生哪几类数据不一致？

6．什么是封锁？基本的封锁类型有几种？试述它们的含义。

7．什么是封锁协议？封锁协议有哪几种？为什么要引入封锁协议？

8．什么是两段锁协议？并发调度的可串行性指的是什么？

9．什么是数据库的完整性约束条件？可分为哪几类？

10．假设有下面两个关系模式：

职工(职工号，姓名，年龄，工资，部门号)，其中职工号为主键；

部门(部门号，名称，电话)，其中部门号为主键；

用 SQL 语言定义这两个关系模式，要求在模式中完成以下完整性约束添加的定义：

(1) 定义每个模式的主键。

(2) 定义参照完整性。

(3) 定义职工年龄不得超过 60 岁。

第 10 章　人力资源管理系统

人力资源管理系统(Human Resources Management System，HRMS)包括人事日常事务、薪酬、招聘、培训、考核以及人力资源的管理。人力资源管理是指组织或社会团体运用系统学理论方法，对企业的人力资源管理方方面面进行分析、规划、实施、调整，提高企业人力资源管理水平，使人力资源更有效地服务于组织或团体目标。通过人力资源的有效管理，可掌握最新的、准确的企业人力资源信息，并对其进行复杂的统计与分析，从而充分发挥每个员工的潜能，为企业创造更大的价值。本章将向用户全面剖析人力资源管理的内容，由此得出人力资源管理系统的需求分析和数据建模。

10.1　系 统 分 析

人力资源管理以人为本，把人看做组织中最具活力的要素，视为组织得以存在和发展的决定性资源。诺贝尔经济学奖获得者西奥多·W·舒尔茨曾说："人力资源的提高对经济增长的作用，远比物质资本的增加重要得多。"在经济起飞的时代，人力资源绝对是经济增长的主体力量。源于传统人事管理，而又超越传统人事管理的现代人力资源管理，主要应包括哪些具体内容和工作任务呢？

人力资源管理工作由若干相互联系的任务组成，在安排与执行这些任务时，负有人力资源管理责任的所有人员，都必须考虑法律、政治、经济、社会、文化和技术等各种因素的影响。人力资源管理工作的内容如图 10-1 所示。

人力资源管理关心的是"人的问题"，其核心是认识人性、尊重人性，强调现代人力资源管理"以人为本"。在一个组织中，围绕人，主要关心人本身、人与人的关系、人与工作的关系、人与环境的关系、人与组织的关系等。人力资源管理工作的主要任务有：① 进行人力资源的规划和分析；② 贯彻平等就业机会原则；③ 聘任员工；④ 培训员工与从事人力资源开发；⑤ 确定报酬和福利；⑥ 处理员工与劳资关系。

人力资源管理系统的作用主要是在进行人力资源规划的过程中，经理人员将预计未来影响劳动力供求的有关因素。人力资源分析要求具备各种有关的信息资料、通信系统和评价体系，它们是从事人力资源工作所不可或缺的部分。

人力资源管理系统是基于先进的软件和高速、大容量的硬件的新的人力资源管理模式，通过集中式的信息库、自动处理信息、员工自助服务、外协及服务共享，达到降低成本、提高效率、改进员工服务模式的目的。它通过与企业现有的网络技术相联系，保证人力资源与日新月异的技术环境同步发展。一般来说，可以分 4 个部分来理解人力资源管理系统。

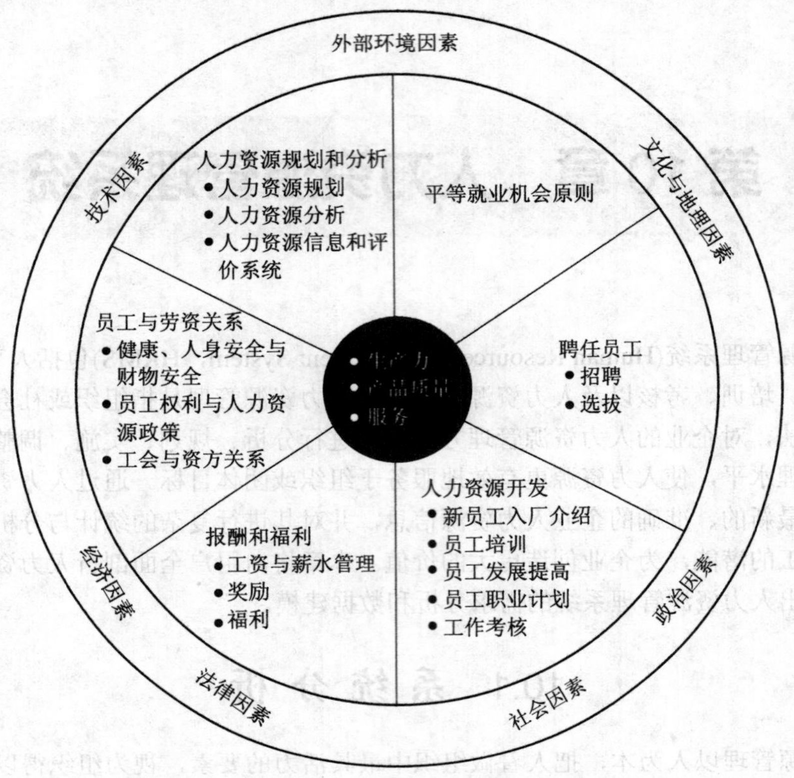

图 10-1 人力资源管理工作的内容

(1) 管理人员角色和目标的改变。传统的人力资源管理中，管理人员的大部分精力将耗费在繁琐的日常行政事务处理上，而作为企业管理层的参谋角色应该做的咨询和策略制定的工作相对薄弱。通过人力资源管理系统，管理人员可以将绝大部分精力放在为管理层提供咨询、建议上，而在行政事务上的工作可以由电子化系统完成，只需占用管理人员极少的精力和时间。

(2) 提供更好的服务。人力资源管理系统可以迅速、有效地收集各种信息，加强内部的信息沟通。各种用户可以直接从系统中获得自己所需的各种信息，并根据相关的信息做出决策和相应的行动方案。

(3) 降低成本。人力资源管理系统通过减少人力资源管理工作的操作成本、降低员工流动率、减少通信费用等达到降低企业运作成本的目的。

(4) 革新管理理念。人力资源管理系统的最终目的是革新企业的管理理念，而不仅仅是改进管理方式、优化人力资源管理。先进技术应用于人力资源管理不仅仅是为了将现有的人力资源工作做得更好，更重要的是，做些对于企业来讲更有效率的事情，成为管理层的决策支持者，为决策提供信息和解决方案。

下面根据对人力资源管理系统的理解来设计一个具体的人力资源管理系统，并按照软件生命周期设计和实现的步骤来具体细化系统的完成过程。

1. 需求分析

人力资源管理要求系统具有以下功能：

(1) 由于操作人员的计算机知识普遍较差，因此要求系统有良好的人机操作界面。

(2) 由于该系统的使用对象多，因此要求有较好的权限管理。

(3) 具有发布、接收企业公函、公共消息的功能。

(4) 对人力资源基础信息进行管理。

(5) 对企业员工进行人事管理。

(6) 对企业员工的工作任务进行管理，并对部门、员工的工作任务进行分配、管理。

(7) 对员工考勤情况进行管理，设置员工考勤时间。

(8) 提供个人工作管理平台，方便员工日常工作管理和日常信息传递。

(9) 维护个人信息。

(10) 对企业员工培训的一系列相关信息内容进行管理。

(11) 对企业招聘、应聘信息，招聘、应聘人员信息进行全面管理。

(12) 对员工薪酬信息进行管理，包括薪酬信息的查询、登记、删除。

(13) 对员工保险知识、保险产品基本介绍、政策法规等相关内容进行管理。

(14) 对系统用户信息进行管理，并对用户权限进行设置。

(15) 系统退出。

2．可行性分析

(1) 经济性。人力资源管理是企业管理中的一个重要组成部分，涉及企业管理的各个方面。人力资源管理水平的提高，能够带动企业各方面水平的提升。利用计算机对企业的人力资源进行管理，使人事管理人员从日常琐碎的管理工作中解脱出来，更好地协调企业人才，大大提高了人才的利用率，使企业人才的能力得以更充分地发挥。

(2) 技术性。通过网站管理实现了企业信息(包括公函、消息、培训信息等)的发布、查看、接收等功能；通过网站对企业进行管理，使员工的考勤管理、薪酬管理更为科学化、系统化；通过网站管理，为企业个人提供了一个更为完善的工作平台。

3．项目规划

人力资源管理系统是一个典型的数据库开发应用程序，由人事管理、个人管理、招聘管理、培训管理、保险管理、薪酬管理、系统设置等部分组成，规划系统功能模块如下：

(1) 人事管理模块。该模块的主要功能是管理人事管理的基础信息、工作任务、工作人员考勤信息以及考勤时间设置等。

(2) 个人管理模块。该模块的主要功能是管理个人工作任务，查看企业公函、消息等，修改个人密码，并提供个人信息检索功能。

(3) 招聘管理模块。该模块的主要功能是管理企业招聘信息、企业应聘信息、企业人才库。

(4) 培训管理模块。该模块的主要功能是对培训计划、培训实施、培训材料等信息进行管理。

(5) 保险管理模块。该模块的主要功能是管理保险基本常识信息、保险产品介绍信息以及保险政策法规信息。

(6) 薪酬管理模块。该模块的主要功能是管理员工薪酬信息。

(7) 系统设置模块。该模块的主要功能是管理操作员信息，设置操作员操作权限。

人力资源管理系统的功能结构如图 10-2 所示。

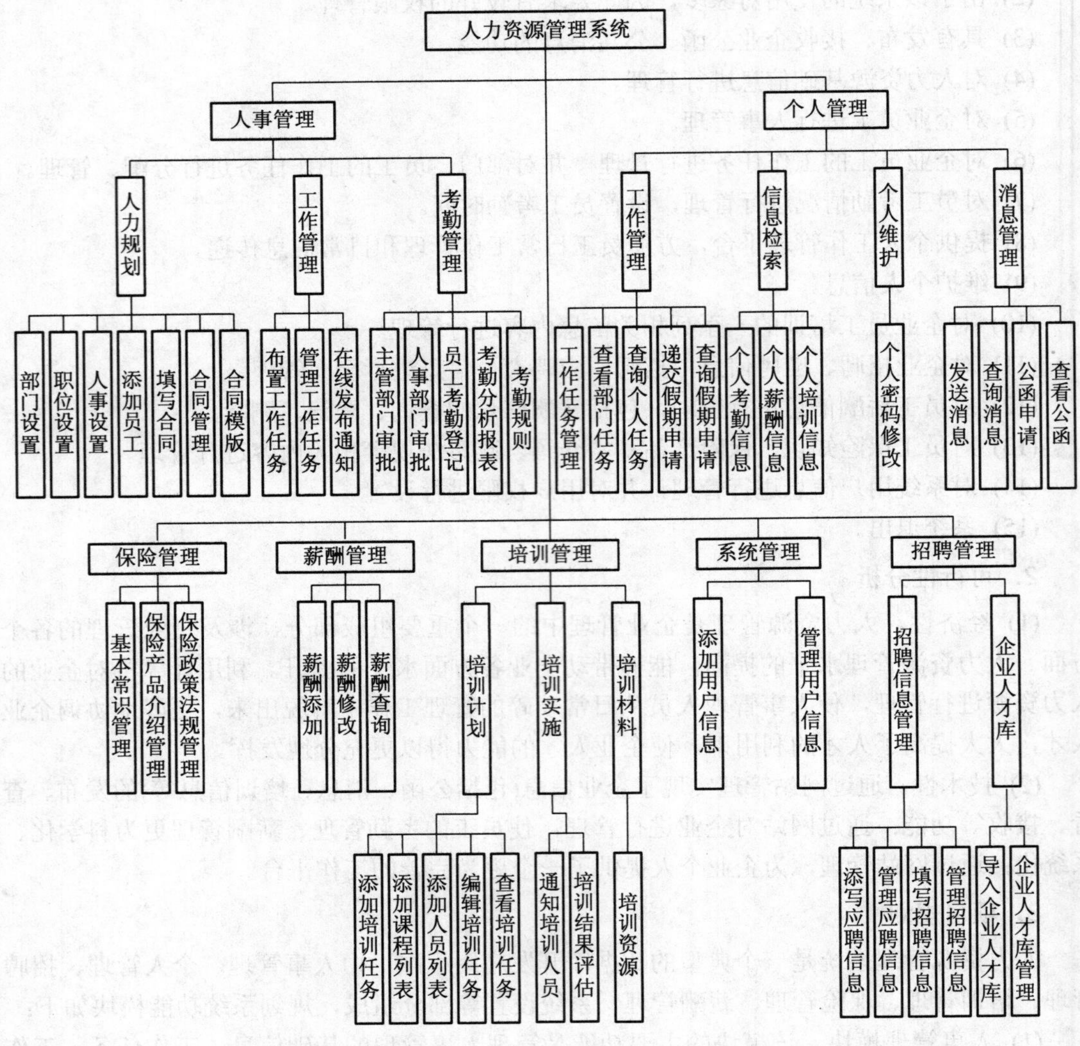

图 10-2 人力资源管理系统功能结构图

10.2 系统设计

1. 设计目标

本系统是针对中小型企业人力资源管理进行设计的，主要实现如下目标：

(1) 对企业人力资源管理的基本信息进行管理。

(2) 管理企业的员工信息(即人事管理功能)。

(3) 实现企业工作任务的在线分配功能。

(4) 通过网站对员工考勤进行管理，并设置考勤时间。

(5) 实现为个人提供网站工作平台的功能。

(6) 实现个人信息全面检索的功能。

(7) 实现个人在线递交假期申请的功能。

(8) 实现企业的招聘信息、应聘信息的管理功能。

(9) 实现企业人才库管理功能。

(10) 实现企业员工培训的一系列相关信息的管理。

(11) 实现员工薪酬信息管理。

(12) 实现企业员工相关保险知识、政策法规等信息的管理。

(13) 实现员工间信息的传递以及企业信息(包括会议通知、培训通知、工作任务分配等)的发布、接收、查询等功能。

(14) 实现系统用户信息的管理。

(15) 系统最大限度地实现了易安装性、易维护性和易操作性。

(16) 系统运行稳定、安全、可靠。

本系统数据库采用 SQL Server 2000 数据库，系统数据库名称为 db_people。在数据库中共创建了 22 个数据表。

1) tb_Dept(部门表)

部门表主要用于保存部门信息，其结构如表 10-1 所示。

表 10-1　表 tb_Dept 的结构

字 段 名	数据类型	长度	描　　述
id	int	4	自动编号
title	Varchar	100	部门标题
level	Int	4	级别
shangji	varchar	100	所属上级部门的 id
up	varchar	500	级别排序
content	varchar	2000	部门描述

2) tb_Leave(假期申请表)

假期申请表主要用于保存假期申请信息，其结构如表 10-2 所示。

表 10-2　表 tb_Leave 的结构

字 段 名	数据类型	长度	描　　述
id	int	4	自动编号
name	varchar	50	姓名
kshijian	varchar	50	假期申请开始时间
jshijian	varchar	50	假期申请结束时间
bantian	varchar	50	是否是半天假
jiayin	varchar	50	请假原因
time	varchar	50	发布时间
zpi	varchar	50	主管部门审批
rpi	varchar	50	人事部门审批

续表

字 段 名	数据类型	长度	描　述
suoshu	int	4	所属部门
kyear	varchar	50	假期申请开始年份
kmonth	varchar	50	假期申请开始月份
kday	varchar	50	假期申请开始日期
jyear	varchar	50	假期申请结束年份
jmonth	varchar	50	假期申请结束月份
jday	varchar	50	假期申请结束日期

3) tb_KaoqinSetup(考勤时间设置表)

考勤时间设置表主要用于保存考勤时间设置的信息，其结构如表 10-3 所示。

表 10-3　表 tb_KaoqinSetup 的结构

字 段 名	数据类型	长度	描　述
id	int	4	自动编号
shangwus	varchar	50	上午上班时间
shangwux	varchar	50	上午下班时间
xiawus	varchar	50	下午上班时间
xiawux	varchar	50	下午下班时间

4) tab_FosterRole(培训任务列表)

培训任务列表主要用于保存培训任务列信息，其结构如表 10-4 所示。

表 10-4　表 tab_FosterRole 的结构

字 段 名	数据类型	长度	描　述
id	int	4	自动编号
title	varchar	50	任务名称
bianhao	varchar	50	任务编号
bumen	varchar	50	培训部门
danwei	varchar	50	培训单位
yusuan	varchar	50	预算费用
shijian	varchar	50	培训时间
zongzhi	varchar	1000	培训宗旨
time	varchar	20	发布时间
guanbi	varchar	10	是否开放
duixiang	varchar	50	发送的对象
point	varchar	50	发送的部门或者个人姓名 id
fasong	varchar	6	是否已经发送过

5) tab_Foster_k(培训任务的课程列表)

培训任务的课程列表主要用于保存培训任务的课程信息，其结构如表 10-5 所示。

表 10-5　表 tab_Foster_k 的结构

字段名	数据类型	长度	描　述
id	int	4	自动编号
renwu	varchar	50	任务 id
title_k	varchar	50	课程名称
lei	varchar	12	课程类型
changdu	varchar	50	课程长度
yuyan	varchar	6	语言
fangshi	varchar	12	培训方式
jiansu	varchar	1000	课程简述
mudi	varchar	1000	课程目的
duixiang	varchar	1000	课程对象
content	varchar	1000	课程内容
linkman	varchar	1000	联系人
time	varchar	20	发布时间

6) tb_Zhiwei(职位表)

职位表主要用于保存职位的信息，其结构如表 10-6 所示。

表 10-6　表 tb_Zhiwei 结构

字段名	数据类型	长度	描　述
id	int	4	自动编号
zhiwei	varchar	50	职位名称
suoshu	varchar	50	所属部门

7) tb_work(工作任务表)

工作任务表主要用于保存工作任务的信息，其结构如表 10-7 所示。

表 10-7　表 tb_work 结构

字段名	数据类型	长度	描　述
id	int	4	自动编号
title	varchar	100	任务标题
content	varchar	5000	任务内容
buzhizhe	varchar	100	布置任务的人
buzhitime	varchar	50	布置任务时间
wanchengzhe	varchar	50	完成任务的人
wanchengtime	varchar	50	完成任务的期限
wanchengdu	varchar	50	任务是否完成
wanchenglei	varchar	50	完成者的类别

8) tb_Wage(薪金信息表)

薪金信息表主要用于保存员工的薪金信息，该表的结构如表 10-8 所示。

表 10-8　表 tb_Wage 结构

字 段 名	数据类型	长度	描　述
id	int	4	自动编号
name	int	4	员工姓名 id
dyear	varchar	10	薪金登记的年份
dmonth	varchar	10	薪金登记的月份
gongzuo	varchar	10	工作日数
rixin	varchar	10	日薪
benxin	varchar	10	本薪
jiangjin	varchar	10	奖金
jiari	varchar	10	假日津贴
quanqin	varchar	10	全勤奖金
jiaban	varchar	10	加班津贴
benqi	varchar	10	本期工资
fuli	varchar	10	福利金
huoshi	varchar	10	伙食费
suode	varchar	10	所得税
jiezhi	varchar	10	借支
shifa	varchar	10	实发工资

9) tb_User(用户信息表)

用户信息表主要用于保存用户及其权限信息，该表的结构如表 10-9 所示。

表 10-9　表 tb_User 结构

字 段 名	数据类型	长度	描　述
id	int	4	自动编号
username	varchar	50	用户名
userpwd	varchar	50	用户密码
name	int	4	员工姓名
bumenshezhi	varchar	50	部门设置权限
zhiweishezhi	int	4	职位设置权限
renshishezhi	int	4	人事设置权限
tianjiayuangong	int	4	添加员工权限
tianxiehetong	int	4	添加合同权限
hetongguanli	int	4	合同管理权限
hetongmoban	int	4	合同模版权限
buzhigongzuo	int	4	布置工作任务权限

续表一

字 段 名	数据类型	长度	描　　述
guanligongzuo	int	4	管理工作任务权限
fabutongzhi	int	4	在线发布通知权限
zhuguanshenpi	int	4	主管审批权限
renshishenpi	int	4	人事审批权限
yuangongkaoqin	int	4	员工考勤权限
kaoqinfenxi	int	4	考勤分析报表权限
kaoqinguize	int	4	考勤规则权限
gongzuorenwu	int	4	查看个人管理工作任务权限
chakanbumen	int	4	查看部门任务权限
chaxungeren	int	4	查询个人任务权限
dijiaojiaqi	int	4	递交假期申请权限
chaxunjiaqi	int	4	查询假期权限
fabuxinxi	int	4	发布信息权限
chaxunxinxi	int	4	查询信息权限
gonghanshenqing	int	4	公函申请权限
chakangonghan	int	4	查看公函权限
gerenkaoqin	int	4	个人考勤权限
gerenxinchon	int	4	个人薪酬权限
gerenpeixun	int	4	个人培训权限
gerenmima	int	4	个人修改密码权限
tianxieyingpin	int	4	填写应聘信息权限
guanliyingpin	int	4	管理应聘信息权限
tianxiezhaopin	int	4	填写招聘信息权限
guanlizhaopin	int	4	管理招聘信息权限
daoruqiye	int	4	导入企业人才库权限
guanliqiye	int	4	管理企业人才库权限
tianjiapeixun	int	4	添加培训任务权限
tianjiakecheng	int	4	添加课程权限
tianjiarenyuan	int	4	添加人员权限
bianjipeixun	int	4	编辑培训任务权限
chakankecheng	int	4	查看课程权限
tongzhipeixun	int	4	通知培训权限
peixunjieguo	int	4	培训评估权限
tianjiashuji	int	4	添加培训资源权限
ziyuanchakan	int	4	查看培训资源权限
jibenchangshi	int	4	查看基本常识权限
chanpinjieshao	int	4	查看产品介绍权限

续表二

字段名	数据类型	长度	描　述
zhengcefagui	int	4	查看政策法规权限
changshiguanli	int	4	基本常识管理权限
jieshaoguanli	int	4	常识介绍管理权限
faguiguanli	int	4	政策法规管理权限
xinchoudengji	int	4	薪酬登记的权限
xinchouxiugai	int	4	薪酬修改的权限
xinchouchaxun	int	4	薪酬查询的权限
tianjiayonghu	int	4	添加用户的权限
yonghuguanli	int	4	用户管理的权限
chaoji	int	4	是否为超级用户

10) tb_Seeker(*应聘信息表*)

应聘信息表主要用于保存应聘者的信息，该表的结构如表 10-10 所示。

表 10-10　表 tb_Seeker 结构

字段名	数据类型	长度	描　述
id	int	4	自动编号
name	varchar	20	姓名
age	varchar	2	年龄
ename	varchar	50	英文名
sex	varchar	2	性别
mianmao	varchar	4	政治面貌
hun	varchar	4	是否已婚
chusheng	varchar	10	出生年月日
jiguan	varchar	30	籍贯
xianzhi	varchar	100	现在住址
email	varchar	50	电子邮件
xueli	varchar	50	学历
school	varchar	50	毕业学校
zhuanye	varchar	50	所学专业
tel	varchar	50	联系电话
hander	varchar	11	手机
jtime	varchar	20	发布时间
zhiwei	varchar	50	应聘职位
jwork	varchar	50	工作经验

11) tb_Pact(合同模板表)

合同模板表主要用于保存合同的模板信息，该表的结构如表 10-11 所示。

表 10-11　表 tb_Pact 结构

字 段 名	数据类型	长度	描　述
id	int	4	自动编号
lei	varchar	10	合同类型
content	varchar	5000	合同内容
title	varchar	50	合同标题

12) tb_Messagef(发信息列表)

发信息列表主要用于保存发送的信息，该表的结构如表 10-12 所示。

表 10-12　表 tb_Messagef 结构

字 段 名	数据类型	长度	描　述
id	int	4	自动编号
title	varchar	100	信息标题
content	varchar	5000	信息内容
fabuzhe	varchar	50	发布者的用户名
jieshouzhe	int	4	接受者的姓名
jtime	varchar	50	发布时间
tongzhilei	varchar	50	信息发送的类型

13) tb_Message (收信息列表)

收信息列表主要用于保存收到的信息，该表的结构如表 10-13 所示。

表 10-13　表 tb_Message 结构

字 段 名	数据类型	长度	描　述
id	int	4	自动编号
title	varchar	100	信息标题
content	varchar	5000	信息内容
fabuzhe	varchar	50	发布者的用户名
jieshouzhe	int	4	接受者的姓名 id
jtime	varchar	50	发布时间
tongzhilei	varchar	50	信息发送的类型

14) tb_letter_s(公函接收列表)

公函接收列表主要用于保存发布公函的信息，该表的结构如表 10-14 所示。

表 10-14　表 tb_letter_s 结构

字 段 名	数据类型	长度	描　述
id	int	4	自动编号
duixiang	varchar	50	指定发送的对象
point	varchar	50	用户或者部门的 id
title	varchar	50	公函标题
number	varchar	50	公函编号
content	varchar	5000	公函内容
name	varchar	50	发送者的用户名
jtime	varchar	20	发送时间

15) tb_letter_f(公函发送列表)

公函发送列表主要用于保存接收公函的信息，该表的结构如表 10-15 所示。

表 10-15　表 tb_letter_f 结构

字 段 名	数据类型	长度	描　述
id	int	4	自动编号
duixiang	varchar	50	指定发送的对象
point	varchar	50	用户或者部门的 id
title	varchar	50	公函标题
number	varchar	50	公函编号
content	varchar	5000	公函内容
name	varchar	50	发送者的用户名
ftime	varchar	20	发送时间

16) tb_Kaoqin(考勤登记表)

考勤登记表主要用于保存考勤登记的信息，该表的结构如表 10-16 所示。

表 10-16　表 tb_Kaoqin 结构

字 段 名	数据类型	长度	描　述
id	int	4	自动编号
shangwus	varchar	50	上午上班时间登记
shangwux	varchar	50	上午下班时间登记
xiawus	varchar	50	下午上班时间登记
xiawux	varchar	50	下午下班时间登记
dyear	varchar	50	登记的年份
dmonth	varchar	50	登记的月份
dday	varchar	50	登记日
ddate	varchar	10	登记的日期
name	varchar	10	登记人的用户名

17) tb_Jobbase(企业人才库表)

企业人才库表主要用于保存企业的人才信息，该表的结构如表 10-17 所示。

表 10-17　表 tb_Jobbase 结构

字 段 名	数据类型	长度	描　述
id	varchar	4	自动编号
name	varchar	20	姓名
age	varchar	2	年龄
ename	varchar	50	英文名
sex	varchar	2	性别
mianmao	varchar	4	政治面貌
hun	varchar	4	是否已婚
chusheng	varchar	10	出生年月日
jiguan	varchar	30	籍贯
xianzhi	varchar	100	现在住址
email	varchar	50	电子邮件
xueli	varchar	50	学历
school	varchar	50	毕业学校
zhuanye	varchar	50	所学专业
tel	varchar	50	联系电话
hander	varchar	11	手机
jtime	varchar	20	发布时间
zhiwei	varchar	50	应聘职位
jwork	varchar	50	工作经验
yi	int	4	1 代表已经成为员工

18) tb_Job(招聘表)

招聘表主要用于保存招聘的信息，该表的结构如表 10-18 所示。

表 10-18　表 tb_Job 结构

字 段 名	数据类型	长度	描　述
id	int	4	自动编号
zhiwei	varchar	50	招聘职位
gongxing	varchar	4	工作类型
sex	varchar	4	性别
hun	varchar	4	是否已婚
youxiao	varchar	3	有效天数
zhaopin	varchar	3	招聘人数
xinjin	varchar	20	薪金待遇
xueli	varchar	20	学历要求
zhuanye	varchar	20	专业
linkman	varchar	20	联系人
content	varchar	1000	职位简述
name	varchar	20	发布人
ftime	varchar	20	发布时间
guanbi	varchar	4	是否开放

19) tb_Insurance(保险信息表)

保险信息表主要用于保存保险信息，该表的结构如表 10-19 所示。

表 10-19　表 tb_Insurance 结构

字段名	数据类型	长度	描　述
id	int	4	自动编号
title	varchar	100	文章标题
content	varchar	5000	文章内容
fenlei	varchar	50	文章类别
ftime	varchar	20	发布时间

20) tb_foster_wealth(培训资源表)

培训资源表主要用于保存培训资源信息，该表的结构如表 10-20 所示。

表 10-20　表 tb_foster_wealth 结构

字段名	数据类型	长度	描　述
id	int	4	自动编号
title	varchar	50	书籍的名称
fromto	varchar	50	出版社
author	varchar	50	作者
content	varchar	2000	简介
ftime	varchar	20	发布时间

21) tb_Foster_f(任务发送列表)

任务发送列表主要用于保存发送任务的信息，该表的结构如表 10-21 所示。

表 10-21　表 tb_Foster_f 结构

字段名	数据类型	长度	描　述
id	int	4	自动编号
renwu	varchar	10	任务
jieshouzhe	int	4	接受人的姓名
pinggu	varchar	50	培训评估
ftime	varchar	50	添加任务的时间

22) tb_Employee(员工信息表)

员工信息表主要保存员工的信息，该表的结构如表 10-22 所示。

表 10-22　表 tb_Employee 结构

字 段 名	数据类型	长度	描　述
id	int	4	自动编号
name	varchar	50	姓名
ename	varchar	50	英文名
age	varchar	2	年龄
sex	varchar	2	性别
chusheng	varchar	10	出生日期
jiguan	varchar	50	籍贯
xianzhi	varchar	50	现在住址
tel	varchar	50	联系电话
hander	varchar	50	手机
jingongsi	varchar	50	进公司的日期
zhengshi	int	4	是否为正式员工
hetong	varchar	50	合同类型 id
qixian	varchar	50	合同期限
youxiaoqi	varchar	1000	有效期
zhiwei	int	4	职位 id
suoshu	varchar	50	部门 id
kong	int	4	1 是成为公司员工
email	varchar	50	电子邮件
xueli	varchar	50	学历
school	varchar	50	毕业学校
zhuanye	varchar	50	所学专业
mianmao	varchar	4	政治面貌
hun	varchar	4	是否已婚
jwork	varchar	50	工作经验
uj	varchar	4	1 代表已经添加过用户名

10.3　系 统 实 现

1. 模块功能介绍

网站首页主要包括以下功能模块：

(1) 人事管理：主要包括人力规划、工作管理和考勤管理 3 个部分。

(2) 个人管理：主要包括工作管理、消息管理、信息检索和个人维护 4 个部分。

(3) 招聘管理：主要包括招聘信息管理和企业人才库两个部分。

(4) 培训管理：主要包括培训计划、培训实施和培训材料 3 个部分。

(5) 保险管理：主要包括基本常识、产品介绍、政策法规、基本常识管理、产品介绍管理和政策法规管理 6 个部分。

(6) 薪酬管理：主要包括薪酬登记、薪酬修改和薪酬查询 3 个部分。

(7) 系统管理：主要包括添加用户和用户信息管理。

2. 首页运行结果

进入系统后，网站首页的运行结果如图 10-3 所示。

图 10-3　网站首页运行结果

网站页面的各部分说明以列表形式给出，如表 10-23 所示。

表 10-23　网站首页解析

区域	名称	说　　明	对应文件
1	管理导航区	主要用于选择各种管理操作	index_g.asp
2	功能导航区	主要用于选择各种功能操作	index_g.asp
3	展示区	主要显示各种功能或者列表	gerenguanliopen.asp

3. 用户登录模块

网站登录主要是用户通过登录进入管理页面进行合法的操作。网站登录模块主要用于验证用户是否是合法用户。网站登录页面由两部分组成，即用于收集登录信息的前台表单部分和用于验证的后台处理部分。

网站登录页面的设计效果如图 10-4 所示。

图 10-4　网站登录页面的设计效果

网站登录页面中涉及的 HTML 表单如表 10-24 所示。

表 10-24　网站登录页面中涉及的 HTML 表单元素

名称	类型	含义	重要属性
form1	Form	表单	action="check.asp?action=login" method="post"
admin_name	text	用户名	class="wenben" size="8"
admin_pwd	text	密码	class="wenben" size="8"
Submit	image	登录按钮	value="提交" src="image/login_04.gif"

当单击【登录系统】按钮时，后台对用户的身份进行验证，主要是检索用户名和密码在数据库中是否存在。如果存在，那么登录成功，进入操作页面，否则登录失败。其程序

代码如下：

```
<!--#include file=DataBase/conn.asp-->
<%
if request("action")="login" then
    admin_name=request("admin_name")'获取用户名
    admin_pass=request("admin_pass")'获取密码
    username=trim(request("admin_name"))
    password=trim(request("admin_pass"))
    for i=1 to len(username)
    user=mid(username,i,1)
    if user="'" or user="%" or user="<" or user=">" or user="&" or user="|" then
        response.write "<script language=JavaScript>" & "alert('您的用户名含有非法字
符,请重新输入！');" & "history.back()" & "</script>"
        response.end
    end if
    next
    for i=1 to len(password)
        pass=mid(password,i,1)
        if pass="'" or pass="%" or pass="<" or pass=">" or upass="&" or pass="|" then
            response.write "<script language=JavaScript>" & "alert('您的密码含有非法字
符,请重新输入！');" & "history.back()" & "</script>"
            response.end
        end if
    next
    '在数据库中检索用户名和密码是否正确
    set rs=server.CreateObject("adodb.recordset")
    sql="select * from tb_User where username='"&admin_name&"'and
userpwd='"&admin_pass&"' "
    rs.open sql,conn,1,1
    if rs.eof then                '记录集为空说明用户名或者密码错误
    response.write "<br><br><br><br><font size=2><center>对不起，您输入的用户名或
密码错误，请重新输入，谢谢！<br><br>本软件建议您使用IE6.0以上版本，分辨率：
1024*768<br><br><a href=login.asp>返回</a></font>"
    else                          '记录集不为空说明用户名和密码正确，进入管理页面
        session("admin_name")=request("admin_name")
        response.Redirect("index.asp")'跳转到管理首页
    end if
    rs.close
    set rs=nothing
```

```
    conn.close
    set conn=nothing
  end if
  %>
```

4. 网站首页设计

网站首页主要由三大部分组成，第一部分是管理导航区，第二部分是功能导航区，第三部分是展示区。其中展示区中除了显示各种功能或者列表，还显示当前的操作用户和当前的日期，并且被装在一个包含文件里。其程序代码如下：

```
<!--#include file=DataBase/conn.asp-->
<!--#include file=yan.asp-->
<%
set rs=server.CreateObject("adodb.recordset")
sql="SELECT dbo.tb_Employee.name FROM dbo.tb_Employee INNER JOIN dbo.tb_User
ON dbo.tb_Employee.id = dbo.tb_User.name where
dbo.tb_User.username='"&session("admin_name")&"'"
rs.open sql,conn,1,1
if not rs.eof then
%>
<table width="612" border="0" cellspacing="0">
  <tr>
    <td width="33%" align="left"> </td>
    <td width="44%" align="left"><span class="style5">您好，<%=rs("name")%>今天的
日期是：<%=date()%></span></td>
    <td width="23%" align="right"><div align="center"><a href="quite.asp"><span
class="style5">注销登录</span></a></div></td>
  </tr>
</table>
<%
else
    response.Redirect("login.asp")
end if
%>
```

当用户单击“注销登录”超链接，就是把 sesssion("admin_name")的值清空，用户就会退出登录，返回登录页面。其程序代码如下：

```
<%
session("admin_name")=""
response.Redirect("login.asp")
%>
```

5. 人事管理模块设计

人事管理模块主要包括人力规划、工作管理和考勤管理三大部分。人力规划主要包括部门设置、职位设置、人事设置、添加员工、填写合同、合同管理和合同模版 7 部分组成。

部门设置主要用于用户管理部门的名称，包括显示、添加、修改和删除部门信息 4 个部分。

当用户单击“部门设置”超链接时，页面在展示区会显示出部门名称，并且按级别进行排序。其程序代码如下：

```
<!--#include file=DataBase/conn.asp-->
<%
set rs=server.CreateObject("adodb.recordset")
sql="select * from tb_Dept order by up"
rs.open sql,conn,1,1
do while not rs.EOF
    xian=""
    for i=1 to rs("level")-1
        xian = xian&"├"
    next
    xian = xian&"〖<a href=deptopen.asp?id="&trim(rs("id"))&"
target='xian'>"&trim(rs("title"))&"</a>〗<br>"
    %>
    <%=xian%>
    <%
    rs.movenext
loop
%>
```

当用户在页面展示区内单击部门名称的超链接时，会在右侧显示出其部门的详细信息。主要是通过根据传递的参数查找相应的记录并显示来实现的。

部门添加主要用于添加部门的名称。在添加部门名称时要先选择其上级部门，然后进行添加。部门添加的设计效果如图 10-5 所示。

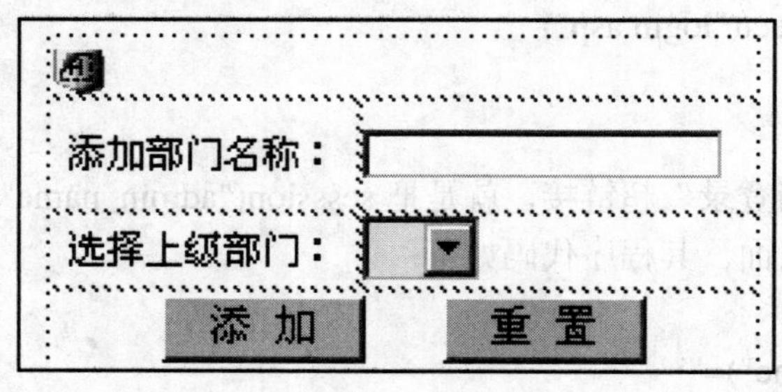

图 10-5　部门添加页面设计效果

部门添加页面中涉及的 HTML 表单如表 10-25 所示。

表 10-25　部门添加页面中涉及的 HTML 表单元素

名称	类型	含　义	重要属性
form1	Form	表单	method="post" action=""
post	hidden	判断表单是否提交	value="true"
title	text	部门名称	value="<%=rs("title")%>"
up	select	上级部门	<option value="<%=rs("id")%>"> <%=tempcataStr%></option>
Submit	image	添加按钮	value="提交" src="images/login_04.gif"
Submit2	reset	重置按钮	value="重置

当用户单击“添加部门”超链接后，进入部门名称添加页面，填写完部门名称，单击【添加】按钮，系统会把用户添加的数据提交给数据处理页进行数据处理。其数据处理的程序代码如下：

```
<!--#include file=DataBase/conn.asp-->
<%
call bumenshezhi
'上级部门id
set rs=server.CreateObject("adodb.recordset")
sql="select * from tb_Dept order by up "
rs.open sql,conn,1,1
'添加部门
if request("post")<>"" then
    if request("title")<>"" then
        set rsc=server.CreateObject("adodb.recordset")
        sqlc="select * from tb_Dept where shangji="&request("up")&" and
title='"&request("title")&"'"
        rsc.open sqlc,conn,1,1
        if not rsc.eof then
            response.Write("<script language=javascript>alert('同一级别下的部门不能重
名');location='javascript:history.go(-1)'</script>")
            response.End()
        end if
        '上级部门级别
        set rsj=server.CreateObject("adodb.recordset")
        sqlj="select * from tb_Dept where id="&request("up")
        rsj.open sqlj,conn,1,1
        up=rsj("up")
        set rsa=server.CreateObject("adodb.recordset")
        sqla="Select * from tb_Dept where id is null"
```

```
        rsa.Open sqla,conn,1,3
        rsa.addnew
        rsa("title")=request("title")
        rsa("level")=rsj("level")+1
        rsa("up")=request("up")
        rsa("shangji")=request("up")
        rsa.update
        rsa.close
        '获取id
        set rsa=server.CreateObject("adodb.recordset")
        sqla="Select * from tb_Dept order by id desc"
        rsa.Open sqla,conn,1,3
        id=rsa("id")
        '添加排序
        set rsa1=server.CreateObject("adodb.recordset")
        sqla1="Select * from tb_Dept "
        rsa1.Open sqla,conn,1,3
        rsa1("up")=up&","&id
        rsa1.update
        rsa1.close
        set rsc=nothing
        response.Write("<script language=javascript>alert('添加成功');parent.location.
reload()</script>")
     else
        response.Write("<script language=javascript>alert('请填写部门名称
     ');location='javascript:history.go(-1)'</script>")
     end if
  end if
%>
```

在部门详细信息显示页面，单击“修改部门”超链接，可以对部门的名称进行修改。修改部门信息页面设计效果如图 10-6 所示。

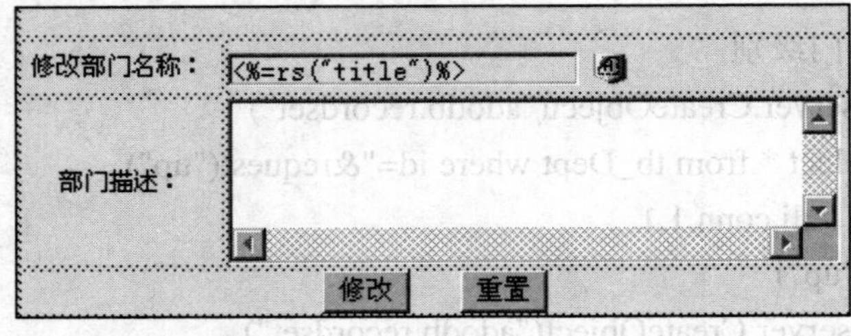

图 10-6　修改部门信息页面设计效果

当用户单击【修改】按钮，会把用户修改的数据提交给数据处理页进行数据处理。数据处理的程序代码如下：

```
<!--#include file=DataBase/conn.asp-->
<%
if request("post")<>"" then
    set rsa=server.CreateObject("adodb.recordset")
    sqla="select * from tb_Dept where id="&request("id")
    rsa.open sqla,conn,1,3
    rsa("title")=request("title")         '添加标题
    rsa("content")=request("content")  '添加内容
    rsa.update
    rsa.close
   response.Write("<script language=javascript>alert
   ('修改成功');opener.location.reload();window.close()</script>") '关闭窗口时刷新父窗口
end if
%>
```

在部门详细信息显示页面，单击“删除部门”超链接，可以对部门的名称以及其部门下级的有关部门及其相关信息删除。其删除部门的程序数据处理主要代码如下：

```
<%
doid=request("del")
if request("del")=1 then
     response.Write("<script language=javascript>alert('对不起，这个部门不能删除！')
</script>")
else
     if request("del")<>"" then
         set rsb=server.CreateObject("adodb.recordset")
         sqlb="Select * from tb_dept where id="&doid
         rsb.Open sqlb,conn,1,3
         if not rsb.EOF then
             bup = rsb("up")
             set rsd=server.CreateObject("adodb.recordset")
             sqld="Select * from tb_dept"
             rsd.Open sqld,conn,1,3
             do while not rsd.EOF
                 dup = rsd("up")
                 delid =rsd("id")
                 if InStr(bup,",") < 0 then
                     del_name=split(dup,",")
```

```
				if del_name(0) = bup then
					rsd.Delete
					rsd.Update
					set rsre=server.CreateObject("adodb.recordset")
					sqlre="select * from tb_Employee where suoshu="&delid
					rsre.open sqlre,conn,1,1
					do while not rsre.eof
						set rs=server.CreateObject("adodb.recordset")
						sql="select * from tb_User where name="&rsre("id")
						rs.open sql,conn,1,3
						do while not rs.eof
							subdel1
						loop
						subdel2
					loop
				end if
				response.write "<script language=javascript>alert('部门删除成功！');parent.location.reload()</script>"
%>
```

职位设置主要是设置部门所包含的职位。包括职位信息的显示、添加、修改和删除。由于没有特殊的技术，下面只给大家介绍职位的显示，其他部分不做详细介绍。如有问题，请查看附赠的光盘。

职位信息显示主要是显示部门所包含的职位的名称。其程序代码如下：

```
<%
maxpage=0'设总页数默认为0
set rs=server.CreateObject("adodb.recordset")
sql="Select * from tb_dept order by up"
rs.Open sql,conn,1,1
if not rs.eof then
'实现分页
	show=15'每页显示的记录数
	tol=rs.recordcount'总记录数
	rs.pagesize=show
	maxpage=rs.pagecount'总页数
	requestpage=clng(request("p"))'获取当前页码
	if requestpage="" or requestpage=0 then
		requestpage=1
	end if
```

```
        if requestpage>maxpage then
            requestpage=maxpage
        end if
        if not requestpage=1 then
            rs.move (requestpage-1)*rs.pagesize
        end if
        for i=1 to rs.pagesize and not rs.eof
        '职位名称
        set rsz=server.CreateObject("adodb.recordset")
        sqlz="select * from tb_ZhiWei where suoshu="&rs("id")
        rsz.open sqlz,conn,1,1
        %>
          <tr>
            <td height="28" bgcolor="#FFFFFF" class="leftdian"><div align="center"><%=
rs("title")%></div></td>
            <td colspan="2" class="dian"><%
            do while not rsz.eof
            %>
                <a
href="javascript:"onClick="window.open('zhiweiopen.asp?id=<%=rsz("id")%>&name=<%=sess
ion("name")%>','','width=350,height=150')"><%=rsz("zhiwei")%></a>
                <%
            rsz.movenext
            loop
            %>
        </td>
          </tr>
          <%
        rs.MoveNext
        if rs.eof then exit for
        next
  else
        response.Write("没有任何职位")
  end if
  rs.Close()
  set rs=nothing
  %>
```

职位显示页面的运行结果如图 10-7 所示。

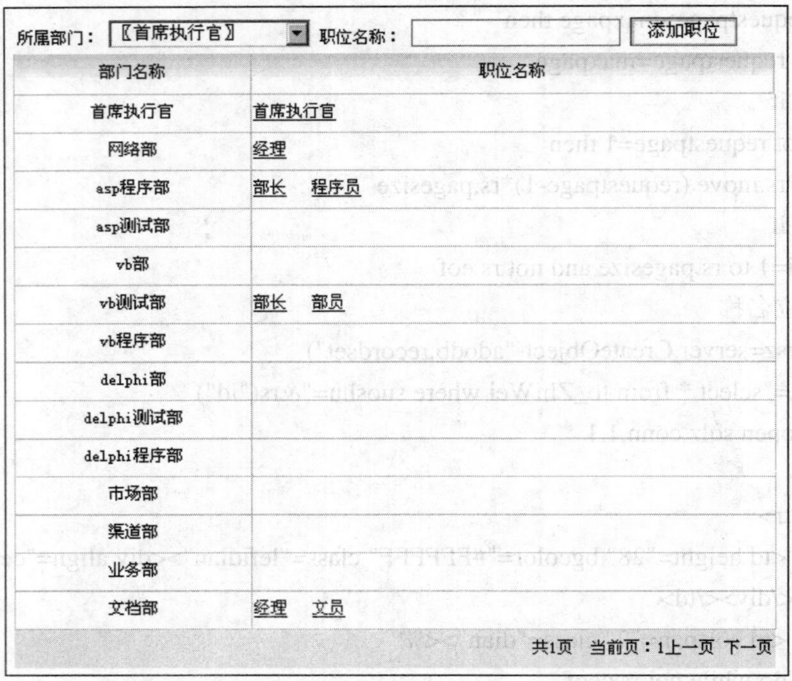

所属部门：〖首席执行官〗　职位名称：　添加职位

部门名称	职位名称
首席执行官	首席执行官
网络部	经理
asp程序部	部长　程序员
asp测试部	
vb部	
vb测试部	部长　部员
vb程序部	
delphi部	
delphi测试部	
delphi程序部	
市场部	
渠道部	
业务部	
文档部	经理　文员

共1页　当前页：1上一页 下一页

图 10-7　职位显示页面的运行结果

人事设置主要是对人员职位的设置。主要包括员工职位的添加、员工职位信息显示、员工职位信息删除。由于信息显示在前面章节中已经介绍过，在这里不再详细介绍，只介绍添加职位。

添加职位中的员工信息是从表中读取出来的。员工职位信息添加的设计效果如图 10-8 所示。

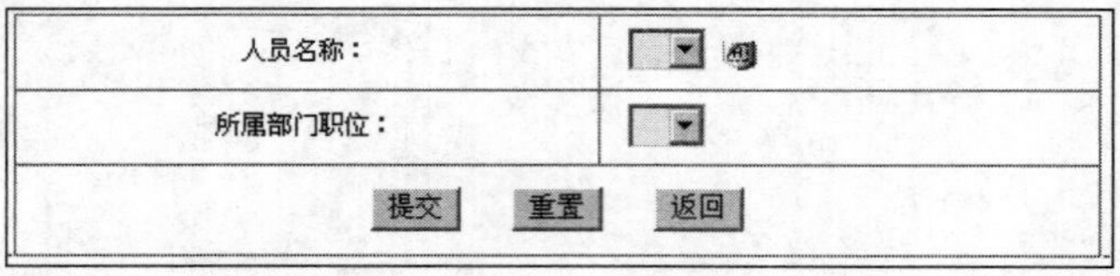

人员名称：

所属部门职位：

提交　重置　返回

图 10-8　添加员工职位页面的设计效果

员工职位添加页面中涉及的 HTML 表单元素如表 10-26 所示。

表 10-26　员工职位添加页面中涉及的 HTML 表单元素

名称	类型	含　义	重要属性
form1	Form	表单	method="post" action=" employeesave.asp "
post	hidden	判断表单是否提交	value="true"
nameid	select	员工名称	value="<%=rs("id")%>"
zhiwei	select	职位名称	value="<%=rsz("id")%>"
Submit	image	登录按钮	value="提交"
Submit2	reset	重新添按钮	value="重置
Submit3	button	返回按钮	onClick="location= 'javascript:history.go(-1)'"value="返回"　class="botton"

在单击【提交】按钮之后，用户添加的数据将被提交给数据处理页，数据处理页将根据用户添加的数据进行相应的处理。员工职位添加的程序代码如下：

```
<!--#include file=DataBase/conn.asp-->
<%
call renshishezhi
if request("post")<>"" then
    if request("nameid")="" then
        response.Write("<script language=javascript>alert('员工不能为空，请先添加员工');location='javascript:history.go(-1)'</script>")
        response.End()
    end if
    '获取部门id
    set rsb=server.CreateObject("adodb.recordset")
    sqlb="select * from tb_ZhiWei where id="&request("zhiwei")
    rsb.open sqlb,conn,1,1
    bumen=rsb("suoshu")
    '职位设置
    set rs=server.CreateObject("adodb.recordset")
    sql="select * from tb_Employee where id="&request("nameid")
    rs.open sql,conn,1,3
    rs("zhiwei")=request("zhiwei")
    rs("suoshu")=bumen
    rs("kong")=1
    rs.update
    rs.close
    response.Write("<script language=javascript>alert('提交成功');location='employeeedit.asp'</script>")
end if
%>
```

员工职位添加页面的运行结果如图 10-9 所示。

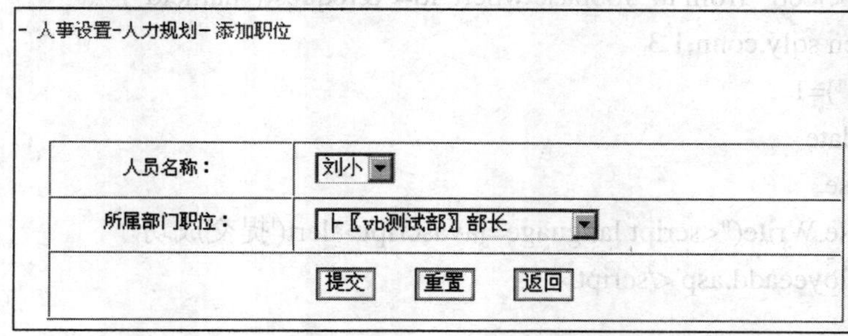

图 10-9　员工职位添加页面的运行结果

添加员工主要用于用户添加员工的详细信息。在功能导航区中单击“添加员工”按钮，在展示区中会显示员工信息添加页面。员工信息添加页面的设计效果如图 10-10 所示。

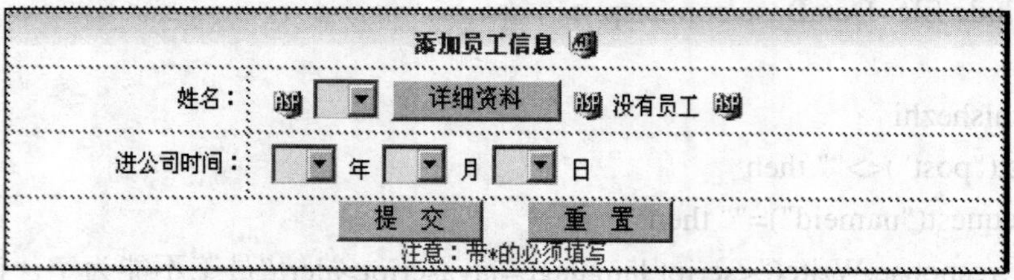

图 10-10 员工信息添加页面的运行结果

在添加页面中单击【提交】按钮，用户添加的数据将被提交给数据处理页，而数据处理页则将企业人才库表里的数据导入员工信息表里，其代码如下：

```
<!--#include file=DataBase/conn.asp-->
<%
if request("post")<>"" then
    if request("nameid")="" then
        response.Write("<script language=javascript>alert('没有员工不能添加
');location='javascript:history.go(-1)'</script>")'判断员工名称是否为空，如果为空返回上一级
页面
        response.End()
    end if
'从表tb_Jobbase导进表tb_Employee
    set rs=server.CreateObject("adodb.recordset")
    sql="select * from tb_Jobbase where id="&request("nameid")
    rs.open sql,conn,1,1
    set rsd=server.CreateObject("adodb.recordset")
    sqld="select * from tb_Employee"
    rsd.update
    rsd.close
    set rsy=server.CreateObject("adodb.recordset")
    sqly="select * from tb_Jobbase where id="&request("nameid")
    rsy.open sqly,conn,1,3
    rsy("yi")=1
    rsy.update
    rsy.close
    response.Write("<script language=javascript>alert('提交成功
');location='employeeadd.asp'</script>")
end if
'显示员工
```

```
%>
```

当单击【详细资料】按钮后，系统会弹出一个新窗口显示此人的详细信息，调用 js 自定义函数。显示详细资料的程序代码如下：

```
<script language="javascript">
function more()
{
    var id=form1.nameid.value;
    window.open("jobdaoopen.asp?id="+id,"","width=550,height=600,
      toolbar=no,location=no,status=no,menubar=no");
}
</script>
```

填写合同主要用于填写企业与员工之间劳动合同的类型、期限截止的信息。填写合同页面的设计效果如图 10-11 所示。

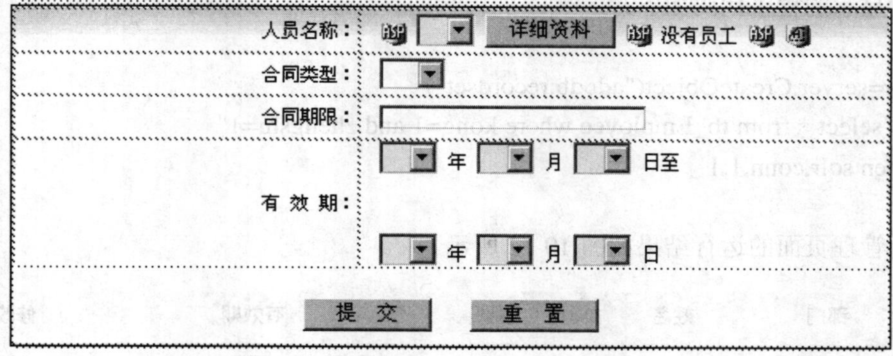

图 10-11　填写合同页面的设计效果

在添加页面中单击【提交】按钮，用户添加的数据将被提交给数据处理页，数据处理页将用户添加的数据进行相应的处理。

填写合同的程序代码如下：

```
<!--#include file=DataBase/conn.asp-->
<%
if request("post")<>"" then
    if request("qixian")<>"" and request("nameid") then          '判断合同期限和用户id不
能为空
            set rsa=server.CreateObject("adodb.recordset")
            sqla="select * from tb_Employee where id="&request("nameid")
            rsa.open sqla,conn,1,3
            rsa("hetong")=request("hetong")
            rsa("qixian")=request("qixian")
        rsa("youxiaoqi")=request("cyear")&"-"&request("cmonth")&"-"&request("cday")&"至
"&request("zyear")&"-"&request("zmonth")&"-"&request("zday")
```

```
        rsa("zhengshi")=1
        rsa.update
        rsa.close
        response.Write("<script language=javascript>alert('提交
    成功');location='pactadd.asp'</script>")' 提交成功弹出提示信息并转向指定页面
    else
        response.Write("<script language=javascript>alert('人员名称或合同期限不能为空
');location='javascript:history.go(-1)'</script>")
    end if
end if
%>
```

合同管理主要是对已填写的合同进行信息显示和修改。在数据库里通过一个字段来实现员工是否填写了合同，其默认值为 0，表示未填写合同，1 表示已填写合同。

合同显示的程序代码如下：

```
<%
set rsr=server.CreateObject("adodb.recordset")
sqlr="select * from tb_Employee where kong=1 and zhengshi=1"
rsr.open sqlr,conn,1,1
%>
```

合同管理页面的运行结果如图 10-12 所示。

部门	姓名	类型	期限	有效期	修改
首席执行官	李发	B	1年	2005--至--2006	修改
asp程序部	达到	A	3年	2005-1-1至2008-6-1	修改
文档部	asdf	A	4年	2005-1-1至2009-9-1	修改
文档部	王名	A	1年	2005-1-1至2006-1-1	修改
共1页　当前页：1　上一页　下一页					

图 10-12　合同管理页面的运行结果

合同模板是签写合同内容的模板。合同模板内容的显示和修改主要是根据传递的参数查找相应的记录。

查询合同信息的程序代码如下：

```
<%
'获取默认参数
if request("uid")<>"" then
    uid=request("uid")
else
    uid=6
```

```
end if
set rs=server.CreateObject("adodb.recordset")
sql="select * from tb_Pact where id="&uid          '显示合同信息
rs.open sql,conn,1,1
%>
```

布置工作任务主要是把工作合理地分配到公司的某个部门或者某个员工。布置工作任务页面的设计效果如图 10-13 所示。

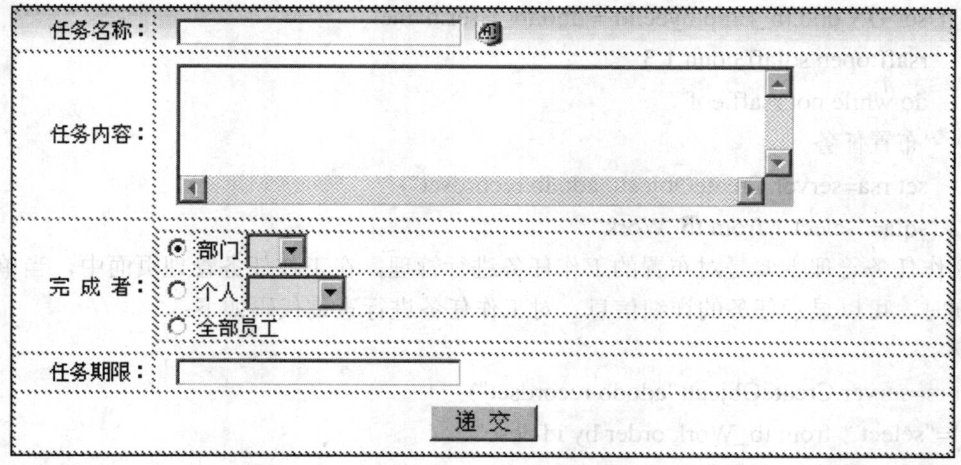

图 10-13　布置工作任务页面的设计效果

布置工作任务页面中涉及的 HTML 表单元素如表 10-27 所示。

表 10-27　布置工作任务页面中涉及的 HTML 表单元素

名称	类型	含　义	重要属性
form1	Form	表单	method="post" action=""
post	hidden	判断表单是否提交	value="true"
title	text	任务名称	
content	textarea	任务内容	cols="50" rows="5"
bumen	select	部门	value="<%=rs("id")%>"
geren	select	个人	value="<%=rsr("id")%>"
wancheng	radio	选择完成方式	value="部门" value="个人" value="全部员工"
wanchengtime	text	完成的期限	
Submit	submit	重置按钮	class="botton" value="递交"

在布置工作任务页面中，用户填写完工作任务后，单击【递交】按钮，用户添加的数据将被提交给数据处理页，数据处理页将根据用户提交的表单信息对数据进行相应的处理。布置工作模块的程序核心代码如下：

```
'发送到全部员工
function quanbuyuangong
    set rsaff=server.CreateObject("adodb.recordset")
    sqlaff="SELECT dbo.tb_Employee.id FROM dbo.tb_Employee INNER JOIN
dbo.tb_User ON dbo.tb_Employee.id = dbo.tb_User.name"
    rsaff.open sqlaff,conn,1,3
    do while not rsaff.eof
    '布置任务
    set rsa=server.CreateObject("adodb.recordset")
    sqla="select * from tb_Work"
```

工作任务管理主要是对布置的工作任务进行管理。在工作任务管理页面中，当单击任务名称时，可以显示任务的详细信息。对工作任务进行查询代码如下：

```
<%
set rs=server.CreateObject("adodb.recordset")
sql="select * from tb_Work order by id desc"
rs.open sql,conn,1,1
%>
```

在需要显示工作任务完成者的时候，只要根据传递的参数查找相应的记录便可对其内容进行显示。查找并显示任务完成者的程序代码如下：

```
<%
function bumen
select case rs("wanchenglei")
case "部门"    ' 当完成者是部门时，输出相应的部门名称
set rsb=server.CreateObject("adodb.recordset")
    sqlb="select * from tb_Dept where id="&rs("wanchengzhe")
    rsb.open sqlb,conn,1,1
    response.Write("〖"&rsb("title")&"〗")
case "个人"    '当完成者是个人时，输出相应的员工名称
    set rsb=server.CreateObject("adodb.recordset")
    sqlb="select * from tb_Employee where id="&rs("wanchengzhe")
    rsb.open sqlb,conn,1,1
    set rsm=server.CreateObject("adodb.recordset")
    sqlm="select * from tb_Dept where id="&rsb("suoshu")
    rsm.open sqlm,conn,1,1
    response.Write("〖"&rsm("title")&"〗"&rsb("name"))
```

```
case "全部员工"
    response.Write("全部员工")
end select
end function
%>
```

工作任务管理页面的运行结果如图 10-14 所示。

任务名称	布置者	布置时间	完成者	完成期限	完成任务	删除
工作	李发	2006-1-3 9:54:23	〖asp程序部〗孙利	两天内	完成	删除
办公自动化程序	李发	2006-1-3 9:53:13	〖asp程序部〗刘小	1天	未完成	删除
系统程序	李发	2005-12-29 16:20:20	〖首席执行官〗	1天	未完成	删除
人力	李发	2005-12-29 14:13:33	〖首席执行官〗李发	12	未完成	删除
任务	李发	2005-11-12 15:38:59	〖首席执行官〗	1天	未完成	删除

共1页　当前页：1 上一页 下一页

图 10-14　工作任务管理页面的运行结果

在线发布通知主要是向其他部门或者个人发布通知。在线发布通知页面的设计效果如图 10-15 所示。

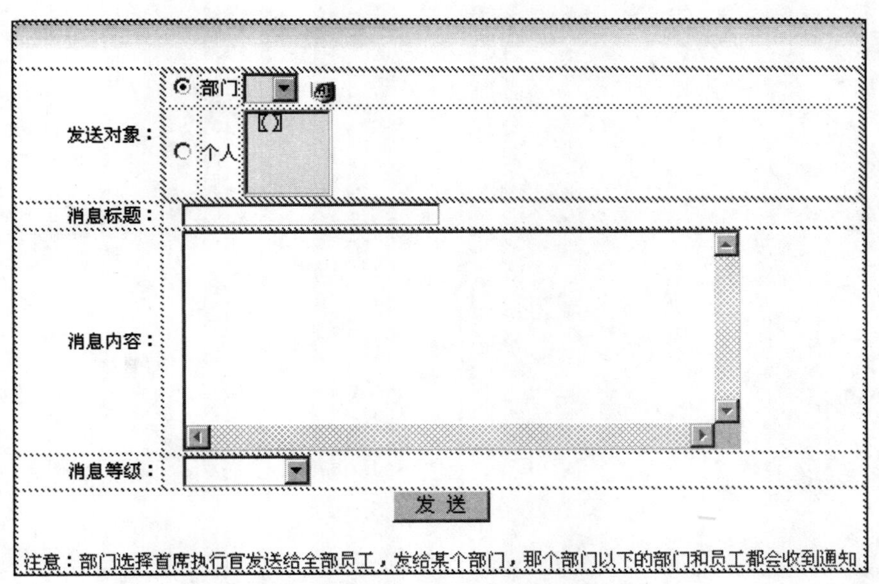

图 10-15　在线发布通知页面的设计效果

在线发布通知时，如果选择的接收对象为部门，那么所选部门以及下级部门的员工全部都会收到通知。

在线发布通知页面中，单击【发送】按钮，用户添加的数据将被提交给数据处理页，数据处理页将根据用户提交的表单信息对数据进行相应的处理。

10.4 本章小结

本章介绍了人力资源管理系统的设计实现理念，以及采用管理系统的优势。通过软件工程理论来分析、设计、实现系统，并详细介绍该系统总体设计阶段数据库的分析、设计到最终表结构的实现，然后通过 SQL Server 创建完整的数据库。最后通过编程语言和动态页面实现 B/s 模式的人力资源管理系统，能够使读者详细掌握数据库开发在具体软件设计实现过程中的作用。

附录A 常 用 语 句

1．数据库管理

create database：创建数据库。

alter database：在数据库中添加或删除文件和文件组。也可用于更改文件和文件组的属性，例如更改文件的名称大小。alter database 提供了更改数据库名称、文件组名称以及数据库文件和日志文件的逻辑名称的能力。

use：打开指定数据库。

dbcc shrinkdatabase：压缩数据库和数据库文件。

backup database：备份整个数据库或者备份 1 个或多个文件或文件组。

backup log：备份数据库事务日志。

restore database：恢复数据库。

restore log：恢复数据库事务日志。

drop database：删除数据库。

2．数据库表管理

create table：创建数据库表。

alter table：通过更改、添加、除去列表和约束，或者通过启用或禁用约束和触发器来更改表的定义。

insert：插入 1 行数据行。

update：永远更改表中的现有数据。

deletel：删除表中数据。可包含删除表中数据行的条件。

drop table：删除数据库表。

3．索引管理

create index：创建数据库表索引。

dbcc showcontig：显示表的数据和索引的碎块信息。

dbcc dereindex：复建表的 1 个或多个索引。

set showplan：分析索引和查询性能。

set staistics io：查看用于处理指定查询的 i/o 信息。

drop index：删除数据库表索引。

4．视图管理

create view：创建数据库表视图。

alter view：更改 1 个先前创建的视图，包括索引视图，但不影响关系的存储过程或触发器，也不更改限权。

drop view：删除数据库表视图。

5．触发器管理

create trigger：创建数据库触发器。

alter trigger：修改数据库视图。

drop trigger：删除数据库视图。

6．存储过程管理

create proc：　创建存储过程。

alter proc：　修改存储过程。

exec：　执行存储过程。

drop proc：删除存储过程。

7．规则管理

create rule：创建规则。

sp_bindrule：绑定规则。

sp_unbindrule：解除绑定规则。

drop rule：删除规则。

8．默认管理

create default：创建默认。

sp_binddefault：绑定默认。

sp_unbinddefault：解除绑定默认。

drop default：删除默认。

9．用户定义函数管理

create function：创建用户定义函数。

alter function：更改先前由 create function 语句创建的现有用户定义函数，但不会更改权限，也不影响相关的函数、存储过程或触发器。

drop function：删除用户定义函数。

10．检索管理

select：数据检索。

11．游标管理

declear cursor：声明游标。

open：打开游标。

fetch：读取游标数据。

close：关闭游标。

deallocate：删除游标。

12．许可管理

grant：授予语句或对象许可。在安全系统中创建项目，使当前数据库中的用户得以处理当前数据库中的数据或执行特定的Transact-SQL语句或能够操作对象。

revoke：收回语句或对象许可。

deny：否定语句或对象许可。

13．事务管理

begin transaction：标记1个显示本地事务的起始点。begin transaction将@ @ trancount加1。

commit transaction：事务提交。

rollback transaction：事务回滚。

14．一般语句

declera：声明语句。

set：变量赋值。

if/else：条件语句。

goto：跳到标签处。

case：多重选择。

while：循环。

break：退出本层循环。

continue：一般用在循环语句中，结束本次循环，重新转到下1次循环条件的判断。

return：从过程、批处理或语句块中无条件退出。

waitfor：指定触发语句块、存储过程或事务执行的时刻，或需等待的时间间隔。

begin/end：定义Transact-SQL语句块。

go：通知SQL Server1批Transact-SQL语句结束。

附录B 常用函数

1．数学函数

abs：返回给定数字表达式的绝对值。

acos：返回以弧度表示的角度值，该角度值的余弦为给定的 float 表达式，本函数亦称为反余弦。

asin：返回以弧度表示的角度值，该角度值的正弦为给定的 float 表达式，本函数亦称为反正弦。

atan：返回以弧度表示的角度值，该角度值的正切为给定的 float 表达式，本函数亦称为反正切。

atn2：返回以弧度表示的角度值，该角度值的正切介于两个给定的 float 表达式之间，本函数亦称为反正切。

avg：返回组中值的平均值。空值将被忽略。

ceiling：返回大于或等于所给数字表达式的最小整数。

cos：返回给定表达式中给定角度(以弧度为单位)的三角余弦值。

cot：返回给定 float 表达式中指定角度(以弧度为单位)的三角余切值。

degrees：当给出以弧度为单位的角度时，返回相应的以度数为单位的角度。

exp：返回所给的 float 表达式的指数值。

floor：返回小于或等于所给数字表达式的最大整数。

loc：返回给定 float 表达式的自然对数。

log10：返回给定 float 表达式的以 10 为底的对数。

pi：返回 π 的常量值。

power：返回给定表达式乘指定次方的值。

radians：对于在数字表达式中输入的度数值返回弧度值。

rand：返回 0 到 1 之间的随机 float 值。

round：返回数字表达式并四舍五入为指定的长度或精度。

sign：返回给定表达式的正(+1)、零(0)或负(−1)号。

sin：以近似数字(float)表达式返回给定角度(以弧度为单位)的三角正弦值。

square：返回给定表达式的平方。

sqrt：返回给定表达式的平方根。

tan：返回输入表达式的正切值。

varp：返回给定表达式中所有值的统计方差。

2. 字符串函数

ascii：返回数字符表达式最左端字符的ascii代码值。

charindex：返回字符串中指定表达式的起始位置。

left：返回从字符串左边开始指定个数的字符。

len：返回给定字符串表达式字符的(而不是字节)个数，其中不包含尾随空格。

lower：将大写字符数据转换为小写字符数据后返回字符表达式。

ltrim：删除起始空格后返回字符表达式。

nchar：根据unicode标准所进行的定义，用给定整数代码返回unicode字符。

patindex：返回指定表达式中某模式第1次出现的起始位置。如果在全部有效的文本和字符数据类型中没有找到该模式，则返回0。

quotename：返回带有分隔符的unicode字符串，分隔符的加入可使输入的字符串成为有效的SQL Server分隔标识符。

replicate：以指定的次数重复字符表达式。

right：返回字符串中从右边开始指定个数的字符。

reverse：返回字符表达式的反转。

replace：在第1个字符串表达式中用第3个字符串表达式替换所有第2个字符串表达式。

rtrim：截断所有尾随空格后返回1个字符串。

soundex：返回由4个字符组成的代码(soundex)以评估两个字符串的相似性。

space：返回指定个数重复的空格组成的字符串。

str：由数字数据转换为字符数据。

stuff：删除指定长度的字符并在指定的起始点插入另一组字符。

substring：返回字符、binary，text或image表达式的一部分。

textptr：以varbinary格式返回对应于text，ntext或image列的文本指针值。检索到的文本指针值可用于readtext，writetext和updatetext语句。

textvalid：属于text，ntext或image函数，用于检查给定文本指针是否有效。

unicode：按照unicode标准的定义，返回输入表达式第1个字符的整数值。

upper：返回将小写字符数据转换为大写的字符表达式。

updatetext：更新现有text，ntext或image字段。使用updatetext在适当的位置更改text，ntext或image列的一部分，使用writetext来更新和替换整个text，ntext或image字段。

3. 日期函数

dateadd：在向指定日期加上一段时间的基础上，返回新的datetime值。

datedtff：返回跨2个指定日期的日期和时间边界数。

datename：返回代表指定日期的指定日期部分的字符串。

datepart：返回代表指定日期的指定日期部分的整数。

Day：返回代表指定日期的天的日期部分的整数。

getdate：按datetime值得SQL Server标准内部格式返回当前系统日期和时间。

getutcdate：返回表示当前UTC时间(世界时间坐标或格林威治标准时间)的datetime值。

当前的 UTC 时间从当前的本地时间和运行 SQL Server 的计算机操作系统的时区设置。

waitfor：指定触发语句块、存储过程或事务执行的时间、时间间隔或事件。

year：返回表示指定日期中的年份的整数。

附录 C　@@类函数

@@connections：返回自上次启动 SQL Server 以来连接或试图连接的次数。

@@cpu_busy：返回自上次启动 SQL Server 以来 CPU 的工作时间，单位为 ms(基于系统计时器的分辨率)。

@@cursor_rows：返回连接最后打开的游标中当前存在合格行的数量。SQL Server 可以异步填充大键集和静态游标，大大提高了性能。可调用@@cursor_rows，以确定当它被调用时，符合游标行的数目被执行了检索。

@@datefirst：返回 set datefirst 参数的当前值。set datefirst 参数的当前值。set datefirst 参数指明所规定的每周第 1 天：1 对应星期一，2 对应星期二，依此类推，用 7 对应星期日。

@@dbts：为当前数据库返回当前 timestamp 数据类型的值。timestamp 值保证在数据库中是唯一的。

@@error：返回最后执行的 Transact-SQL 语句的错误代码。

@@fetch_status：返回被 fetch 语句执行的最后游标的状态，而不是任何当前被连接打开的游标状态。

@@identiiy：返回最后插入的标识值。

@@idle：返回 SQL Server 自上次启动后闲置的时间，单位为 ms(基于系统计时器的分辨率)。

@@io_busy：返回 SQL Server 自上次启动后用于执行输入和输出操作的时间，单位为 ms(基于系统计时器的分辨率)。

@@langid：返回当前所使用语言的本地语言标识符(id)。

@@language：返回当前使用的语言名。

@@lock_timeout：返回当前会话的当前锁超时设置，单位为 ms。

@@nax_connections：返回 SQL Server 允许的同时用户连接的最大数。返回的数不必为当前配置的数值。

@@max_precision：返回 decimal 和 numeric 数据类型所用的精度级别，即该服务器中当前设置的精度。

@@nestlevel：返回当前存储程序行的嵌套层次(初始值为 0)。

@@options：返回当前 set 选项的信息。

@@pack_received：返回 SQL Server 自上次启动后从网络上读取的输入数据包数目。

@@pack_sent：返回 SQL Server 自上次启动后写到网络上的输出数据包数目。

@@packet_erroes：返回自 SQL Server 上次启动后，在 SQL Server 连接中发生的网络数据包错误数。

@@procid：返回当前过程的存储过程标识符(id)。

@@remserver：当远程 SQL Server 数据库服务器在登录记录中出现时，返回它的名称。

@@rowcount：返回受上一语句影响的行数。

@@servername：返回运行 SQL Server 的本地服务器名称。

@@servicename：返回 SQL Server 正在其下运行的注册表键名。若当前实例为默认实例，则@@servicename 返回 mssqlserver；若当前实例是命名实例，则该函数返回实例名。

@@spid：返回当前用户进程的服务器进程标识符(id)。

@@textsize：返回 set 语句 textsize 选项的当前值，它制定 select 语句返回的 text 或 image 数据的最大长度，以字节为单位。

@@timeticks：返回 1 个刻度的微秒数。

@@total_errors：返回 SQL Server 自上次启动后，所遇到的磁盘读/写错误数。

@@total_read：返回 SQL Server 自上次启动后读取磁盘次数(不是读取高速缓存次数)。

@@total_write：返回 SQL Server 自上次启动后写入磁盘的次数。

@@trancount：返回当前连接的活动事务数。

@@version：返回 SQL Server 当前安装的日期、版本和处理器类型。

附录 D 系统存储过程

sp_add_agent_parameter：在代理文件中增加 1 个参数。

sp_add_agent_profile：为复制代理增加 1 个代理文件。

sp_add_alert：创建 1 个警报。

sp_add_category：在服务器上，增加 1 种作业、警报或者操作员的特定分类。

sp_add_data_file_recover_suspect_db：当数据库复原不能完成时，向文件组增加 1 个数据文件。

sp_add_file_recover_suspect_db：对于复原时有问题的数据库增加 1 个文件。

sp_add_job：增加一个 SQL Server Agent 可以执行的作业。

sp_add_jobschedule：为作业创建调度。

sp_add_jobserver：把指定的作业增加到指定的服务器上。

sp_add_jobstep：在作业中增加 1 步或者 1 个操作。

sp_add_log file_recover_suspect_db：当数据库复原不能完成时，向文件组增加 1 个日志文件。

sp_add_notification：为警报创建 1 个通知。

sp_add_operator：为警报或者作业创建 1 个操作员。

sp_add_targetservergroup：增加指定的服务器组。

sp_add_targetsvrgrp_member：在指定的目标服务器组增加 1 个目标服务器。

sp_add_alert：创建警报。

sp_addalias：在数据库中为 login 账户增加 1 个别名。

sp_addapprole：在数据库中增加 1 个特殊的应用程序角色。

sp_addarticle：创建文章并且把该文章增加到出版物中。

sp_adddistpublisher：创建 1 个使用本地分布服务器的出版服务器。

sp_adddistributiondb：在分布服务器上创建 1 个新的 distribution 数据库。

sp_adddistributor：增加 1 个分布服务器。

sp_adddextendedoroc：在系统中增加 1 个新的扩展存储过程。

sp_addgroup：在当前数据库中增加 1 个组。

sp_addlinkedserver：创建 1 个允许执行分布式查询的链接服务器。

sp_addlinkedsrvlogin：在本地服务器和远程服务器之间创建或者修改 login 账户的映射关系。

sp_addlogin：创建 1 个新的 login 账户。

sp_addmergearticle：为 1 个已有的合并出版物创建 1 篇文章。

sp_addmergefilter：为了连接另外 1 个表，创建 1 个合并过滤器。

sp_addmergepublication：创建 1 个新的合并出版物。

sp_addmergepullsubscription：增加 1 个拉回类型的订阅物。

sp_addmergepullsubscription_agent：在订阅服务器上，为合并拉回订阅物创建 1 个代理。

sp_addmergepullsubscription：创建 1 个推出或者拉回订阅物。

sp_addmessage：在系统中增加 1 个新的错误消息。

sp_add_notification：为警报建立 1 个通知。

sp_add_operator：创建 1 个具有报警作用的操作员。

sp_addpublication：创建 1 个快照复制或者事物复制出版物。

sp_addpublication_snapshot：创建 1 个快照代理。

sp_addpublisher70：在 SQL Server 6.5 中的订阅服务器中增加 1 个 SQL Server 7.0 出版服务器。

sp_addpullsubscroption：在当前订阅服务器的数据库中增加 1 个来回或者匿名订阅物。

sp_addpullsubscription_agent：在订阅服务器的数据库中增加 1 个新的代理。

sp_addremotelogin：在本地服务器上增加 1 个远程 login 账户，允许执行远程存储过程的调用。

sp_addrole：在当前数据库中增加一个角色。

sp_addrolemember：在当前数据库中的 1 个角色增加 1 个安全性账户。

sp_addserver：定义 1 个远程或者本地服务器。

sp_addsrvrolemember：为固定的服务器角色增加 1 个成员。

sp_addsubscriber：增加 1 个新的订阅服务器。

sp_addsubscriber_schedule：为分布代理和合并代理增加 1 个调度。

sp_addsubscription：订阅文章并且设置订阅服务器的状态。

sp_addsynctriggers：在订阅服务器上创建 1 个立即修改触发器。

sp_addtabletocontents：在合并跟踪表中插入 1 个参考。

sp_addtype：创建 1 个用户定义的数据类型。

sp_addumpdevice：增加 1 个备份设备。

sp_adduser：在当前数据库中为 1 个新用户增加 1 个安全性账户。

sp_altermessage：修改错误消息的状态。

sp_addly_job_to_targets：把作业应用到 1 个或者多个目标服务器。

sp_approlepassword：在当前数据库中改变应用程序角色的口令。

sp_aarticle_validation：为指定的文章初始化确认请求。

sp_aarticlecolumn：指定在文章中使用的列。

sp_aarticlefilter：创建 1 个用于水平过滤数据的过滤器。

sp_articlesynctranprocs：在出版服务器上，生成 1 个由订阅服务器上的立即修改触发器的调用过程。

sp_articleview：当表被过滤时，为文章创建 1 个同步化对象。

sp_attach_db：增加数据库到 1 个服务器中。

sp_attach_single_file_db：在当前服务器中，增加只有 1 个数据文件的数据库。

sp_aautostats：对于一个指定的索引或者统计，自动显示 update statistics 的状态。

sp_bindefault：把默认绑定到列或者用户定义的数据类型上。

sp_bindrule：把规则绑定到列或者用户定义的数据类型上。

sp_bindsession：绑定或者解除对另外 1 个连接的连接。

sp_browsereplcmds：在分布数据库中返回 1 种可读格式的结果集。

sp_catalogs：返回指定连接服务器中的系统目录列表，在本地服务器中等价于数据库列表。

sp_certify_removable：确认在可移动介质上用于分布的数据库是否正确配置。

sp_change_agent_parameter：修改复制代理配置使用的参数。

sp_change_agent_profile：修改复制代理配置使用的配置参数。

sp_change_subscription_properties：修改安全性信息。

sp_change_users_login：改变 login 与当前数据库中用户之间的关系。

sp_changearticle：改变文章的属性。

sp_changedbowner：改变当前数据库的所有者。

sp_changedistpublisher：改变分布出版服务器的属性。

sp_changedistributor_password：改变分布服务器的口令。

sp_changedistributor_property：改变分布服务器的属性。

sp_changedistributiondb：改变分布数据库的属性。

sp_changegroup：改变安全性账户所属的角色。

sp_changemergearticle：改变合并文章的属性。

sp_changemergefilter：改变一些合并过滤器的属性。

sp_changemergepublication：改变合并出版物的属性。

sp_changemergepullsubscription：改变合并拉回订阅物的属性。

sp_changemergesubscription：改变合并的推出或者拉回订阅物的属性。

sp_changeobjectowner：改变对象的所有者。

sp_changepublication：改变出版物的属性。

sp_changesubscriber：改变用于订阅服务器的选项。

sp_changesubscriber_schedule：改变用于分布代理和事务代理的订阅服务器的调度。

sp_changesubstatus：改变订阅服务器的状态。

sp_check_for_sync_trigger：确定正在调用的是用户定义的触发器还是存储过程。

sp_column_privileges：返回列的权限信息。

sp_column_privileges_ex：返回在连接服务器上指定表的列的权限信息。

sp_column：返回当前环境中列的信息。

sp_column_ex：返回在连接服务器上列的信息。

sp_confogure：显示或者修改当前服务器的全局配置。

sp_create_removable：创建 1 个可移动介质数据库。

sp_createstats：创建单列的统计信息。

sp_cursor：用于请示定位修改。

sp_cursor_list：报告当前打开的服务器游标属性。

sp_cursorclose：关闭和释放游标。

sp_cursorfetch：从游标中取出数据行。

sp_cursoropen：定义游标。

sp_cursoroption：设置游标选项。

sp_cycle_errorlog：关闭错误日志文件重新开始记数错误。

sp_databases：列出当前系统中的数据库。

sp_datatype_info：返回当前环境支持的数据类型信息。

sp_dbcmptlevel：设置与以前版本兼容的数据库行为。

sp_dbfixedrolepermission：显示每 1 个固定数据库角色的许可。

sp_dboption：显示或者修改数据库选项。

sp_dbremove：删除数据库和与该数据库相关的所有文件。

sp_defaultdb：设置登录账户的默认数据库。

sp_defaultlanguage：设置登录账户的默认语言。

sp_delete_alert：删除警报。

sp_delete_backuphistory：删除备份和恢复的历史信息。

sp_delete_category：删除指定类型的作业、警报、操作员。

sp_delete_job：删除 1 个作业。

sp_delete_jobschedule：删除作业的调度。

sp_delete_jobserver：删除指定的目标服务器。

sp_delete_jobstep：从作业中删除指定的作业步骤。

sp_delete_notfication：删除发送给某个操作员的所有通知。

sp_delete_operator：删除操作员。

sp_delete_targerserver：从可以使用的目标服务器列表中删除指定的服务器。

sp_delete_targetservergroup：删除指定的目标服务器组。

sp_delete_targetsvrgrp_member：从目标服务器组中删除 1 个目标服务器。

sp_deletemergeconflictrow：删除冲突表中的记录行。

sp_denylogin：阻止 NT 的用户和组访问 SQL Server。

sp_depends：显示数据库对象的依赖信息。

sp_describe_cursor：报告服务器游标的属性。

sp_describe_cursor_columns：报告在服务器游标的结果集中列的属性。

sp_describe_cursor_tables：报告服务器游标参考的基表信息。

sp_detach_db：分离服务器中的数据库。

sp_drop_agent_parameter：删除配置文件中 1 个或者多个参数。

sp_drop_agent_prolile：删除配置文件。

sp_droppalias：删除 1 个账户的别名。

sp_dropapprole：删除当前数据库中的应用程序角色。

sp_droparticle：从出版物中删除 1 篇文章。

sp_dropdevice：删除数据库或者备份设备。

sp_dropdistpublisher：删除出版服务器。

sp_dropdistributiondb：删除分布数据库。

sp_dropdistributor：删除分布服务器。

sp_dropextendedproc：删除 1 个扩展存储过程。

sp_dropgroup：从当前数据库中删除 1 个角色。

sp_droplinkedsrvlogin：删除 1 个本地服务器和连接服务器映射的账户。

sp_droplogin：删除 1 个登录账户。

sp_dropmergearticle：从合并出版物中删除 1 篇文章。

sp_dropmergefilter：删除 1 个合并过滤器。

sp_dropmergepublication：删除 1 个合并出版物和与其相关的快照复制。

sp_dropmergepullsubscription：删除 1 个合并拉回订阅物。

sp_dropmergesubscription：删除 1 个订阅物。

sp_dropmessage：删除指定的错误信息。

sp_delete_operator：删除 1 个操作员。

sp_droppublicatio：删除出版物和与其相关的文章。

sp_droppullsubscription：删除当前订阅服务器数据库中的订阅物。

sp_dropremotelogin：删除 1 个远程登录账户。

sp_droprole：从当前数据库中删除 1 个角色。

sp_droprolemember：从当前数据库中的 1 个角色中删除 1 个安全性账户。

sp_dropserver：删除 1 个远程或者连接服务器列表中的服务器。

sp_dropsrvrolemember：从 1 个固定服务器角色中删除 1 个账户。

sp_dropsubscriber：删除 1 个订阅服务器。

sp_dropsubscription：删除订阅物。

sp_droptype：删除 1 种用户定义的数据类型。

sp_dropuser：从当前数据库中删除 1 个用户。

sp_dropwebtask：删除以前版本定义的 WEB 任务。

sp_dsninfo：从 1 个与当前服务器相关的分布服务器返回 ODBC 和 OLE DB 数据源的信息。

sp_dumpparamcmd：返回存储在分布数据库中参数化命令的详细消息。

sp_enumcodepages：返回 1 个字符集和代码页的列表。

sp_enumcustomresolvers：返回所有可用的定制解决方案列表。

sp_enumdsn：返回所有可用的 ODBC 和 OLE DB 数据源列表。

sp_enumfullsubscribers：返回订阅服务器的列表。

sp_executesql：执行动态的 Transact-SQL 语句。

sp_expired_subscription_cleanup：周期性地检查订阅物的状态是否失效。

sp_fkeys：返回当前环境的外键信息。

sp_foreignkeys：返回参看连接服务器的表的主键的外键。

sp_fulltext_catalog：创建和删除全文本目录。

sp_fulltext_column：指定某 1 个列是否参加全文本索引。

sp_fulltext_database：从当前数据库中初始化全文本索引。

sp_fulltext_service：改变 Microsoft Search Service 属性。

sp_fulltext_table：标记用于全文本索引的表。

sp_generatefilters：在外键表上创建 1 个过滤器。

sp_get_distributor：确定 1 个分布服务器是否安装在某个服务器上。

sp_getbindtoken：创建 1 个绑定的连接文本。

sp_getmergedeletetype：返回合并删除的类型。

sp_grant_publication_access：在出版物的访问列表中增加 1 个账户。

sp_grantbdaccess：在当前数据库中增加 1 个安全性账户。

sp_grantlogin：允许 NT 用户或者组访问 SQL Server。

sp_help：报告有关数据库对象的信息。

sp_help_agent_default：检索作为参数传送的代理类型的默认配置的标识号。

sp_help_agent_parameter：返回代理配置的所有参数。

sp_help_agent_profile：返回所有代理的配置。

sp_help_alert：报告有关警报的信息。

sp_help_category：提供有关作业、警报、操作员的指定种类的信息。

sp_help_downloadlist：列出有关作业的信息。

sp_help_fulltext_catalogs：返回有关全文本索引表的信息。

sp_help_fulltext_columns：返回标记全文本索引的列信息。

sp_help_fulltext_columns_cursor：使用游标返回标记为全文本的索引列。

sp_help_fulltext_tables：返回标记为全文本索引的表。

sp_help_fulltext_tables_cursor：使用游标返回标记为全文索引的表。

sp_help_job：返回有关作业的信息。

sp_help_jobhistory：提供有关企业的历史信息。

sp_help_jobschedule：返回作业的调度信息。

sp_help_jobserver：返回给定作业的服务器信息。

sp_help_jobstep：返回作业的步骤信息。

sp_help_operator：返回有关操作员的信息。

sp_help_publication_access：返回可以访问指定出版物的账户列表。

sp_help_targetserver：列出全部目标服务器。

sp_help_targetservergroup：列出指定服务器组中的全部目标服务器。

sp_helparticle：显示有关文章的信息。

sp_helparticlecolumns：返回基表中的全部列。

sp_helpconstraint：返回有关约束的类型、名称等信息。

sp_helpdb：返回指定数据库或者全部数据库的信息。

sp_helpdbfixedrole：返回固定的服务器角色的列表。

sp_helpdevice：返回有关数据库文件的信息。

sp_helpdistpublisher：返回充当分布服务器的出版服务器的属性。

sp_helpdistributiondb：返回分布数据库的属性信息。

sp_helpdistributor：列出分布服务器、分布数据库、工作目录等信息。

sp_helpextendedproc：显示当前定义的扩展存储过程信息。

sp_helpfile：返回与当前数据库相关的物理文件信息。

sp_helpfilegroup：返回与当前数据库相关的文件组信息。

sp_helpgroup：返回当前数据库中的角色信息。

sp_helpindex：返回有关表的索引信息。

sp_helplanguage：返回有关语言的信息。

sp_helplinkedsrvlogin：返回连接服务器中映射的账户信息。

sp_helplogins：返回有关 login 和与其相关的数据库用户信息。

sp_helpmergearticle：返回有关合并文章的信息。

sp_helpmergearticleconflicts：返回有关冲突的出版物中的文章信息。

sp_helpmergeconflictrows：返回在制定冲突表中的行。

sp_helpmergefilter：返回有关合并过滤器的信息。

sp_helpmergepublication：返回有关合并出版物的信息。

sp_helpmergepullsubscriptio：返回有关拉回订阅物的信息。

sp_helpmergesubscription：返回有关推出订阅物的信息。

sp_help_notipication：报告对于给定操作员的警报信息。

sp_helphelpntgroup：报告与当前数据库有关的 nt 组的信息。

sp_helppublication：返回有关出版物的信息。

sp_helppullsubscription：显示一个或者多个订阅服务器上的订阅物信息。

sp_helpremotelogin：返回远程登录账户的信息。

sp_helpreplicationboption：显示允许复制的数据库信息。

sp_helprole：返回当前数据库的角色信息。

sp_helprolemember：返回当前数据库中角色成员的信息。

sp_helpprotect：返回有关用户许可的信息。

sp_helpserver：显示特定远程或者复制服务器的信息。

sp_helpsort：显示系统的排列顺序和字母集的信息。

sp_helpsrvrole：显示系统中固定服务器角色的列表。

sp_helpsrvrolemember：显示系统中固定服务器角色成员的信息。

sp_helpsubscription：显示与特定出版物等有关的订阅物信息。

sp_helpsubscription_properties：检查安全性信息。

sp-helptext：显示规则、默认、存储过程、触发器、视图等对象的未加密的文本定义信息。

sp_helptrigger：显示触发器的内容。

sp_helpuser：显示当前数据库中的用户、nt 用户和组、角色等信息。

sp_indexs：返回指定远程表的索引信息。

sp_indexoption：为用户定义的索引设置选项。

sp_link_publication：设置有立即修改订阅服务器的同步化触发器使用的配置和安全性信息。

sp_linkedservers：返回在本地服务器上定义的连接服务器的列表。

sp_lock：返回在关锁的信息。

sp_makewebtask：创建一个执行 html 文档的任务。

sp_manage_jobs_by_login：删除或者重新指定属于 login 的作业。

sp_mergedummyupdate：制作用于合并复制的修改备份。

sp_mergesubscription_cleanup：删除元数据。

sp_monitor：显示系统的统计信息。

sp_msx_defect：从多个服务器操作中删除当前服务器。

sp_msx_enlist：增加当前服务器到可用的目标服务器列表中。

sp_password：增加或者修改指定 login 的口令。

sp_pkeys：返回某个表的主键信息。

sp_post_msk_operation：插入一些目标服务器可以执行的信息。

sp_primarykeys：返回主键列的信息。

sp_processmail：使用拓展存储过程修改邮件信息。

sp_procoption：设置或者显示过程选项。

sp_publication_validation：初始化文章检验请求。

sp_purge_jobhistory：删除作业的历史记录。

sp_recompile：使存储过程和触发器在下 1 次运行时重新编译。

sp_refreshsubscriptions：在拉回出版物中增加订阅物到文章中。

sp_refreshview：刷新指定视图的元数据。

sp_reinitmergepullsubscription：标记 1 个合并拉回订阅。

sp_reiniteergesubscription：标记 1 个合并订阅。

sp_reinitpullsubscription：标记 1 个事物订阅或者匿名订阅。

sp_reinitsubscription：重新初始化订阅。

sp_remoteoption：显示或者修改远程登录账户的选项。

sp_remove_job_from_targets：从给定的目标服务器中删除指定的作业。

sp_removedbreplication：从数据库中删除所有的复制对象。

sp_rename：更改用户创建的数据库对象名称。

sp_renamedb：更改数据库的名称。

sp_replcmds：把运行 sp_replcmds 的客户程序作为日志读。

sp_replcounters：返回复制的统计信息。

sp_repldone：修改服务器做的分布事物的统计信息。

sp_relflush：处理文章的高速缓存区。

sp_replication_agent_checkup：检查每 1 个分布数据库。

sp_replicationdboption：在当前数据库中设置复制数据库的选项。

sp_replsetoriginatonr：在事务复制中检测循环登录。

sp_replshowcmds：返回标记复制的事务命令。

sp_repltrans：返回在出版数据库事务日志中的所有事务的结果集。

sp_resetstarus：重新设置异常数据库的状态。

sp_resync_targetserver：重新同步所有的多服务器作业。

sp_revoke_publication_access：从出版数据库的访问列表中删除 login 账户。

sp_revokedbaccess：从当前数据库删除安全性账户。

sp_revokelogin：删除系统的 login 账户。

sp_runwebtask：执行以前版本中定义的 web 作业。

sp_script_synctran_commands：生成 1 个可以用于立即修改订阅物的脚本。

sp_scriptdelproc：生成 1 个可以定制存储过程的 create procedure 语句。

sp_server_info：返回系统的属性和匹配值。

sp_serveroption：设置用于远程服务器和连接服务器的服务器选项。

sp_setapprole：激活与应用程序相关的许可。

sp_setnetname：设置计算机的网路名称。

sp_apaceused：显示数据库的空间使用情况。

sp_ special_columns：返回可以唯一确定表中行的列集。

sp_sproc_columns：返回用于单个存储过程的列的信息。

sp_srvrolepermission：返回应用到固定的服务器角色的许可。

sp_start_job：构造 SQL Server Agent 终止执行作业。

sp_statistics：返回表中的所有索引列表。

sp_stop_job：构造 SQL Server Agent 终止执行作业。

sp_stored_procedures：返回环境中的存储过程列表。

sp_subscription_cleanup：当订阅服务器上的订阅物被删除时清除元数据。

sp_table_privileges：返回表许可的列表。

sp_table_privileges_ex：返回连接服务器上指定表的许可信息。

sp_table_validation：返回表的行数信息。

sp_tableoption：设置用户定义表的选项值。

sp_tables：返回在当前环境中可以被查询的对象列表。

sp_tables_ex：返回连接服务器的表的信息。

sp_unbindefault：从列或者用户定义的数据类型中解除默认的绑定。

sp_unbindrule：从列或者用户定义的数据类型中解除规则的绑定。

sp_update_agent_profile：修改用于复制代理类型的配置。

sp_updatealert：修改 1 个已有警报的设置。

sp_update_category：改变种类的名称。

sp_update_job：修改作业的属性。

sp_update_jobschedule：修改指定作业的调度设置。

sp_update_jobstep：修改作业中每一步骤的设置。

sp_updateoperator：修改用于警报和作业的操作员的信息。

sp_update_targetservergroup：改变指定目标服务器组的名称。

sp_update_notification：修改警报通知的通知方法。

sp_updatestats：运行 update statistics 修改系统的统计信息。

sp_validatelogins：报告 nt 用户或者组的孤单信息。

sp_validname：检查有效的系统账户信息。

sp_who：提供当前用户和进程的信息。

附录 E　扩展存储过程

xp_cmdshell：执行操作系统的命令。
xp_deletemail：删除收件箱中的消息。
xp_enumgroups：提供本地 nt 组的列表。
xp_grantlogin：授权 nt 用户和组访问 SQL Server 系统。
xp_logevent：登录消息在日志文件中。
xp_loginconfig：报告登录账户的配置信息。
xp_logininfo：报告账户信息。
xp_msver：返回系统的版本信息。
xp_processmail：寻找、读、回应、删除多个信息。
xp_readmail：从收件箱中阅读邮件。
xp_revokelogin：收回 nt 用户和组的访问许可。
xp_sendmail：发送消息和查询结果集。
xp_sprintf：格式化和存储一些列的字符。
xp_sqlagent_monitor：监测 SQL Server Agent 服务。
xp_sqlinventory：捕捉系统的配置信息。
xp_sqlmaint：执行一个或多个数据库的维护操作。
xp_sqltrace：允许数据库管理员和应用程序开发人员监测和记录系统的轨迹。
xp_srv_paraminfo_sample：接受和分析参数。
xp_sscanf：读字符串的数据。
xp_startmail：启动 SQL Mail 客户会话。
xp_stopmail：终止系统的邮件客户会话。
xp_trace_addnewquene：增加新的轨迹队列和设置轨迹队列的配置。
xp_trace_deletequeuedefinition：从注册表中删除轨迹队列。
xp_trace_destroyqueue：销毁轨迹队列。
xp_trace_enumqueuedefinition：从注册表中删除轨迹队列。
xp_trace_deletequeuedefintion：按照轨迹队列的名称排列。
xp_trace_enumqueuedefname：列出活动的轨迹队列。
xp_trace_eventclassrequired：返回事件类的名称。
xp_trace_flushqueryhistory：处理最后 100 个 Transact_SQL 语句。
xp_trace_generate_event：增加用户定义的事件到所有的队列中。
xp_trace_getappfilter：检索当前应用程序的过滤器值。

xp_trace_getconnectionidfilter：检索当前连接 id 的过滤器值。
xp_trace_getcpufilter：检索当前 CPU 的过滤器值。
xp_trace_getcpufilter：检索当前数据库标识的过滤器值。
xp_trace_getdurationfilter：检索当前时间间隔定义的过滤器值。
xp_trace_geteventfilter：检索当前事件时间间隔定义的过滤器值。
xp_trace_geteventnames：列出所有事件类的名称。
xp_trace_ getevents：从轨迹队列中删除事件。
xp_trace_gethoshfilter：检索当前的主机过滤器值。
xp_trace_gethpidfilter：检索当前主机进程标识符过滤器。
xp_trace_getindidfilter：检索当前 indid 过滤器。
xp_trace_getntdmfilter：检索当前 nt 域名称过滤器。
xp_trace_getntnmfilter：检索当前 nt 计算机名称过滤器。
xp_trace_getobjidfilter：检索 objid 过滤器。
xp_trace_getqueueautostart：检索指定的轨迹定义启动信息。
xp_trace_getqueuedestination：检索当前轨迹队列目的值。
xp_trace_getqueueproperties：检索指定轨迹队列的全部过滤值。
xp_trace_getreadfilter：检索当前读过滤器。
xp_trace_getserverfilter：检索当前服务器的过滤器。
xp_trace_getseverityfilter：检索当前错误严重等级过滤器。
xp_trace_getspidfilter：检索当前的 spid 过滤器。
xp_trace_getsysobjectsfilter：检索当前系统对象的过滤器。
xp_trace_gettextfilter：检索当前文本的过滤器。
xp_trace_getuserfilter：检索当前的 SQL 用户过滤器。
xp_trace_getwritefilter：检索当前写过滤器。
xp_trace_loadqueuedefinition：加载轨迹队列的定义。
xp_trace_pausequeue：暂停事件增加到轨迹队列中。
xp_trace_restartqueue：重新启动以前暂停的轨迹队列。
xp_trace_savequeuedefinition：指定将要保存的轨迹队列定义。
xp_trace_setappfilter：指定应用程序过滤器。
xp_trace_setconnectionidfilter：指定连接 id 的过滤器。
xp_trace_setcpufilter：指定 CPU 的过滤器。
xp_trace_setdbidfilter：指定数据库 id 的过滤器。
xp_trace_setdurationfilter：指定时间间隔过滤器。
xp_trace_seteventclassrequired：指定将要跟踪的事件类。
xp_trace_seteventfilter：指定特定事件类的过滤器。
xp_trace_sethostfilter：指定主机名称过滤器。
xp_trace_sethpidfilter：指定 hpid 过滤器。
xp_trace_setntdidfilter：指定 indid 过滤器。
xp_trace_setntdmfilter：指定 nt 域名称过滤器。

xp_trace_setntnmfilter：指定 nt 用户名过滤器。

xp_trace_setobjidfilter：指定 objid 过滤器。

xp_trace_setqueryhistory：指定允许和禁止查询历史。

xp_trace_setqueueautostart：配置指定的轨迹队列。

xp_trace_setqueuecreateinfo：指定将要修改的轨迹队列属性。

xp_trace_setqueuedestination：指定轨迹队列目的地过滤器。

xp_trace_setreadfilter：指定读过滤器。

xp_trace_setserverfilter：指定系统的名称过滤器。

xp_trace_setseverityfilter：指定错误严重等级的过滤器。

xp_trace_setspidfilter：指定 spid 过滤器。

xp_trace_setsysobjectsfilter：指定系统对象的过滤器。

xp_trace_settextfilter：指定文本过滤器。

xp_trace_setuserfilter：指定用户名称过滤器。

xp_trace_setwritefilter：指定写过滤器。

参考文献

[1] 萨师煊，王珊. 数据库系统概论. 2 版. 北京：高等教育出版社，2006
[2] 肖慎勇. SQL Server 数据库管理与开发. 北京：清华大学出版社，2006
[3] 叶小平，汤庸，汤娜，等. 数据库基础教程. 北京：清华大学出版社，2007
[4] 闪四清. 数据库系统原理与应用教程. 3 版. 北京：清华大学出版社，2008
[5] 武马群. SQL Server 2000 数据库基础与应用. 北京：北京工业大学出版社，2006
[6] 曾长军. SQL Server 数据库原理及应用. 2 版. 北京：人民邮电出版社，2012
[7] 龚波. SQL Server 2000 教程. 北京：北京希望电子出版社，2002
[8] 苗雪兰，刘瑞新，王怀峰. 数据库系统原理及应用教程. 北京：机械工业出版社，2003
[9] 李俊山，罗蓉，赵方舟. 数据库原理及应用（SQL Server）. 北京：清华大学出版社，2009
[10] 张水平. 数据库原理及 SQL Server 应用. 西安：西安交通大学出版社，2008
[11] 李红. 数据库原理与应用. 2 版. 北京：高等教育出版社，2007
[12] 尹志宇，郭晴. 数据库原理与应用教程：SQL Server. 北京：清华大学出版社，2010
[13] 何玉洁. 数据库原理与应用. 2 版. 北京：机械工业出版社，2011
[14] 王知强. 数据库系统及应用. 北京：清华大学出版社，2011
[15] 孙建伶，林怀忠. 数据库原理与应用. 北京：高等教育出版社，2008
[16] 赵杰，杨丽丽，陈雷. 数据库原理与应用. 3 版. 北京：人民邮电出版社，2013
[17] 张俊玲，王秀英. 数据库原理与应用. 3 版. 北京：人民邮电出版社，2010
[18] 狄文辉. 数据库原理与应用：SQL Server. 北京：清华大学出版社，2008
[19] 佟勇臣. 数据库原理与应用. 北京：水利水电出版社，2012
[20] 付立平. 数据库原理与应用. 北京：高等教育出版社，2011
[21] 宋金玉. 数据库原理与应用. 北京：清华大学出版社，2011
[22] 王德永，张佰慧. 数据库原理与应用：SQL Server 版(项目式). 北京：人民邮电出版社，2011
[23] 段爱玲，杨丽华. 数据库原理与应用. 北京：北京邮电大学出版社有限公司，2010
[24] 张永平. 数据库原理及 SQL Server 应用. 西安：西安交通大学出版社，2008
[25] 李丹丹，史秀璋. SQL Server 2000 数据库实训教程. 北京：清华大学出版社，2007
[26] 郑阿奇. SQL Server 实用教程. 3 版. 北京：电子工业出版社，2012
[27] 程云志. 数据库原理与 SQL Server 2005 应用教程. 北京：机械工业出版社，2009
[28] 陶宏才. 数据库原理及设计. 2 版. 北京：清华大学出版社，2007
[29] 周屹. 数据库原理及开发应用：实验与课程设计指导. 北京：清华大学出版社，2008
[30] 王国胤. 数据库原理与设计. 北京：电子工业出版社，2011